开发者关系
实践指南

Developer Marketing & Relations
The Essential Guide

[美]卡洛琳·莱科（Caroline Lewko）

[美]尼古拉斯·索维奇（Nicolas Sauvage）

[美]安德烈亚斯·康斯坦丁努（Andreas Constantinou）主编

徐毅 汪盛 罗阳洋 译

人民邮电出版社

北京

图书在版编目（CIP）数据

开发者关系实践指南 /（美）卡洛琳·莱科
(Caroline Lewko)，（美）尼古拉斯·索维奇
(Nicolas Sauvage)，（美）安德烈亚斯·康斯坦丁努
(Andreas Constantinou) 主编；徐毅，汪盛，罗阳洋译
. -- 北京：人民邮电出版社，2024.4
　ISBN 978-7-115-63430-6

　Ⅰ．①开… Ⅱ．①卡… ②尼… ③安… ④徐… ⑤汪
… ⑥罗… Ⅲ．①程序语言－程序设计－指南 Ⅳ.
①TP312-62

中国国家版本馆CIP数据核字(2024)第035962号

版权声明

◆ 主　　编　[美] 卡洛琳·莱科（Caroline Lewko）

　　　　　　[美] 尼古拉斯·索维奇（Nicolas Sauvage）

　　　　　　[美] 安德烈亚斯·康斯坦丁努（Andreas Constantinou）

　　译　　　　徐　毅　汪　盛　罗阳洋

　　责任编辑　李　瑾

　　责任印制　王　郁　焦志炜

◆ 人民邮电出版社出版发行　　北京市丰台区成寿寺路 11 号

　　邮编　100164　电子邮件　315@ptpress.com.cn

　　网址　https://www.ptpress.com.cn

　　涿州市京南印刷厂印刷

◆ 开本：720×960　1/16

　　印张：17.25　　　　　　　2024 年 4 月第 1 版

　　字数：255 千字　　　　　2024 年 4 月河北第 1 次印刷

　　著作权合同登记号　图字：01-2022-2818 号

定价：79.80 元

读者服务热线：(010)81055410　印装质量热线：(010)81055316

反盗版热线：(010)81055315

广告经营许可证：京东市监广登字 20170147 号

内容提要

　　本书是关于开发者关系的实践指南，书中呈现了那些奋战在开发者营销一线的专家的非凡见解。在本书中，许多来自知名公司的开发者营销和开发者关系的主要实践者分享了他们的知识、故事、经验和实战案例，如微软 Azure 开发者营销总监 Cliff Simpkins、Facebook 开发者营销主管 Desiree Motamedi、谷歌开发者关系主管 Dirk Primbs 等。他们以开发者为中心，从邮件营销、社区营销、打造开发者营销计划、构建开发者关系、面向开发者重新定位品牌等方面，通过具体实例，阐述了开发者营销和构建开发者关系的重要性及其战略战术和方法措施。不管你是开发者关系领域中久经沙场的老将还是刚刚起步的新手，都会发现这些内容是非常有见地的。

　　本书适合从事开发者关系、开发者营销等相关工作的人员阅读参考。

推荐语

在追求高质量发展的年代，互联网会逐渐从流量逻辑走向体验逻辑。虽然开源和开发者的概念已有数十年历史，但开发者关系（DevRel）这一领域的价值、意义和最佳实践，依然有三个关键方向值得深入思考和探究。

首先，虽然本书大量使用了"营销"一词，但 ToDev 的开发者关系与传统的流量营销或是 ToB 营销，在内容设计、渠道投放及交互模式上有本质的差异；其次，"开发者关系"更合适的表述也许是"开发者体验"，开发者作为有技术品位、有强独立思考能力的群体，其画像和用户旅程的独特性需要被充分发掘和尊重，这当中也会有大量的有效产品反馈出现；最后，开发者的数量和质量其实是技术增长的关键北极星指标之一，正如 growth hacking（增长黑客）对于 ToC 业务的意义，community-led growth（社区驱动增长）对于开源项目及 ToB 业务的意义，其数据驱动结合体验驱动的方法论及工具集，目前都是值得深度耕耘的新领域。

2021 年至今，蚂蚁集团从 0 到 1 搭建起了开源办公室（OSPO），完成了开源技术战略从原始构思到业务化的探索期，《开发者关系实践指南》这本书为我们接下来深度服务开发者的核心目标、要开展的社区驱动增长业务，以及如何在大公司系统性做开源的策略探索，提供了系统完备、高质量的"道法术"的参考。我们也很期待在不久的将来，能为大家带来更多中国公司的实战经验。

——边思康

蚂蚁集团开源技术增长业务总监，OSPO 负责人

事实上在写推荐语的时候，我是犹豫的。一方面 DevRel（开发者关系）确实是近几年新涌现的热门岗位；但另一方面我自己其实觉得 DevRel 这个名字并不贴切，我觉得更准确的称呼是 DevMar（开发者市场）。可能就像书里所传递的，开发者天生就对市场营销反感，所以就连这个岗位的名字也要伪装一下，抹去市场营销的痕迹。但我可以告诉你，这就是一本教你怎么做市场的书，只是营销的对象是这个星球上对营销最免疫的群体——开发者。这本书首先是给那些想"套路"开发者的市场人准备的。当然如果你是开发

者，不想被市场人"套路"，也值得阅读。是不是觉得很有道理？我也是从书里学的，赶紧入手吧。

——陈天舟

Bytebase 联合创始人、CEO

这是一本深入探讨开发者关系和市场推广的宝典，旨在为专业人士提供实用的策略和见解。作者通过深入研究构建强大开发者社群和成功实现市场推广的关键要素，为读者提供了宝贵的指导和建议。书中强调了开发者关系在数字时代的重要地位，并提出了有针对性的市场推广战略。这本书的一大亮点是通过大量的调研数据和真实案例，深入行业洞察、剖析成功案例，不仅具有说服力，也能让读者切身感受开发者市场和开发者关系在技术推广中的实际应用和价值。

此外，书中的案例大多来自海外企业，可为正在考虑进行全球化的技术公司提供一定的国际视野。

总体而言，这本书提供了全面而实用的方法论，可以帮助读者在竞争激烈的科技领域取得成功，是从事开发者关系和开发者市场工作的专业人士的宝贵资源。无论是对初入行业的新手还是对经验丰富的专业人士，这本书都是不可或缺的指南和参考。

——郭悦

亚马逊云科技资深开发者运营专家

伴随着数字化时代的全面到来，一批以开发者为核心用户或重要生态伙伴的企业迅速崛起。与此同时，开发者关系也日益受到企业的重视。然而，开发者关系是一个相对新兴、垂直的领域，前人积累的共识与方法论少之又少。这本书如同宝藏一般，从开发者画像、邮件营销、技术品牌、技术活动、社区构建等方方面面，为读者提供了全球范围内领先的科技公司和一线从业者的实践案例与见解。

相较于晦涩的理论和冰冷的概念，真正来自一线实践者或成功或失败的故事往往对从业者更有帮助，这也是 SegmentFault 一直以来组织 Dev.Together 开发者生态峰会所坚持的原则。我们期待大家一手读书、一手分享，在数字化浪潮中一起 Dev.Together！

——江波

SegmentFault 思否 COO，开源问答软件 Answer 联合创始人

Dev.Together 开发者生态峰会发起人

随着云厂商以及开源项目的兴起，越来越多的同仁加入到了面向开发者的运营工作中来。与传统的 ToC 运营不同，ToD 运营面向的是有较强独立思考能力的开发者，开发者旅程转换周期比较长，这使得传统的 ToC 运营激励在 ToD 运营过程中很难生效。

《开发者关系实践指南》这本书汇聚了开发者关系一线专家的真知灼见，从开发者画像、开发者营销、构建开发者关系及面向开发者的宣传定位等层面，结合具体的案例，向我们展示了构建开发者关系和开发者营销的整个过程，同时也介绍了很多构建开发者关系的战略战术。阅读这本书，你可以对开发者关系实践有一个全面清晰的认识，通过吸收一线专家的经验和智慧提升自身的开发者运营水平。

——姜宁

Apache 软件基金会董事，ALC Beijing 发起人

在追求商业成功的道路上，企业必须与各种利益相关者建立稳固的关系，包括公共关系、客户关系、政府关系，甚至是投资人关系。当开发者群体成为企业成功的关键因素时，开发者关系（DevRel）便显得尤为重要。忽视与开发者的关系，就很可能使企业在技术驱动的市场中失去竞争力。

作为国内首部关于 DevRel 的专著《开发者关系：方法与实践》的译者，我深刻理解 DevRel 在国内的新颖性和必要性。尽管 DevRel 在国际上已成为一项成熟的职能，但在国内，它仍是一个被忽视的领域。这不仅是行业短板，也是认识上的空缺。

《开发者关系实践指南》汇集了来自全球多个 DevRel 资深从业者的经验和案例，旨在深入浅出地介绍如何建立和维护与开发者的有效关系，不仅能够帮助读者理解 DevRel 的基本概念，还能提供具体的实践策略和方法。

"得开发者得天下"不只是一句口号，更是在当今技术密集型的市场环境下，企业成功的关键策略。《开发者关系实践指南》提供了这一策略的实施指南和行动框架。因此，我强烈推荐国内所有软件、互联网等 IT 行业的从业者阅读这本书。

看到书中海外各知名企业 DevRel 从业者不吝分享的精神，我也希望国内的我们能一起建立一个更加紧密的 DevRel 从业者社群，共享知识，互相学习，携手进步，促进我们的行业快速成长，为企业和开发者社区创造更多价值。

——林旅强

开源社联合创始人，零一万物开源负责人

《开发者关系：方法与实践》译者

近些年来，随着开发者经济在全球范围内的崛起，国内软件厂商越来越重视开发者在购买决策链条中的地位，积极投入开发者关系计划。然而，舶来的概念与具体实践的差距，是横亘在企业从开发者关系工作中获益的巨大鸿沟。到底怎么开展开发者关系工作，每个具体方向可能会遇到什么问题，成为企业与从业者迫切希望获得输入的主题。这本书虽然也是讲述海外企业的故事，但它具体展示了不同企业与产品各自面临的开发者画像，并结合具体的营销、运营和社群建设手段，讨论成功的开发者关系项目是如何设计与实施的。书中的案例包括 Google 和 Facebook 等大公司开发者 + 企业的模式，也包括 Atlassian 和 Apidays 等开发者企业的模式，对于想要了解开发者关系计划实施案例与细节的读者来说，这本书是个不错的参考。

——Tison

格睿科技（Greptime）开发者关系总监

数智经济时代，开发者成为企业创新和增长的关键驱动力，建立和维护与开发者良好的关系对于企业成功至关重要。这本书用简洁明了的语言和清晰的逻辑，阐述了全球多个领先公司的多位资深专家的成功实践和经验教训，涵盖开发者关系建设和营销策略制定的所有重要工作，包括社区建设、内容营销、活动策划、API 经济等，从开发者是谁到如何建设开发者社区，再到如何创建吸引开发者的内容和衡量成功的方法，系统性地探讨了多元化的开发者发展手段。书中还提供了很多实操性很强的技巧和工具，如创建高质量的 API 文档、使用数据驱动运营决策等。

这本书的作者和译者都是在此领域工作多年的专家，以其深厚的经验和独到的见解，为我们精心编制了一套全面且实用的开发者关系指南。无论你的经验水平如何，这本书都会让你对开发者关系有更深的理解和更强的实践能力。

总的来说，这是一本综合性强、实用性高的专业图书，对寻求搭建与开发者紧密联系的组织、企业，极具参考价值和指导意义。

——谢文龙

华为开发者发展运营总监

《开发者关系实践指南》称得上是一本开发者关系从业者的实践宝典，内容全面，不仅深入探讨了开发者关系的运营管理，更涵盖了市场、品牌、营销、活动等多个方面，为从业者提供了一套完整的指导方案。这本书的出版，无疑为国内的开发者关系领域注入了新的活力，其详尽的内容和实用的建议，能够有效地帮助从业者提升自身的专业能力，缩小与世界领先水平之间的差距。更重要的是，这本书对开发者关系相关话语体系的普及和标准化作出了重要贡献。在我看来，一个标准化的话语体系对于开发者关系岗位的普及和扩大至关重要。它不仅能够帮助新进入这一领域的从业者快速融入其中，也为整个行业的交流和协作提供了共同的语言和框架。总之，《开发者关系实践指南》是一本极具价值的参考书，是推动国内开发者关系行业发展不可或缺的重要资源，无论是刚刚步入这一领域的新手，还是已经在这一行业深耕多年的资深从业者，都能从中获得丰富的知识和实践经验。

——杨攀

极客邦科技副总裁，TGO 鲲鹏会总经理

在我作为 TiDB 社区负责人和 Maintainer 的四年多时间里，我深切体会到开发者社区建设的挑战与机遇。我们从在 K8s 社区借鉴治理模式的尝试，到引入 Apache Way 的哲学，不断探索适合我们社区的治理方式。经验告诉我们，对开发者群体而言，治理不是首要任务，更重要的是激发他们的兴趣，找到合适的协作方式，并通过持续沟通保持进展的同步。

开发者关系的工作常被误解，很多人错误地将其等同于传统的市场营销。然而，开发者社区是一个独特的群体，它们的需求和动机与传统市场营销的目标大相径庭。在实践中，我深刻体会到理论学习虽重要，但真知来自实践。《开发者关系实践指南》之所以值得推荐，是因为它汇集了行业内众多成功实践者的观点和经验，通过实际案例而非空泛理论，为读者展示了与开发者群体建立和维护联系的有效方法。这种实践者的视角，比任何理论都更加贴近真实情况。

——姚维

TiDB 全球开源社区/Developer Experience 负责人

关于 SlashData

SlashData 是开发者生态的调查分析公司，帮助 TOP100 科技公司理解开发者受众群体、度量开发者策略的投资回报。

凭借着十多年来坚持开发者研究所获得的成果数据，我们很清楚开发者从哪里来、到哪里去。我们累积了大量历史数据，包括开发者为何参与开发、正在学习什么、从事哪些行业和正在参与哪些项目、使用哪些技术及他们对这些技术的满意程度如何、他们对供应商和开发者社区有何期待等。我们一直在跟踪本地和全球开发者群体数量的增长趋势，以及群体构成随时间的变化情况。

我们每年两次的开发者群体调研，有150多个国家和地区总计超过30000名开发者参与，并分享他们的经验。我们的样本是多样化的、有代表性的，涵盖了几乎所有开发者社区。在全球范围内70多个领先社区和媒体伙伴网络的帮助下，我们每一次都将调研问卷翻译成9种语言并触达各种具有不同形式和规模的开发者社区。每次调研，我们都会重新联系开发者，每次调研都有80%以上的答卷来自新的参与者。然而，历经多次调研，我们在技术采纳与趋势方面得出的调查结果却是始终如一的。

DevRelX 社区是一个学习和分享平台，致力于提升人们对开发者群体和行业趋势的了解。任何经验水平的人都可以访问这个社区并分享他们的知识。

加入 DevRelX 社区你可有以下收获。

- **学习和培训**：加入社区主导的活动和计划。
- **数据和资源**：访问大量资源和数据以提高你对开发者的理解。
- **链接**：与同行建立有意义的链接，并充分利用跟领域专家在一起的学习机会。
- **贡献**：分享你的想法，积极参与打造 DevRelX 社区的未来。

DevRelX 社区欢迎所有人，现在就加入吧！

前　言

2011 年，马克·安德森在《华尔街日报》上发表文章，声称"……软件正在吞噬世界"。

他在文章中指出，越来越多的大型企业运行在软件系统上，同时也向他们的客户和伙伴提供在线服务。我坚信，他在 2011 年所描述的这种趋势，时至今日已变得愈加明显。从全球证券交易所里那些最成功的企业、就业市场里对软件开发者的强劲需求、数字化公民对与他们互动的政企组织的要求越来越高等方方面面，都可以看到这种迹象。今天，每家公司都需要有一个软件战略，否则就有可能被行动更敏捷、适应性更强的竞争对手超越，因为他们可以更快地以更易于使用的方式交付客户所需。

在软件领域，真正的技术行家是每天都在构建和使用这些技术的开发者。他们是编译器、命令行、框架、测试套件、部署流水线及生产系统方面的大师。在企业不断推动寻求更灵活的技术方案的过程中，开发者生成了可以提升代码质量、缩短项目周期和迭代产出新特性的各种敏捷开发实践。DevOps 技术和云基础设施则使得人们可以更快速、更便宜地部署这些解决方案，规模方面达到了足以响应全球需求的水平。开发者和站点可靠性工程师（SRE）7×24 小时全天候待命，关注着每个系统异常或流量高峰触发的告警，一旦出现问题，他们就会负责回滚更新、消除错误和恢复秩序。

涉及技术决策的时候，承担着上述关键职责的开发者才是真正发号施令的人。

企业高管（CXO）们再也不能为了给某大学老友帮个忙，或是回报某销售员陪他开开心心打了场高尔夫，而随意地决定公司使用什么技术了。如今，是开发者在为他们所构建的系统选择工具、平台和基础设施，以求能取得最佳成果。

为开发者打造他们喜欢的工具、API 或是平台，既可以取悦客户、颠覆竞争对手，还能够实现业务转型。所以，如果你们是一家想要快速发展的企业，并将软件作为参与市场竞争的方式，就必须了解并接触开发者。

如何才能接触到开发者并说服他们使用你们公司的产品？这听起来像

是一个经典的营销问题，但如果你将传统的消费者营销技术应用于这个受众群体，却注定会失败，因为开发者们厌恶营销。开发者是善于分析的、细心的、忠诚的、数据驱动的，也是非常忙碌的。他们对各种营销炒作、销售话术或是充满了流行语的未来能力承诺都没有耐心。他们需要去解决自己面前那些真实存在的具体问题，他们希望得到自己信任的人和信息源的帮助。

幸运的是，参与写作本书的都是本领域的专家，他们在职业生涯中已经投入了数十年时间思考怎么跟开发者打交道。他们汇聚的群体智慧可为你和你们公司提供一张地图，指引你们创建开发者所关心的各种事物。本书将为你介绍如何发展开发者社区，如何运作开发者营销计划以吸引该领域专家并请他们为你们代言。通过本书，你可以了解开发者社区的演变模式，以及你能控制什么、不能控制什么。本书还会告诉你，线上和线下现实生活中在哪里可以找到开发者，以及如何与他们进行真正的对话，包括从组织活动到管理在线社区的所有形式。如果你不清楚自己在跟怎样的群体对话，本书有一章是专门介绍如何使用开发者画像的。本书呈现了那些奋战在开发者营销领域一线的专家们的非凡见解。

在我看来，开发者是业务创新的支点。在未来的数十年里，有些公司会敞开怀抱拥抱开发者，赢得他们的信任，帮助他们解决技术问题，而这些公司也将成为 21 世纪最成功的企业。

Adam FitzGerald，亚马逊 AWS 全球开发者营销主管

为什么编写本书？

欢迎阅读《开发者关系实践指南》（原书第 3 版）。本书的历史可以追溯到 2017 年 10 月的未来开发者峰会。那时候，Andreas Constantinou 和 Nicolas Sauvage 深刻地意识到，无论从公司的类型、所展示的产品还是实践者的知识情况哪个角度看，开发者关系（或称 DevRel）天生就很碎片化。我们发现峰会上有很多优秀实践，但它们往往仅被这些实践的公司内部掌握。我们希望跟这些领导者合作，共同编写一份精要指南，以便与更广大的受众群体分享这些知识，他们包括布道师和倡导者、开发者营销实践者及其他开发者关系相关从业人士。

通过持续地观察 DevRel 实践在过去 3 年间的发展和演变，我们发现，人们需要不停地去教育市场，了解 DevRel 是什么，以及成功运作 DevRel 计划需要采取什么战略战术。好消息是，有很多优秀公司里的先行实践者愿意分享他们的知识、故事、学习心得和最佳实践，而本书已经把它们全部收入囊中！我们认为，不管你是开发者关系领域中久经沙场的老将还是刚刚起步的新手，都会发现这些内容是非常有见地的。

在 SlashData，我们经常被问到这样一个问题："你可以帮助我们了解 Mozilla、谷歌或微软是如何实践开发者营销的吗？"（你尽可以将这些企业名称随意替换成你最喜爱的科技品牌。）没错，这就是本书想要达成的目标。

本书包括第 1 版的所有章，以及 9 个新章和 1 个修订章。本书按照从战略要务逐步切入战术要务的顺序来安排内容。你既可以从头一直读到尾，也可以挑着阅读，重点关注你当前最需要了解的内容。如果更关注战略制定，那你可以阅读微软 Cliff Simpkins 的"开发者画像的作用"；如果是正在策划项目，那可以阅读谷歌 Dirk Primbs 的"构建开发者关系"。如果你才刚起步，那 Nutanix 的 Luke Kilpatrick 的"打造开发者营销计划"不容错过。如果你身处大型组织内部，想拉拢更多干系人共同参与进来，那 Salesforce 的 Arabella David 的"开发者关系理事会"是必读章，这也是本书新增加的章。

开发者活动已经成为本行业的一大重要内容，本书中也有多个章节介绍开发者活动，如 Atlassian 的 Luke Kilpatrick 和 Neil Mansilla 共同编写的"小型开发者活动",以及由谷歌 Katherine Miller 所写的"卓越开发者活动的背后"。必须指出,本书出版发行期间正值新冠疫情肆虐,导致很多项目计划的策划者不得不重新评估他们的战术选择,因此你或许需要读一读 ARM 的 Pablo Fraile 和 Rex St. John 所写的"无法见面如何跟开发者建立联结"。

如前所述,由于不同公司向开发者提供的产品种类是不同的,开发者计划也有很多不同类型。在"围绕芯片构建硬件开发者社区"一章,高通的 Ana Schafer 和 Christine Jorgensen 介绍了他们在硬件开发者社区方面的经验。众所周知,API 是 DevRel 的关键产品,因此我们也很高兴为大家献上由 apidays Global 和 GDPR.dev 创始人 Mehdi Medjaoui 所写的新章"开发者关系和 API"。

在此我们无法把所有精彩章都罗列一遍,但如果连社区相关章都不提到的话,那就太失职了,毕竟社区可是所有领先的开发者关系营销计划的核心和灵魂之所在。请务必阅读由 Salesforce 的 Jacob Lehrbaum 所写的"社区的力量",以及由 Leandro Margulis 基于他在 TomTom 屡获殊荣的精彩历程所写就的新章"构建内聚型的开发者社区"。

Andreas Constantinou,SlashData 创始人兼 CEO
Nicolas Sauvage,TDK Ventures 总裁兼董事总经理
Carline Lewko 和 Dana Fujikawa,WIP 公司,本书第 3 版责任编辑
2020 年 9 月

资源与支持

资源获取

本书提供如下资源：
- 本书思维导图；
- 异步社区 7 天 VIP 会员。

要获得以上资源，您可以扫描下方二维码，根据指引领取。

提交错误信息

作者、译者和编辑尽最大努力来确保书中内容的准确性，但难免会存在疏漏。欢迎您将发现的问题反馈给我们，帮助我们提升图书的质量。

当您发现错误时，请登录异步社区（https://www.epubit.com），按书名搜索，进入本书页面，单击"发表勘误"，输入错误信息，单击"提交勘误"按钮即可（见下图）。本书的作者、译者和编辑会对您提交的错误信息进行审核，确认并接受后，您将获赠异步社区的 100 积分。积分可用于在异步社区兑换优惠券、样书或奖品。

图书勘误		发表勘误
页码： 1	页内位置（行数）： 1	勘误印次： 1

图书类型： ◉ 纸书 ○ 电子书

添加勘误图片（最多可上传4张图片）

+

提交勘误

全部勘误　　我的勘误

与我们联系

我们的联系邮箱是 contact@epubit.com.cn。

如果您对本书有任何疑问或建议，请您发邮件给我们，并请在邮件标题中注明本书书名，以便我们更高效地做出反馈。

如果您有兴趣出版图书、录制教学视频，或者参与图书翻译、技术审校等工作，可以发邮件给我们。

如果您所在的学校、培训机构或企业，想批量购买本书或异步社区出版的其他图书，也可以发邮件给我们。

如果您在网上发现有针对异步社区出品图书的各种形式的盗版行为，包括对图书全部或部分内容的非授权传播，请您将怀疑有侵权行为的链接发邮件给我们。您的这一举动是对作者权益的保护，也是我们持续为您提供有价值的内容的动力之源。

关于异步社区和异步图书

"**异步社区**"是由人民邮电出版社创办的 IT 专业图书社区，于 2015 年 8 月上线运营，致力于优质内容的出版和分享，为读者提供高品质的学习内容，为作译者提供专业的出版服务，实现作译者与读者在线交流互动，以及传统出版与数字出版的融合发展。

"**异步图书**"是异步社区策划出版的精品 IT 图书的品牌，依托于人民邮电出版社在计算机图书领域 30 余年的发展与积淀。异步图书面向 IT 行业以及各行业使用 IT 的用户。

目录

概述 如何触达各行业的开发者

Alexes Mes: SlashData

用什么度量及如何度量开发者营销团队的成功和开发者营销策略的成功是个重要问题。但是，在度量开发者营销策略的成功程度之前，你得先确定你们的营销策略是什么。要想在行业里建立起竞争优势，吸引开发者的注意力并脱颖而出非常重要。要想设计出能够吸引开发者的有效外展活动，知道开发者到哪里查找信息及他们如何跟进最近技术动态是至关重要的。

在本章中，我们将探究为了触达各领域的开发者，应把时间和资源投入到哪些渠道才是最佳选择。明了开发者到哪里查找软件开发相关信息并跟进最近技术动态，能够为你提供创建定制化营销策略所需的信息。让我们一起来深入探讨一下吧！

开发者在哪里

增进对开发者群体的了解，有助于做好开发者营销策略。至于开发者的细分方法，可以说有多少开发者就有多少种细分方法。在此，我们将从基础的细分方法——按领域规模和地区分类开始。

假设你们想要吸引开发者参与使用你们新推出的 SaaS 平台，计划采取重拳出击的营销策略，并为之准备了大笔营销预算。面临的第一个问题跟预期客户数量有关：你们选中的这个领域有多大规模？知道该领域有多少开发者，有助于你们评估产品或服务的整体收入，也有助于调整对开发者营销工作的期望。

图 1 中的数据对你们的营销策划来说是个好消息：有 2150 万开发者在从事 Web 开发，他们都有可能对你们的产品感兴趣！接下来，就该考虑该领域开发者对达成什么目标感兴趣了！就 Web 领域而言，约 70%的专业开发者

的主要目标是为未来机遇做好经验积累、通过削减成本提高效率和通过开发应用程序来创收。围绕如何实现这 3 个目标跟专业 Web 开发者建立联系，你们就能够得到最好的互动参与效果。

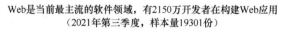

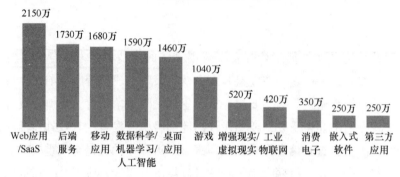

图 1 截止到 2021 年第三季度的开发者数量（单位：人）

我们再来看开发者在全球范围内的分布情况。制定地区策略是一种可靠的方法，能够从开发者角度改善与他们沟通的效果。我们发现，不同地区之间社会经济因素的差异不只是会影响开发者现时的观点和愿望，在宏观层面还影响到了不同地区选用技术甚至选用供应商的方式。

由图 2 可知，图 1 中的几个热门领域（Web 应用/SaaS、移动应用、后端服务和桌面应用）的开发者在各个地区的分布相对较好。虽然从总体来看，Web 应用/SaaS、移动应用、后端服务、数据科学/机器学习/人工智能开发者大约有 2/5 分布在北美及西欧地区，但在中东和非洲地区相比其他领域，这几个领域的开发者更集中。也就是说，在中东和非洲地区，相比其他领域来说，Web 应用/SaaS、后端服务、移动应用和数据科学/机器学习/人工智能领域的开发者营销市场空间更大一些。

除了关注这些热门领域的开发者，我们也将目光转移到其他领域看看是什么情况！

如图 2 所示，北美是游戏和增强现实/虚拟现实项目领域开发者最集中的地区，该地区囊括了这两个领域各自近 40% 的开发者。跟其他软件领域相比，这两个领域的开发者也更有可能位于北美地区。

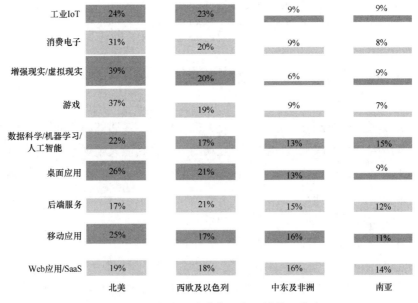

游戏和增强现实/虚拟现实开发者相比其他开发者更有可能位于北美地区
（2021年第三季度，样本量19301份）

	北美	西欧及以色列	中东及非洲	南亚
工业IoT	24%	23%	9%	9%
消费电子	31%	20%	9%	8%
增强现实/虚拟现实	39%	20%	6%	9%
游戏	37%	19%	9%	7%
数据科学/机器学习/人工智能	22%	17%	13%	15%
桌面应用	26%	21%	13%	9%
后端服务	17%	21%	15%	12%
移动应用	25%	17%	16%	11%
Web应用/SaaS	19%	18%	16%	14%

图 2　不同行业开发者位于各区域的百分比

　　相比之下，数据科学/机器学习/人工智能领域的开发者的分布更分散，他们比其他领域开发者位于南亚地区的概率更大。那么如何跟此地区的数据科学/机器学习/人工智能领域开发者建立联系呢？请把注意力拉回到受众群体想要达成的目标上来：在南亚地区从事数据科学/机器学习/人工智能项目的开发者当中，有超过三分之一（34%）的开发者是为了给未来的机会积累经验，有 14% 的开发者期望能产生收入。也即是说，围绕发展技能与未来职业机会的主题来开展工作，是你们跟南亚数据科学/机器学习/人工智能领域开发者互动的最有效方式。

　　最后，各地区的开发者都分布在哪些市场领域，也是一个值得考虑的点。例如，近一半的 IoT 开发者（在消费电子和工业 IoT 领域工作）聚集在北美和西欧地区，因此，在这两个地区具有与这些开发者进行互动的最佳机会。然而，这两个地区 IoT 开发者所处的产业垂直领域却有很大差别。大约 40% 的北美 IoT 开发者瞄准的是物流市场，而 38% 的西欧 IoT 开发者则盯上健康和智慧城市市场。想想看，如果能针对开发者受众所瞄准的目标行业来调整沟通策略，你们的营销活动可提升多大成效？

前面我们探讨了你们想要与之互动的开发者都是哪些人（who），接下来还需要知道这些开发者都会到哪里（where）去获取信息、跟进最新技术动态，这样你们才能知道通过哪些渠道（what）可以有效地触达这些开发者。

通过哪些渠道可以有效地触达开发者

开发者需要紧跟技术形势的变化，以免掉队。在遇到编程问题需要帮助时，多数人会采取跟社区同仁进行互动的方式，其他人则更依赖官方供应商沟通渠道和会议的形式。该怎么确保你们的信息会出现在他们搜索结果靠前靠中心的位置呢？在这里，我们将了解到开发者用于跟进最新技术动态的常用信息源，以及信息源对不同软件领域开发者的重要性。

如图 3 所示，开源社区是开发者用于寻找软件开发资讯、跟进最新动态最受欢迎的信息源，全球近半数（48%）的开发者都在使用这些社区。不过，最受欢迎信息源排行榜前 5 名的使用率基本差不多，非常接近。第一名和第五名之间只有 4 个百分点的差距。如果想要确保把信息源排行榜前 5 名纳入开发者营销策略的一部分，那最好要包括这些信息源。

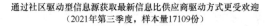

通过社区驱动型信息源获取最新信息比供应商驱动方式更受欢迎
（2021年第三季度，样本量17109份）

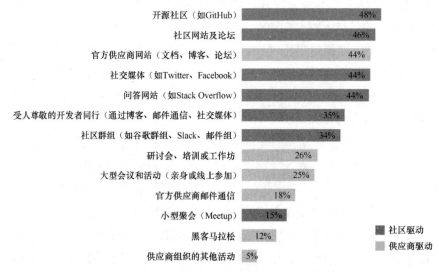

图 3　开发者用于获取最新信息所使用信息源的百分比

1. 开源社区
2. 社区网站和论坛
3. 官方供应商网站
4. 社交媒体
5. 问答网站

其中 4 个信息源都是社区驱动型的，这表明开发者更喜欢活跃的、同行参与型的信息消费行为。把营销资源投放在支持 GitHub 等站点上的开源仓库、维护社区网站和社交媒体上的存在感、在 Stack Overflow 等公共问答站点上解答问题等地方是很值得的。

虽说如此，维护自家网站仍然是重中之重：在供应商驱动型的信息源当中，官方供应商网站仍然是开发者获取此类信息的绝对首选。在自家网站上，我们可以直接掌控新版本发布、缺陷修复和优化改进等相关信息，而这正是开发者喜闻乐见的。

与开发者营销策略其他诸多方面一样，我们意识到并非所有开发者都是一样的，根据所参与的具体项目，他们在寻找信息和跟进最新动态方面有着非常不同的需求和习惯。

对于 Web 开发者、后端开发者和第三方应用开发者，他们在跟进最新动态方面有着相似的偏好。相比其他领域的开发者，他们会更频繁地使用多个信息源：这些行业的开发者中超过 80% 的人会使用 3 个或更多个信息源，而从开发者整体来看只有 73% 的人会这么做。制定同时针对多个渠道的策略，能更有效地触达和留住 Web、后端及第三方应用开发者。从比例看，这些开发者也最倾向于依赖官方网站，因此要保持网站持续更新！

如图 4 所示，利用社交媒体的开发者参与策略最适合 Web 应用、移动应用、游戏和增强现实/虚拟现实应用开发领域的开发者。移动应用开发者是社交媒体最重度的使用者，有超过半数的移动开发者都依赖此类信息源来跟进最新动态。社交媒体具有易于访问的优势，其有能力迅速传达信息，但其有效性极大程度上取决于所面对的开发者画像。一般来说，软件开发资历越浅的开发者越有可能使用社交媒体作为信息源。我们将在最后一节探讨开发者画像。

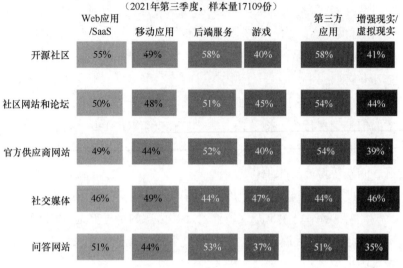

图 4　各领域开发者依赖不同信息源的比例

　　我们将以开源社区这一最受欢迎信息源的介绍来结束本节。开源已经成为开发者文化中极为普遍的一部分，体现了开发者在同业间共享代码、知识和最佳实践这一广受推崇的价值观。开发者向企业寻求资源：当我们询问开发者"公司应该提供哪些支持"的时候，最受欢迎的答复通常如下。

- 教程（34%的开发者给出了此答复）；
- 开发者工具、集成和库（31%的开发者给出了此答复）；
- 培训课程和动手实验室（30%的开发者给出了此答复）。

　　在开源社区发布公开可用的资源和代码，能够有机会提升参与度，因为大部分开发者都很熟悉如何使用这些资源。

　　GitHub 已经树立了自己最受欢迎开源社区之一的地位，全球 80% 的开发者在该平台上开设有自己的个人账号。在后端服务、Web 应用和第三方应用领域，拥有 GitHub 账号的开发者比例达到了 86%～90%，这也意味着，对于利用 GitHub 对这些开发者产生影响的策略，其有效性也相对较高。

　　游戏开发者是跟此趋势贴合度最低的开发者群体，其中有 32% 的人没有GitHub 个人账号。这跟开发者对待为开源做贡献的态度应该关系不大，更主要是因为这么做的必要性更低。49% 的游戏开发者担任非开发者类的角色，例如 UI 或 UX 设计师、业务分析师、美术师、研究员、技术写作者或 CEO，而且他们不像开发者那样重度依赖 GitHub 进行版本控制，可能也不是非得使用 GitHub 不可。此外，非开发者类角色中，有相当大比例是创作者，他们很可能会产出极大量的文件类艺术资产，而众所周知这是 Git 的一大痛点。

前五大信息源中，唯一还有待探讨的沟通渠道就只剩下问答网站了。让我们继续阅读吧！

问答平台怎么样

Stack Overflow 是众多问答网站当中最知名的一个，全球 85% 的开发者使用该网站来寻找速修方案。将 Stack Overflow 等网站纳入开发者营销策略是一种有助于提升企业形象、促进跟开发者之间良性互动的好办法。

如图 5 所示，Stack Overflow 在 Web 应用/SaaS、后端服务和第三方应用

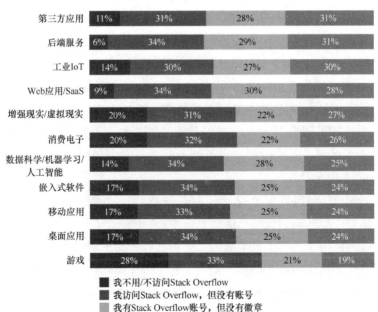

图 5　各领域开发者使用 Stack Overflow 的百分比

领域开发者群体中特别受欢迎。这些领域中有 89%～94% 的开发者在使用 Stack Overflow。在这些领域当中，后端服务和第三方应用开发者在参与回答问题和收集徽章方面最为积极。监控这两个社区的动态，将有机会从中发掘出有关产品改进的真知灼见。

只有 19% 的游戏开发者在 Stack Overflow 上赢得过有关回答问题的徽章，相应地，人们也较少提出或回答与游戏相关的问题，相比而言，在后端服务领域则有 31% 的开发者已经养成了经常回答问题的习惯。游戏开发者当中，之所以有很大比例的一批人不使用 Stack Overflow，或许只是因为在他们需要速修方案时无法在该平台上找到相关回答，索性也就不用了。对于一家想要提升自身社区形象的供应商而言，在平台上为游戏开发者的问题提供支持和解决方案可能会非常有效。

如何与特定开发者群体进行互动

在前面两节，我们针对用于触达开发者的信息渠道做了调查。但不太可能某个特定领域的所有开发者都频繁地使用相同渠道，或是同样贪婪地消费信息源。此外，开发者使用的信息渠道也并非一成不变。贯穿开发者的整个职业生涯，他们对信息渠道的需求很有可能会发生迁移，早期阶段他们很可能会高度依赖学习资源类的信息源，而在其职业生涯的高峰阶段，实时跟进最新技术版本发展的愿望则更有可能会成为主导。访问信息源的原因不同可能会对开发者所消费信息的类型有所影响。在本节，我们将继续深入探讨，力求理解对于不同开发者细分群体来说，哪些信息渠道能够提供最高的回报。

我们调查了软件开发经验对信息偏好的影响，如图 6 所示。我们发现，社交媒体是一个相当两极分化的信息源。在缺乏经验（1～2 年软件开发经验）的开发者群体当中，有超过半数的人更喜欢这种易于访问的信息源。这种偏好会随着经验增长而有所减弱。而在经验丰富（拥有超过 16 年经验）的开发者群体中，大约 30% 的人会使用社交媒体查找软件开发相关信息和跟进最新动态。

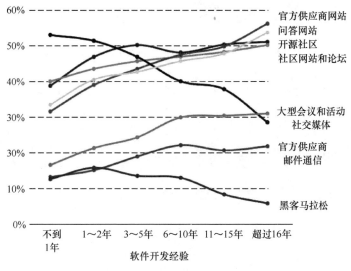

经验丰富的开发者是贪婪的信息消费者
（2021年第三季度，样本量17106份）

图 6　不同经验开发者使用不同信息源的百分比

　　拥有 11 年以上经验的开发者表现出了对大多数其他信息源的高度倾向性，黑客马拉松除外。一般来说，经验丰富（拥有 16 年以上经验）的开发者是更贪婪的信息消费者，约 58% 的此类开发者同时使用 4 个或更多的信息源。而那些经验不满 1 年或许还不太了解怎样查找信息的开发者，只有 40% 的人使用 4 个或更多的信息源。

　　所处地理区域也会影响开发者对信息源的偏好。在特定区域，文化、社会和政治分歧可能会影响不同信息源的可用度或流行程度。透过地区滤镜了解开发者群体，不仅有助于确定我们选择信息渠道的短期战术方法，提供额外视角看待产品采纳率期望值的方式也有助于我们制定自己的长期战略。

　　如图 7 和图 8 所示，与其他地区的开发者相比，南亚、南美地区和大洋洲的开发者更倾向于使用多个信息源：其中有 40% 及以上的开发者使用 5 个或更多信息源。大洋洲和南美地区的开发者是软件开发经验最丰富的群体之一，在最有经验地区排名中分列第一位和第四位。而在本节前面部分，我们已经了解经验丰富的开发者相比经验欠缺的开发者会使用更多的信息源。

中东、非洲和南亚地区开发者对信息源偏好相似
（2021年第三季度，样本量17109份）

	开源社区	社区网站和论坛	供应商官方网站	社交媒体	问答网站	研讨会、培训或工作坊	社区群组	官方供应商邮件通信	小型聚会	黑客马拉松
大洋洲	45%	48%	50%	41%	47%	32%	34%	24%	20%	8%
大中华区	48%	43%	48%	37%	35%	21%	30%	24%	8%	7%
南美地区	47%	49%	51%	42%	46%	29%	41%	21%	15%	9%
南亚地区	56%	42%	40%	53%	46%	31%	38%	17%	19%	29%
中东和非洲	55%	48%	41%	52%	46%	24%	39%	16%	19%	15%
西欧和以色列	48%	48%	43%	37%	47%	26%	32%	17%	18%	8%
北美地区	39%	41%	42%	40%	38%	27%	33%	19%	18%	10%

图 7　不同区域开发者使用不同信息源的百分比

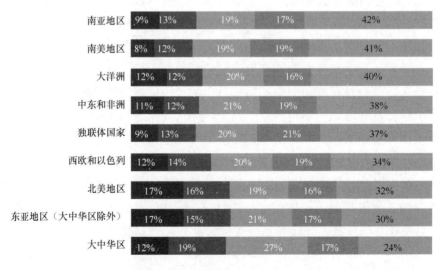

南亚、南美地区和大洋洲的开发者有4成使用5个或以上的信息源
（2021年第三季度，样本量17109份）

	1个信息源	2个信息源	3个信息源	4个信息源	5个或更多信息源
南亚地区	9%	13%	19%	17%	42%
南美地区	8%	12%	19%	19%	41%
大洋洲	12%	12%	20%	16%	40%
中东和非洲	11%	12%	21%	19%	38%
独联体国家	9%	13%	20%	21%	37%
西欧和以色列	12%	14%	20%	19%	34%
北美地区	17%	16%	19%	16%	32%
东亚地区（大中华区除外）	17%	15%	21%	17%	30%
大中华区	12%	19%	27%	17%	24%

图 8　不同地区开发者使用不同数量信息源的百分比

西欧和北美地区在最有经验地区排名中分别名列第二位和第三位，它们在信息源方面有着相似的偏好。社交媒体作为跟经验密切相关的一种信息源，在西欧的表现相较于其他地区偏弱。

南亚、中东和非洲地区是具备 5 年以上软件开发经验的开发者占比最高的地区。这些地区有着相似的信息源偏好，基于事件的信息源正蓬勃发展，包括研讨会、培训或工作坊，以及小型聚会和黑客马拉松。

此外，相比其他地区，南亚、中东和非洲地区的开发者更倾向于采取非正式的、社区驱动型的参与方式，尤其是社交媒体和社区群组。相似之处还不止于此，他们在学习材料的类型方面也展现了相同的偏好：相比其他大多数地区，他们更喜欢短格式文本（如博客文章、条列式文章）、播客、直播视频（如 Twitch、网络研讨会），以及互动型活动（如大型会议、小型聚会）。

与此同时，大中华区的开发者则更有可能使用 3 个或更少的信息源：近60%的开发者都是如此。在此地区，只有少数几个最受欢迎的信息源选项。相比其他地区，大中华区的开发者更青睐官方供应商网站和官方供应商邮件通信等供应商驱动型的、文本类的信息源。

小结

本章介绍了一些思考开发者群体及其使用信息源的方法，可用于有效理解在营销策略中使用哪种信息渠道跟开发者联系最有效。总而言之，我们讨论了以下内容。

1. 思考受众的方式。
- 思考目标领域的规模；
- 该领域开发者想要达成什么目标，以及自家产品怎样帮助他们实现这些目标；
- 这些开发者所处的地理位置；
- 他们在产业哪些垂直领域工作。
2. 开发者使用哪些渠道跟进最新动态，不同行业间的情况有何差异。
3. 如何触达特定开发者群体。

4. 检查软件开发经验对信息偏好的影响。

5. 如何透过地区滤镜去理解信息消费。

这些只是冰山一角，你会发现，书中还有很多方法可以提速你们的开发者关系计划，而且你随时都可以访问 DevRelX 官网获取更多的免费资源，还可以向 DevRelX 社区求助。

第1章 开发者画像的作用

Cliff Simpkins：微软 Azure 开发者营销总监

引言

在微软，我们的使命是让地球上的每个人、每个组织都能够取得更大的成就。自微软成立以来，为了让客户变得更高效，我们构建了很多平台，从 Altair BASIC 到 Windows、从 Visual Studio 到 Office、从 Minecraft 到 Azure，而客户则一直处于我们所构建的这些平台的核心位置。

随着客户基数规模变得越来越大，人们很容易被分散注意力，尤其在构建平台的时候。随着规模的扩大，工程师或许会开始为他们认识的人打造平台，产品经理开始依靠分析师来告诉他们应该构建什么，市场人员则开始以营销网站开发者为目标对象进行消息递送测试（没错，这种情况的确会发生！）。

为了让团队保持方向一致，我们需要定义出希望实现的目标，并描绘出成功时的模样。现如今有很多工程团队都在使用产品规格说明书的方式，让团队成员对所要构建的特性和功能保持一致理解，但我认为有很多公司都未能先定义清楚为什么要构建这款产品。

角色画像（persona）是我最喜欢使用的统一认识工具。大约 10 年前，我就开始在工程工作中使用由我们可用性实验室团队创建的用户画像了。但在过去 6 年间，我越来越多地把时间用到产品管理工作中，为 Windows 创建了多个不断演化的开发者画像，囊括了从移动应用开发者到 PC/主机游戏工作室开发者的多种场景，还帮助辅导其他团队也学会了如何创建开发者画像。

在本章中，我将用一家以开发者为中心的公司作为背景框架来介绍角色画像，探讨画像在产品开发和开发者营销生命周期中产生影响的方式，并分享我在此过程中的领悟。

简单介绍一下我自己。我已经在微软工作了 14 年，担任过开发者布道师、.NET 产品规划、Windows Phone 和 Windows 产品管理等多种角色，最近 3 年从事开发者营销工作。正如我之前已经提到过的，在过去 10 年间，画像越来越成为我工作的核心要素，它始于我从事 WCF（Windows 通信框架）工作期间，随后年复一年，它愈发成为我和我团队工作的核心。在 Windows 工作的最后几年，三问题式画像变速箱成为我们研究、会议注册及开发者计划等一切工作的核心。我们用它来构建内容、规划营销活动，并按照目标画像开展具体工作。希望等到读完本章时，读者已经理解了好的画像是什么样的，并对使用画像帮助团队保持客户至上产生了兴趣。

为什么说开发者画像很重要

在我们将产品构建完成并推向市场的时候，需要确定度量其成功的方法，不管是 API、用户界面、网站还是付费广告活动，都可以。但通常来说，人们对这种度量方法并没有共识，团队要么并不清楚产品成功是什么样子的，要么就是理解不一致，关于谁在使用、如何使用这些产品，团队成员各有各的看法，结果导致产品体验变得支离破碎、缺乏整体协调性。团队需要共同定义清楚他们前进的方向，以及怎么确认他们何时取得了成功，这样所有人才能对齐。

对我来说，这种对共同定义或者说对组织级对齐的诉求是在 2011 年前后产生的，那时候我们团队正在探讨为一个大型开发者峰会所准备的主旨演讲。跟那次活动相关的各个部门高管都在房间中参加了讨论，包括工程部、营销部、布道师及公关部。在我们讨论演讲结构和顺序时，各种观点和兴趣既相互交织又相互冲突（正如一贯以来的那样）。每个人都是从权威的立场出发高谈阔论受众的需求，都在反复地说"……但是开发者想要……"为了支持自己的观点，他们标识出了各自不同的甚至相互冲突的核心受众需求，以及他们认为需要在讲述和演示过程中着重强调的那些关键信息（如商业价值、工具先进性、新奇科技、生产力等）。

讨论结束后，我和公关人员聊了起来，我们都认为大家对本次活动的目标"开发者"群体的理解过于分化，并考虑是否需要通过一个共同愿景来牵引设计故事线。我们决定让团队用所谓的速记法，将泛化的"开发者"拆解成规模更小、定义更明确的社区，并厘清他们的痛点和期望。我们认为，这么做有助于讨论并确定主旨演讲的范围（例如，它不是针对"彼得"，而是针对"鲍尔"和"玛丽"的），还能抬高故事线的调性，超越碎碎念的层面。

随后的一年间，我们团队总共打造了 5 个开发者画像，并将业务重心聚焦到"拉维""杰瑞"和"泰勒"这 3 个画像上。仅用了不到两年的时间，这些开发者画像就成为我们团队的核心资产，也成为业务规划时必须考虑的一大变量。我们以这些画像各自的业务和生活目标为基础构建产品和计划。我们把这些画像放到了给营销机构的简报里，甚至我们的竞争分析也是基于这些画像开展的。例如，我们会提问"一个经验丰富的独立开发者（杰瑞）会怎么应对 DevOps？"，并将答案跟另一个不同画像进行对比，如某大型公司里的一线开发者（拉娜）。

画像的神奇之处在于，它提供了一个更大受众群体的复合视图，并允许他们成为产品故事线的一部分。目前已经有很多行业将画像用于营销，我个人深信画像对于开发者营销有着至关重要的作用，原因很简单：开发者画像提供了一种更易于非开发者人士理解其开发者受众群体的方式。消费者和 B2B 营销都是非常成熟的领域，有既定的方法、最佳实践和基准标杆。但开发者群体的行为则有所不同：我们评估和试用产品的方式不同，他们判断和消费内容的方式不同，而且他们所偏好的销售模式也不同。

应用画像之后，我们发现公关和开发者营销的工作变得更容易也更有效了。

开发者画像是什么

在维基百科上，画像词条的描述是"一个虚拟角色，代表了可能以相似方式使用网站、品牌或产品的某个用户类型……是某个假想用户群组的目标及行为的象征。大多数情况下，画像都是基于用户访谈所得数据而合成得到的……它们通常体现为一两页篇幅的表述形式，包括行为模式、目标、技能、态度及环境，以及一些虚构的私人细节信息，这样能让角色显得更像是一个真实人物。"

在我心目中，微软在 Visual Studio 2005 开发期间制作的开发者画像堪称典范，接下来我就用它们作为画像示例为大家进行展示。在 2004 年的一篇博客文章中，Nikhil Kothari 将他们的三大产品画像精炼为如下内容。

- 莫特（Mort）：机会主义开发者，喜欢为迫在眉睫的问题创造速赢方案，专注于生产力和按需学习。
- 埃尔维斯（Elvis）：务实型程序员，喜欢针对整个问题域创造长效方案，并在解决问题的过程中进行学习。
- 爱因斯坦（Einstein）：偏执型程序员，喜欢为特定问题创造最高效的方案，通常都会在设计解决方案之前进行学习。

2004 年，在这些画像的帮助下，我们清楚明确地定义了要为 VB 程序员、C#程序员和 C++程序员提供什么。时至今日，即便技术已经演变，但我相信核心的开发者画像仍然存在，他们只是更倾向于使用更新型的框架和模型而已（如 Ruby、PHP、Go、TypeScript 等）。

2004 版的画像可不只是这几句简单的描述，它们描绘了一幅清晰的画面。在开发者社区内，它们甚至引发了持续多年的争论，开发者经常吐槽这些刻板印象，以及它们导致的"对号入座"现象，尤其是那些被打上了"莫特"标签（相当于当今"精英程序员"所用讥讽词"脚本伙计"的早期版本）的开发者。

让我们进一步澄清画像到底是什么。先简要地研究一下其他一些用于描述产品用户的常用实践，如市场细分和分类属性，然后逐个探讨画像与这些方式的不同之处。值得注意的是，具体使用什么方法并不是二元选择，有很多人（包括作者的团队）都是把画像跟下述一个或多个其他方法结合起来使用的。

画像与市场细分

在维基百科上，市场细分的词条定义是"将某个（通常包括了现有客户和潜在客户在内的）广阔的消费者群体或商业市场基于某种共同特征分割为消费者子群体（也即细分）的过程"。

在商业导向方面使用细分市场是最顺手的，因为用它很容易就能制作出营销计划。我们可以干净利落地衡量出一个机会的大小，轻松地打造一个相似的受众群体，还可以用这些易于观察的受众属性来度量推广活动的投资回报率（Return on Investment，ROI）。

市场细分的概念跟画像类似，事实上，不少人经常把这两个术语当作同义词混用。这两种方法都是利用共同特征（需求、兴趣和习惯）将一个大的市场拆分成了更小的群组。不过，这两种方式及它们的输出物其实差异很大。细分市场更像是一个定量的或数据驱动型的流程，使用的是可展示、可度量的行为或特质。而用户画像则更像是一个定性的过程，使用的是个人的内在驱动力和动机。

接下来将实现一个市场细分的范例。营销团队可能会审视（跟画像涵盖的相同的）开发者群体，然后创建如下市场细分，先从比较容易度量的特性开始，如工作地点。

- 企业开发者：在拥有超过 1000 名员工的大型企业工作，专注于构建内部应用和服务，他们心系生产力，偏好专有技术栈。
- 新兴开发者：在初创企业工作，往往更年轻，追求技术前导性，偏好基于开放技术栈构建应用和服务。
- 伙伴开发者：在平台型或服务型企业工作，构建能提升客户生产力的产品。

团队可能还会继续细分这些市场，如按照购买模式、组织（社区、学术、中小型公司、企业）或者地区（西方市场、东方市场、新兴市场）等方式细分，因为市场细分往往始于推广活动如何瞄准用户或者如何度量销售转化的分析。

我个人更倾向于认为，在产品和推广活动创建方面，画像比市场细分更有效，但在产品上市的执行和成功度量方面市场细分更有效。市场细分通常依赖受众的可观察特征，如他们在哪里和他们做什么，这有利于营销团队完成寻找目标客户群和落地执行的任务。画像则往往聚焦于受众需求中不太可见的那一部分，如驱使他们采纳和使用我们产品的那些因素。虽说打造一款针对"创业型兼职者"的产品还算容易，但要在某个相似受众群体中定量识别并找到这批人就困难得多了。

如果打算同时使用这两种方法，我强烈建议读者设法找到一种简便方式用于映射它们之间的关联关系，而且能够理解和接受这种映射关系从来都不是 1 ∶ 1 的（例如，"伙伴"类软件公司里可能"爱因斯坦"和"埃尔维斯"两类开发者都有，大型企业中可能"莫特"和"埃尔维斯"两类开发者都有）。

画像与用户分类属性

将某个目标受众群体锚定在某个用户分类里的某个特定属性上，如角色、行业或编程语言，也是很普遍的一种实践。

- 用户角色：工程团队最常采用此方法用以说明在哪些工作活动中使用其产品的人，如后端服务开发者、Web 应用开发者、移动应用开发者。
- 行业（或称"垂类"）：适用于不同类型的业务（例如，制造业、政府、教育业）领域存在自己的特殊需求、要求或行为的情况。
- 编程语言：这是一种不言自明的分组方法，如使用 C++、Java、C#、JavaScript、Node、Angular 的开发者。

用户属性对于理解产品被使用的方式和场景来说很重要，这道理我懂，但我仍然认为，以这些属性为锚点去定义或理解受众群体，可能会把我们引入一个过于狭窄的利基市场。此外，它还容易把我们带偏，让我们围绕产品特性讲故事，而不是去思考我们想要满足何种潜在需求。

画像的特征

画像最简洁的形式就是有背景故事和自己旅程的虚构角色，故事和旅程能让角色显得更有深度，也能增加对读者、工程师和商业合作伙伴的吸引力。

如果读者很有经验，可以基于个人直觉和跟开发者相处的经验来编写这个故事。如果读者还不太熟悉自家产品的开发者，可以选择组建焦点小组或者直接跟他们当面交流，以更好地理解他们。我认为，基本画像需要具备以下细节。

- 基本人口统计特征：若想让这个人显得更真实，可以给他取个名字，并基于对当前开发者群体的了解创建一个复合形象。如果读者近期在参加会议时遇到了某个足以代表自家产品用户群基底的人，也可以把他当作蓝本：他多大年纪？他在哪里生活？他在哪里工作？
- 客户旅程：现在再深入挖掘一下自身对开发者的理解（可以采用讨论、客户会议、焦点小组或调查等方式）。开发者的世界跟自家产品或平台是如何对接的？在他们穿越自己的世界并跟我们产生接触的时候，他们的旅程通常是什么样的？根据受众群体及产品成熟程度的不同，这个旅程可以是他们个人旅程（过去→现在→未来）的一种基本视图，也可以是那种传统形式的采纳漏斗（背景→认知→参与→采纳→倡导）。

- 动机和愿望：这个人的驱动力是什么？他为什么从事这份工作？他有什么动机？是什么激发了他？是谁激发了他？他的目标是什么？
- 痛点和恐惧：这依然与他的驱动力有关，只不过是从相反角度来看的。是什么让他夜不能寐？他畏惧什么？他焦虑什么？他有哪些盲区（已知的或未知的、专业的或个人的）？

制作完成开发者基本画像之后，我们开始深入研究这个虚构角色，探索足以塑造其旅程故事的另外两个特征。

- 转折点（采纳的触发器）：在他生活当中有哪些跟我们产品相关的重大时刻？是什么促使他走到了做出改变的那一点？探索这种改变的过程是怎样的？
- 采纳的引导师：我们可以为这个角色做些什么？我倾向于将这个问题拆解成至少 3 个组织级"行动召唤"（Call To Action，CTA），包括工程、计划和报价、营销。比如说，针对"可以做些什么来帮助鲍勃？"给出了 1～3 个非常清晰明了的行动召唤，用以指引我们切实帮助开发者尽可能地减少痛点、实现愿望。

用数据做支撑：通用人口统计数据、社交图表

写好基础角色故事之后，可以用市场趋势数据和事实来充实其内涵，让它变得更鲜活。这么做有助于完善画像，让它免受奇闻轶事的影响，并融入真实世界之中。为了达到此目的，我选择求助于调查数据和联合研究，它们总结了目标群体身边更宏大的市场趋势。

此时，有人或许会问，为什么只吸纳市场趋势信息和数据呢？其他东西，如果不是出自数据，那是出自哪里？让我们回顾一下定义画像的过程：作为某个群体的"目标和行为的代表"，我们是从了解他们的内在驱动力开始的，

而不是他们的输出或者可观察的行为。如果我们一开始就用市场数据来定义分群，那就是在做市场细分了。

开发者画像样本集

2012 年，我开始着手构建首个画像集，即我在本章开头提到的那些画像。当时我在负责 Windows 手机的开发者营销工作，我们团队总共构建了 5 个画像作为当时市场上移动开发者群体的写照。

- 拉维（Ravi）：在大公司工作，公司希望将自家品牌定位为移动设备商，但他们并不是移动公司。尽管拉维是技术人员，但他却很有商业头脑，非常关注每一笔移动投资的投资回报率。
- 杰瑞（Jerry）：在移动优先型的小公司工作，该公司努力希望在平台创新方面取得领先。杰瑞有开发者背景，对身处移动行业感到非常兴奋。他知道自己擅长什么（编程），也明了自己不擅长什么（商业）。
- 拉娜（Lana）：移动开发者团队的一员，既是团队成员也是团队负责人，但在日常工作中，她也有参与到更大的应用或网站团队扮演着多个不同角色。她对自己的角色充满热情，很有雄心壮志，非常关心自己和自己团队的产出情况。
- 泰勒（Tyler）：兼职移动应用开发者，经常在夜晚和周末时分满怀激情地构建应用。尽管他并不以移动应用开发为谋生之道（通常是因为缺少原创知识产权或商业计划），但他认为需要对自己的应用和用户负责。
- 纳特（Nate）：移动爱好者，他涉足移动开发领域只是为了进行试验或学习，构建完成之后，他就不怎么关注也不怎么投入精力了。

需要注意的是，时至今日，移动领域相比早些年已经发生了很大变化，上述画像只能代表西方移动开发领域的旧况。这些年来，随着时代和营销团队需求的变化，画像本身也在不断地发展演变，以便能够涵盖 PC、XBox、Web、物联网和混合现实设备等更多领域的开发者群体。

2012 年那些画像，是基于多年来自然形成的包含定性和定量两方面的受众理解而生成的。我们还进行了持续一年的特定画像研究，并跟美国和西欧两地近百名开发者进行交谈，了解他们之所以从事他们所做工作的原因。画像研究形式也是我个人的最爱，我们点对点地采访开发者（也称为"二人组"），并提出诸如"如果你是一名超级英雄开发者，你的超能力是什么?谁会成为你的伙伴？"等问题。引导师很享受这些交谈带来的乐趣，还能让一群原本很有戒备心的开发者敞开心扉畅聊，帮助我们从中发现了一些心理瑰宝。

我想指出这些画像当中一些为模型增添了韵味的有趣元素。

- 开发者可以而且经常会呈现多幅画像——我见过很多开发者，他们在工作中是拉维或拉娜，但一到了晚上或周末试验新技术或平台时，就又变成了泰勒或纳特。

- 移动开发者画像同样适用于应用开发者和游戏开发者群体，这是公司内部长期争执不下的话题。通过聚焦于个体驱动力的探究，我们发现，尽管应用开发者和游戏开发者在技术、逆向工作表和团队角色方面有所不同，但他们却有着相似的个人目标和挑战。与此同时，小型组织或团队（杰瑞）和大型企业（拉维）之间也存在这种相似性，因为大多数的大型游戏工作室（如史克威尔·艾尼克斯株式会社）都将移动游戏视为主机和个人计算机产品的延伸（跟 Facebook 一样，当年它们也是将移动应用视为它们以桌面浏览器为主的用户体验的延伸）。

- 类似地，这些画像同样适用于东西方开发者厂商。在亚洲地区使用时，虽然我们也需要为杰瑞和泰勒的画像创造变体，以体现个体和文化驱动力方面的不同，但这些画像的核心是不变的。

我们还制作了很多参考资料用于充实这些画像，以提升其效用：我们为这些内容制作了一页着陆页、一份总体介绍这 5 个开发者的演示文稿（包括整套幻灯片和演讲录像）、这 5 个画像各自的专属幻灯片材料，以及我们为 3 个重点营销画像制作的辅助交付件（平台决策者拉维，以及杰瑞和泰勒）。

辅助交付件之一就是我们为这 3 个重点画像制作的墙面海报。图 1-1 是杰瑞的画像海报，从上半部分内容可以看出，海报试图让画像变得栩栩如生（说句题外话：杰瑞的头像照实际上是当时一位移动应用先行开发者的照片，为了营造真实的开发者氛围，我们特意以提供照片使用权的发布形式购买了专业头像照）。我们综合运用个人信息、真实移动开发者的真实言论、市场趋势数据（例如，出自 SlashData 等分析公司针对该画像类型的平台采纳趋势数据，相关内部调研及其他来源数据），让画像和客户旅程显得更加真实。

图 1-1　杰瑞的画像海报

　　海报的下半部分专注于"我们怎么帮助杰瑞"，重点关注我们从开发者那里听来的常见问题：他们的动机、平台的选择、团队的诉求、流程的痛点、他们对代码的需求，及他们自己想要什么。这部分非常直截了当：左侧抛出引言（如在"流程"下面的"上市速度至关重要"），右侧则突出显示针对性的建议（如"在认证期间展现透明度——把他们的应用显示出来，这样他们就可以评估响应并快速迭代，从而快速发布流程"）。

　　这些画像海报就贴在公司走廊的墙上，既能帮助内部客户采纳我们团队的产品（即我们的研究和观点），也能帮助读者进一步了解市场和我们的目标客户，从而内化并真正应用这些画像。

使用画像

画像到手之后，就可以拿来使用了，用于团队内外都可以。具体在哪里使用及如何使用，取决于我们所经营公司的类型。虽然有些研发伙伴在工程场景和产品价值主张工作中使用画像作为预期"受众速记"，但主要还是开发者营销组织在使用这些画像。事实上，在画像完工之后的 5 年中，我们团队越来越多地以这些画像为核心来开展营销工作。有关画像主题的教育性演讲，我做过很多次，以至于时至今日仍被微软某些部门戏称为"Windows 画像人"，认同此道者对我很尊敬，但那些不理解此方式所蕴含价值的人也经常给我白眼。话虽如此，仍有不少人会请我喝一杯（含不含酒精或咖啡因的都有），他们都是那些曾经瞧不起画像概念，换过岗位或换过公司后又相信了画像的人。

营销机构简介

在跟机构合作开展营销活动或内容开发时，我们团队使用了目标画像的简化版本（就是从一大堆幻灯片里抽取的 10～12 张幻灯片）。我们之所以这么做，起初只是因为有一家机构想要用它增进对受众的理解，但由于第一次尝试就产出了更好的营销用语，所以它很快就变成了我们请求建议书（Request for Proposal，RFP）流程的最佳实践。

营销计划和提案开发

如果已经做完了功课，并已知悉目标受众的动机，那么接下来就可以糅合自己在客户旅程和采纳决策方面的见解，针对受众类型构建营销计划了。

例如，在 Windows 手机部门，我们针对三大关键画像制定了不同的开发者营销提案。

- "拉维"型开发者：跟企业高管层决策者进行更广泛的对话通常是投资的关键，这时候我们都会叫上业务拓展团队一起参加。

- “泰勒”型开发者：我们跟诺基亚一起协同打造了名为 DVLUP 的游戏化的开发者计划，并在社区层面的参与下营造了充满乐趣和友爱的氛围。
- “杰瑞”型开发者：我们发起了多项计划和报价，旨在帮助他们改善业务（设计帮助、业务咨询和营销帮助），以及让他们感受到自己是我们生态系统的重要一员。

开发者信息

每个营销人员传递信息的方式都不相同。在微软，我们通常都会遵循标准的产品定位和信息传递框架流程。这个流程囊括了该产品的顶级营销信息和 3 个信息传递支柱。对于如何让产品信息和定位实现最佳匹配，这些内容已经远远超出了本章的范围，我更想探讨的是，怎么使用画像推动团队工作方式发展为类似信息传递框架那样的结构化产品。

经过几次迭代修订 Windows 手机开发者信息后，我们尝试调整方法，创建了内含 4 个变体的信息传递框架：一个遵循常规流程的核心信息框架，以及为 3 个关键画像量身定制的信息框架变体。该方法包括如下三个步骤。

首先，我们与开发者焦点组一起对我们的信息进行定性测试，以便能够从概念和措辞方面了解，对于我们最核心最精练的开发者信息，他们喜欢什么、不喜欢什么。

其次，继续问一些有关我们产品在更宽泛概念层面的问题，探寻其中可以让他们感到高兴或是“踩雷”的区域。

最后，针对这些受众调整信息，也有可能会调整信息的传递顺序，有时候甚至直接把某条核心信息彻底替换成另一条全新的信息。接着再回过头来，基于这些意见重新审视核心信息，评估是否需要对更高阶框架进行调整。

顺着这条路往下走，重要的是要以成长的心态来处理开发者信息。对我来说，早期跟一些专业焦点组的合作对我帮助很大，让我学会了如何带着好奇心（而不是试图去纠正那些最初可能会被视为误导或误传的观点）加入讨论，并获得有关为开发者打造故事的见解。

平台易用性

值得注意的是，我们用开发者画像来评估营销平台易用性的效果也很好。在思考如何选用或定位一个平台时，我们很可能会想到那些特性集，以及有什么、缺什么的复选框。这些思考只能解决定量那一半的问题，而体验是愉快的还是痛苦的，也即定性那一半同样重要。最近，我新见识了一种称为摩擦分析的方法。审视信息内容时，我们注意到不同画像对平台的体验是不同的。这又把我们带回到了"莫特、埃尔维斯、爱因斯坦"模型，用来分析他们使用用户控件构建用户界面（User Interface，UI）的方式。每个画像都想要一些不同的开发体验，也都有自己的需求和偏向的组合。例如，莫特想要快速直观地布置 UI，他觉得 UI 模板非常高效；而埃尔维斯则非常重视可以微调用户控件属性和覆写默认行为的功能。

一旦理解了画像的视角，我们就可以针对受众群体正确地构建和定位产品了。把相同画像集共享给营销和工程部门，让所有团队使用同一视角来设计和构建产品。这样，特别是在将受众按优先级排序并阐明其诉求和需要时，构建满足受众需求并能取悦他们的产品就会容易很多。

画像创建技巧

接下来，我们继续讨论创建画像的流程。正如本章前面部分已探讨过的，画像可以很简单也可以很复杂，可以很便宜也可以很昂贵，就看你如何选择。在本节，我汇总了一些在启动画像创建流程时需要考虑的要点。

画像项目启动日

当启动画像创建工作之后，重要的是要汇集包括扩展范围在内的所有干系人。我发现，要想了解受众知道什么，以及提供哪些附加信息能更好地满足他们的需求，让营销、工程和开发者关系等跟产品密切相关的关键人员参与进来非常关键。

我们建议读者也跟组织焦点组一样，把大部分时间都用来跟那些目标和心态一致的干系人座谈。而且，类似运作焦点组，也应该引入中立第三方或引导师（无论来自公司外部还是团队外部均可）以减轻干系人对组织偏见的担忧。在对话中，我们需要探索以下内容。

- 他们在工作中会如何运用开发者画像？
- 他们今天用了什么？
- 他们对目标受众了解多少？
- 如果必须将受众分成三组，他们会怎么做？
- 他们如何度量开发者受众的成功？
- 他们能否跟目标受众分享最新的业务进展回顾信息？

为了提高效率，可以拉通安排一场启动会，针对即将发生什么、何时发生，以及想要（需要）每个人做些什么设定好上下文边界。这不仅有助于定义待完成的工作，还能够让每个人都知道这项工作汇集了整个公司的声音和看法。

事情推进后，还需要跟所有团队就项目总体进展进行沟通，频率不低于每月一次。如果有调查结果涉及某个团队的问题或难题，还需要跟他们沟通其团队进展。不要低估开展更大范围团队沟通的价值，让每个人都厘清项目的全过程，有助于他们从更广的视角去看待画像，而不是只从自己的角度出发。

了解现有的客户群细分

如果我们负责的是产品管理或开发者营销，那么审视我们现有的客户群细分，以及公司针对市场细分采取的上市策略就显得尤为重要了。正如我们之前探讨过的，有很多种方式可以用来拆解重组受众群体，每个人都可以用自己的方式来切割和拆分受众群体。

我们需要用业务语言说话，还要清楚说明打算怎么让画像进入市场，才能让画像扎根于业务。如果不能以此方式勾勒画像，那我们将会耗费大量时间跟现有模型作斗争，费劲解释画像 a 跟细分市场 b 的关系，或者承担所有工作成果都变成"摆设"的风险。拉通整个公司统一对齐目标和受众以推动组织前进，这才是我们使用画像的初心。

与目标客户交谈并了解他们的故事

在构建画像时，别把所有时间都用来躲在单向玻璃背后静观。虽然付费研究也能产生应有的效果，但到开发者身边观察他们原生态的行为表现，去了解这些开发者，同样至关重要。

- 去开发者的工作环境实地拜访。构建画像时，要融入开发者受众群体并跟他们交谈，以了解他们做了什么、为什么做，以及在哪里做的。到了那里，记得多拍些照片供报告使用。因公出差时，可以找几个当地开发者聊聊天，无论通过领英（LinkedIn）跟他们联系，还是通过自家工程团队或开发者关系团队跟其中一些人取得联系都可以。如果他们是客户或伙伴，他们会很乐意看到我们的拜访。

- 在活动中跟开发者交谈。参加相关活动时，可以在自家展位上多待会儿，或是动动腿在房间里多走走，介绍介绍自己，多结识些人脉。一开始可能会感觉有点怪，但你会惊讶于自己在活动中通过谈话得到的收获。这是以非引导性的视角获取有关自家公司、市场和开发者所思所想信息的绝佳途径。毕竟，这些参会者都是付费来参加活动的，因此他们必然已经在此议题上有所投入。

激荡期和规范期

在我们开始理解业务需求及开发者的诉求后，就是时候发挥创造力并进行迭代、迭代再迭代了。这部分过程不像科学，更像是黑魔法，但也有些方法效果很好。

- 便利贴：在本章"画像的特征"部分，我喜欢把感兴趣的东西都写下来，然后再找出（他们之间的）共性，就像是基于数量的聚类分析方法……只不过这些都是他们脑海里的东西。

- 三问变速箱：在分组时，注意看是否可以挑选出 3～5 个可以定义这个组的特征。为了便于理解想要触达哪些画像，或是要测试哪些信息，可以把这些特征转变成用于调查或活动注册时提出的 3 个调查问题。如对于移动应用开发者画像来说，问题可以是他们为什么这样做（纯粹出于爱好、兼职、利润）；团队或公司的规模；决策权。

- 颗粒度：通常，用于呈现受众的角色画像不宜过多，我们应该尽可能地进行简化和合并，但仍需维持在一定的颗粒度水平，以确保画像有效。

- 测试：最后，额外构建一个角色画像组合，用于跟干系人和工作交付件一起进行验证。如果有助于推动进展，那就太棒了！如果不行，那就该迭代了！

总是在奔忙

画像虽然完工，工作可不会停下来。这跟我们的工程伙伴很像，实现了一个最小可行产品，那就把它交付出去，然后继续奔忙并迭代推动其持续改进。

内部推广

不管工作在小公司还是大企业，都千万别低估在内部宣传推广工作成果的重要性，人们要么采纳我们的成果，要么把它们放在架子上吃灰、锁在某个文件夹里或是遗弃在某个怪玩具堆里。就我个人经验来说，专题海报和月度专题演示都很有效。但读者的情况可能会有所不同。

文化改善

完成构建并交付初始产品（记住，一直在交付）之后，还要检查一下是否存在无意识偏差与样本偏差。就我们的情况来说，我们是基于美国和西欧地区的经验与数据点来构建画像的。随后一年，我们在亚洲（包括中国、印度、日本和韩国）地区进行了测试，发现了一些有意思的文化差异，它们影响着社区互动和职业发展等不同方面。比如中国，尤其是在中国一线城市，我们发现大多数开发者都不太有兴趣冒险去尝试那些新的或截然不同的平台，他们担心这会导致他们偏离从编程向管理方向发展的轨迹。

如有必要，调整我们的画像，或者记下如何根据当地情况或受众的变化去执行营销活动。

永远在学习

最后，科技行业是不断变化的，我们（和我们的画像）也应该做好随之变化的准备。始终带着成长心态去工作，并假定所做的一切都需要进行年度审视，以确保我们始终跟开发者所代表的市场保持着密切联系。

- 评估产品是否触达了目标画像群体，是营销事后分析（针对事件、系列活动和发布）工作的一部分。我们有触达目标开发者吗？另外，接触到的开发者与目标画像吻合吗？比如在我们的故事里，画像"杰瑞"在他生命的第一年里就有了很大变化，团队从 1～2 人变成了 1～5 人，从专注于创业的开发者变成了赋能者之一。

- 跟受众待在一起，每年至少应参加 2～3 场开发者活动。注意，自己举办的活动不算！就像构建角色画像时所做的那样，跟开发者谈谈，确保我们跟社区的脉搏同频。如果感觉到受众的情绪或动机正在发生变化，那就是时候重新审视一下我们的画像了。

- 最后，跟紧行业趋势，并确保团队每隔 2～3 年彻底重新评估一次角色画像，以确认分组是否仍然有效。尽管某些分组可能是常青树（莫特、埃尔维斯、爱因斯坦），但本章介绍的移动开发者画像则肯定会变得过时并不再有效。持续审视行业视点，有助于避免在受众群体变得越来越小的时候，身处泡沫之中而不自知。

久而久之，你可能会变得跟我一样，把角色画像当作一组亲密的虚拟朋友。记住，还在一起的时候就要享受跟他们共处的时光，并准备好在分道扬镳之际跟他们坦然道别！

第 2 章　开发者邮件营销

Desiree Motamedi: Facebook 开发者营销主管

在本章中，我们将了解 Facebook 在电子邮件方面的开发者营销历程，从所面临的挑战和对如何解决这些问题的见解，到最佳实践、受众洞察，以及我们对电子邮件营销未来的看法。

发展意味着改进技术，不断前进。它不是一条单行道——我们都在共同建设。我们将这种思维方式应用于营销，使信息传递给适合的受众，为他们提供他们想要的信息。

引言

电子邮件已经存在了几十年，全世界有数十亿人使用它作为快速交换电子信息的方式。作为一种快速、免费的工具，市场营销领域很早就开始使用电子邮件与人联系，这似乎是很自然的事情。1978 年，数字设备公司（Digital Equipment Corp）的市场经理 Gary Thuerk 发送了被认为是第一封含有大批量接收者的电子邮件。这是一封通过互联网的前身 ARPANET 向数百人宣传公司机器的营销邮件。结果令人印象深刻，它为该公司创造了超过 1300 万美元的销售额。电子邮件营销就此诞生！

自 1978 年以来的 40 多年里，发生了很多变化。在计算机上阅读电子邮件不再是人们在线交流的主要方式。事实上，Litmus 软件公司收集和分析的数据显示，在移动端上阅读的电子邮件比在桌面电子邮件客户端上阅读的要多，47% 的电子邮件是在移动设备上打开的。此外，一项研究显示，移动端的电子邮件转化率已经赶上了桌面电子邮件的转化率，两者在 2018 年的平均转化率均为 3.3%。

Litmus 于 2016 年发布的电子邮件状况报告显示，72% 的消费者表示电子邮件是他们进行品牌沟通的首选途径，并且每天发送的电子邮件数已超过2250亿封（比前几年增加了5%），电子邮件在品牌营销战略中继续发挥着重要作用。

营销人员必须将创造力与数据结合起来，让他们的内容与受众相关，并在正确的时间和地点触达他们，这样才能脱颖而出。如果读者正在从事开发者营销工作，你将面临一个特殊的挑战——一直以来，开发者都很讨厌营销。他们希望沟通是真实和有效的。牢记这一点，必须诚实地看待针对开发者的电子邮件营销，并做出反思。例如：

"读者会不会认为我们在试图向他们推销什么？"

"我们是否使用了开发者驱动的方法？"

"我们是否仅仅在推销产品或服务，而不是创造价值和信任？"

今天，很多公司都在争夺开发者的注意力，在这种的情况下，做好这一点比任何时候都重要。

没人教过我关于开发者的知识

作为 Facebook 的开发者产品营销主管，我工作中的很大一部分内容是了解开发者的想法：是什么让他们心动，是什么让他们夜不能寐，以及 Facebook 最终怎样做才能帮助他们更好地完成工作。在这 20 年时间里，我和我的团队建立和执行了大量市场策略，基于此，我们对这一人群有了深入的了解。

在完成这一切的过程中，我们手里并没有关于如何专门面对这一人群的规则书或指南，也没有关于如何向开发者推销 Facebook 产品的傻瓜式指南。付出了无尽的努力，经历了大量的试验和错误，在梦幻般的营销团队的支持下，我们了解了如何优化给开发者提供的信息。然而为了跟上这个快速变化的行业，开发者这一特殊人群本身的特征也在不断变化。

先来介绍一下我在入职 Facebook 之前与开发者相关的工作经验。我的职业生涯始于硅谷的 Adobe 公司，担任该集团产品营销经理，8 年多来，监督了多款产品的推出，包括 Adobe Flash Media Server 系列产品和 Creative Suite 的重新包装。

我自从担任谷歌移动应用产品营销主管，了解开发者变得无比重要。在谷歌，我负责"滚雷行动"（rolling thunder）的营销策略，即在公开发布之前就开始人为造势，让受众想知道 "即将发生什么"。我的团队致力于围绕移动应用广告平台建立一个充满活力的开发者生态系统，其中包括 AdMob、AdWords 和谷歌分析。如今，带着在谷歌积累的经验，我跳槽到 Facebook 负责全球开发者营销工作。

我喜欢与开发者一起工作并培养和他们的关系。这些不同受众对我们今天的世界有着非常深远的影响，跟他们一起工作非常令人着迷并充满乐趣。

Facebook 的开发者平台

大多数人认为 Facebook 是社交媒体网站，通过它，人们可以跟他们的家人、朋友和企业联系。它是一个分享内容、发送信息和与你关注的人互动的地方。

但是，Facebook 的功能远不止于此。在 2007 年 5 月举办的 F8 会议上，我们推出了开发者平台，让开发者能够在 Facebook 上为人们构建软件，并提供工具和功能助力他们成长。当时，Facebook 总共有 2000 万名用户。今天，我们的用户已经超过 20 亿人，我们为全世界的开发者提供了与更多人联系的机会。

伴随着消费者受众的增长，我们的开发者生态系统多年来也在扩张和发展。为了实现这一规模，我们已经看到了一些自然增长。然而，这只是方程式的冰山一角。

为了发展开发者生态系统，Facebook 的开发者营销团队承担的任务是与开发者联系并推动他们采纳我们的产品。我们通过引人入胜的内容来实现这一目标，使他们不断回到我们身边。我们以产品被采纳为最终目标，精心设计内容、所传递的信息和各类活动。我们策划了各种邮件活动、新闻简报，诸如 Facebook 开发者平台的网站、社交媒体动态等来吸引开发者的注意。

为了取得成功，我们尝试和测试了不同的营销方法，建立了一套强大的工具，并通过各种项目和活动培养了社区。我们投入大量资金构建了一个全流程的营销方案，其中就包括为了吸引开发者而专门制定的电子邮件营销策略。在整个过程中，我们始终向着一个方向前进，即跟踪和计算结果，收集跨平台的数据，并利用一路走来所积累的经验来优化未来的发展道路。

一切都与数据有关

2017年初，我们决定强化对开发者的电子邮件营销，创建一个全流程的方法，将所有活动都跟意识构建、决策影响、推动采纳和增加忠实用户留存关联起来。为了达成此目标，我们希望能准确衡量每次活动的结果，然后再以此为基础进行优化并制定理想的增长策略。我们问自己："上次电子邮件简报中的那篇文章是否带来了注册？""我们的订阅者中有多少进行了点击？""那篇简报文章是否推动了产品的采纳？"我们想从中发现哪些方法是有效的，哪些内容影响力最大，以及如何让开发者长期参与。但是，为成功做好准备并非易事……

首先，我们得决定要使用哪一款客户关系管理（Customer Relationship Management，CRM）系统。我们需要综合考虑功能、支持、跟Salesforce集成的能力、报表特性、数据收集能力、可扩展性等很多方面。在权衡了各种选择并同其他也在使用CRM系统的团队进行交流后，我们认定Marketo就是我们的最佳选项。

我们知道，要想让Marketo这款CRM系统发挥作用，必须将存于其他位置的开发者数据传过来，因为我们希望能在一个集中的位置看到受众行为的完整视图。更重要的是，不能丢失任何已经收集的开发者受众数据。我们最终得到了一个囊括各种开发者标识的完整数据库，包括产品采纳率、在线行为及他们是谁等信息。这些全都是我们通过跟踪自家网站、社交渠道、电子邮件、付费媒体、活动和第三方站点收集的信息。最重要的是，我们没有把这些信息弄丢，毕竟它们可是营销金矿！

为了将这些数据点转移到新系统中，我们不得不寻求工程师和IT团队的帮助。我们需要协调资源，让数据干净利落地传过来，并以一种有意思和可访问的方式组织起来。总而言之，在众多团队的帮助下，我们花费大约6个月的时间整合了这些数据，并将Marketo和Salesforce同步起来。能在集中的位置捕获注册用户的细节和兴趣，我们付出的努力都是值得的，尽管这很费工夫并需要很多合作。从联系信息到产品采纳情况及网站浏览量等，我们的工程师都做了大量工作。

清理掉这第一个大阻碍之后，我们就能制定一个坚实的邮件营销策略了。有了大量的数据，我们就能够个性化内容，从而以一种更有意义的方式跟受众联系起来。

1，2，3，测试，再测试

将所有数据都成功地转移到 Marketo 之后，我们开始进行各种电子邮件活动。从单次触发到批量发送，我们尝试了一系列不同的方法，包括不同的内容、布局、设计、传递的信息、发送日期和时间等。尽管有许多不同尝试，我们的衡量标准却是一致的。成功的关键在于跟踪最终成效的能力，同样重要的还有用于了解如何改进的评价基准和最终目标。新手可以先上网快速搜索一下关于发送量、打开率和点击率的行业标准信息。诸如 HubSpot、Malichimp 和 Marketo 等 CRM 厂商会定期发布当前的标杆基准，可以拿来用作指南。我们可以以此为起点，参考设定自己的目标。记住，这些数字不应该改变——你需要通过一个常量来衡量自己。

我们设定了很高的标准，目标值是 15%～22% 的打开率和 1.5%～2.5% 的点击率。我们一直没有调整这个目标值，而是每周每月定期跟踪团队的实际表现，并持续关注报表，留意一切趋势变化和关键节点的出现。比如是否发现，某封邮件退订率很高？周二发邮件的打开率更高？视频相比文章能够吸引更多人？这些都是要监控的内容，我们利用这些发现来改进下一次发送的邮件。

扣动扳机

利用电子邮件营销，有机会通过定制化和高阶的定向发送来引导用户的感知和采纳方式。

触发式营销是以客户与我们内容的互动（例如，订阅、页面访问和产品采纳）为基础的。它们以一种非常个性化的手段来推动。我们可以通过这些活动更精确地描绘客户的旅程，并根据真实数据做出决定。他们通过什么渠道找到我们的内容？他们收到我们的第一封邮件后采取行动了吗？我们的提醒邮件是否推动了他们的转变？在他们采纳我们产品之前，我们"接触"了他们多少次？

对于哺育式营销来说，所有电子邮件的发送都是自动化的基于线索采取的行动。我们必须描绘出潜在的用户旅程和希望用户采取的行动，以便为此流程做好准备。由此，我们绘制出潜在的行为结果并根据每个结果创建对应的电子邮件。然后，我们将数据导入内容管理系统（Content Management System，CMS），并建立对应潜在开发者旅程的逻辑，所有这些都是为了推动产品采纳。触发式营销绝对不简单，但却是值得的，因为它可以让我们更好地了解每个人在转变道路上的独特旅程。这类活动还有助于展示沿途哪些点成功地推动了行动、哪些点没有。这是非常有价值的洞察，可以帮助我们决策后续该如何优化活动。

受欢迎的哺育流程

开发者在 developers.facebook.com 完成注册后，就会被添加到我们的数据库中。接着我们会查看开发者是否创建了一个应用，以便我们可以向他们发送两封欢迎邮件中的一封。

如果开发者已经创建了一个应用 ID，他们会收到"欢迎邮件 A"，其中包括下一步指引和欢迎加入我们平台的致辞。之后，我们会等待 24 小时，观察开发者是否会采纳产品。如果他们采纳了，那我们就把他们加入认证服务的哺育流中，并发送提示，让他们采纳我们的分析产品或其他产品。如果他们没有采纳我们的产品，那么我们将发送两封电子邮件以鼓励他们——第一封立即发出，第二封 48 小时后发出。如果 120 小时后仍未有任何事情发生，那么我们就在数据库中将此线索标记为不活跃，并过滤发送给此类开发者的材料（主要是平台更新，没有针对产品的材料）。

如果开发者还没有创建应用程序，他们将收到包含下一步指引的"欢迎邮件 B"，展示平台的价值并鼓励他们创建应用 ID。在最初 96 小时内，他们将收到三封邮件提示他们创建应用——第一封在 24 小时后发送，第二封在 48 小时后发送，第三封在 96 小时后发送。如果 130 小时之后，仍然没有来自开发者的活动，那我们就在数据库中将此线索标记为不活跃。

电子邮件简报

在这段旅程中，我们取得了一些突破性的进展，进行了测试，并从各种好的坏的经验中学习了很多。Facebook 的电子邮件简报营销活动充满了宝贵的经验教训。

简报让我们每个月都能够主动地重新触达我们的开发者受众，提供自家平台和产品的更新消息。我们尝试了不同的布局、不同的发送时间、主题行的 A/B 测试、不同类型的内容和长度等——每个月都对内容进行调整和优化以求达到最佳效果。

我们还增加了"与朋友分享"的功能，让那些已经订阅的人能够将邮件发送给他们认为可能感兴趣的人。这有助于我们有机地扩展数据库。

一路走来，我们也遇到过一些坎坷。经由不断试验和试错，我们总结了一套清晰的评审流程，用于分析每个月发出的邮件当中哪些有效、哪些无效。我们会思考"哪些地方出现过延迟，可以做些什么让下一次更顺畅？"我们必须评估不同设备、不同电子邮件服务提供商等的交付能力。我们还会思考"我们在屏幕上看到的和别人在其他屏幕上看到的是一样的吗？"及"我们怎样才能确保体验是一致的？"等问题。一切表明，学习是关键——把个人经验所得应用于下一个版本，才会得到持续的提升。

通往成功的道路并不总是一帆风顺

尽管我们在许多方面都取得了巨大的成功，但在这一过程中，我们也不得不克服一些阻碍。

技术有时候对我们来说是一个挑战。如果 Marketo 和 Salesforce 能很好地配合，那么整合它们的效果会很好。然而情况并非总是如此。无论是按产品采纳情况对开发者进行划分，还是按开发者与企业的关系对用户进行细分，都很难厘清界限并确定最佳的方法。有许多不同类型的人，他们有不同的背景和兴趣，要想找到他们的最佳划分方法很难。幸运的是，我们有一位专职的数据分析师，他会筛选所有上述信息，并从收集到的数据中提取关键信息。结合电子邮件 A/B 测试，数据分析师的洞见能帮助我们更好地理解受众。也许读者团队没有全职的数据分析师，但我强烈建议安排一个人负责查看收集的所有数据并为营销团队提出可行建议。

另一个挑战是决定电子邮件营销活动应遵从何种逻辑。这非常烦琐，还要考虑所有的潜在后果。我们不得不对发送时间和发送内容进行多轮评审和意见收集，以便能够就如何通过哺育式电子邮件营销来推动实现最多的产品采纳达成一致。

对收集到的数据进行分析，得到的洞察结果让我们觉得付出的所有努力和克服的阻碍都是值得的。我们可以看到一个人转变的全过程，并从中了解哪些营销方法有效，以及哪些部分可以改进。市场营销的好坏取决于其数据。我们越了解受众，越明了什么有效、什么无效，我们的投资回报就越高。

请牢记这些最佳实践

团队组织

强大的团队才能构建牢靠的电子邮件营销策略。在我们的案例中，我们需要对 Marketo 和 Salesforce 有深入了解的工程师。我们同样需要具有产品和受众洞察力的产品营销经理，这样才能根据我们的发现量身定制活动。此外，我们需要相关专家来执行和报告电子邮件活动。最后，我们还需要一个人，最好是一个团队，能够理解所有这些并拥有更广阔的视野。

我们会针对每个团队成员去思考"他们的优势是什么""他们的劣势是什么"。我会考虑谁应该承担怎样的角色，将其放在能使之成功的位置上，因为当每个人都能发挥所长并能在一起协作时，奇迹就会发生。既懂开发者又懂市场营销全流程的人才可谓"凤毛麟角"，很难找到！我们最初请人来负责电子邮件营销时，目标是找一个了解全流程营销方法的人。他是否熟悉开发者并不是关键，因为我们可以支持他逐步学习，鼓励他跟跨职能团队"打交道"，并鼓励他跟内外部开发者和产品团队进行对话。

然而，团队里有懂技术的人也很重要。他们自己不一定是开发者，但他们应该知道自己在说什么，并了解是什么在推动开发者社区。他们需要了解开发者面临的挑战，并知道如何进行有效沟通。例如，跟开发者沟通时，重要的是避免添加大量"花哨"的文字。简明扼要地说出想要表达的内容，不要添加大量的背景信息引导。无论要跟开发者分享何种信息，都要确保做到直截了当地传递信息。

干系人

制定操作流程时，我们应该牢牢记住我们的干系人和团队成员。我们应该问"谁需要签字？"以及"我们的电子邮件营销计划会对公司内部哪些人产生影响？"

应确保让干系人积极参与其中并知晓最新情况，让每个人都拥有相同的背景信息。把需要他们签字的事项发给他们，确保当需要的时候能得到批准！为外部请求单独设立流程，并明确负责接收初始细节信息的人员和下一步计划，以精简事项。流程要清晰，把所有事项都列出来并规定时间表，有助于管理预期。当然，有时也会有一些紧急活动（紧急情况总是会出现），但只要有可能就尽量提前计划，这样就不会让人感到疲惫。这将有助于他们吸收新的信息，新信息肯定会出现，而且会出现得很频繁。计划越有条理、越有结构，也就越好。

测试信息

采取不同措辞对头条文案做 A/B 测试，看哪种写法能带来更多的互动。强有力的行动呼吁是关键。开发者希望信息能清晰简洁地呈现给他们，所以我们的行动呼吁应该非常明确，并和邮件其他部分有显著区别。例如，我们在最近的主题行中提到"GDPR 是个大输家"，因为受众在那一周被 GDPR 的消息提示淹没了。尽管这些信息对开发者来说是有用的，但如果选用其他文章作为头条文案，那个月的邮件打开率应该会更高些。

另一个例子是我们的标准版开发者简报头条文案。过去，我们总是将头条文案定为"Facebook 开发者电子邮件简报"，月份紧随其后。我们注意到打开率并没有达到预期，于是进行了头条文案 A/B 测试。我们发现加入邮件关键内容描述的头条文案更成功。从那以后，我们就一直使用这种头条文案结构来提高打开率。

要有对话性

开发者通常不喜欢那些常用的营销技巧，特别是销售方面的行话和术语。例如，应避免使用"增强""健壮"或"特殊"这样的词语。一般来说，在描述事物时最好不要过度使用形容词。我们发现，最好是保持信息的简短和甜蜜——直截了当同时信息量大。即清楚地介绍相关信息，并强调关键好处。最好是以问题 > 解决方案的形式展示这些信息。

该建议适用于任何电子邮件，但对开发者来说，尤其要避免使用与垃圾邮件相关的技巧。应限制感叹号数量，保持大小写一致，避免在邮件正文中嵌入表格。此外，还要确保不要发送太多的电子邮件。虽然"太多"这种说法多少有些主观，具体取决于受众的兴趣有多大，但请务必留意邮件的退订情况，这将提示我们是否做得过头了。一般而言，应尽量避免每月给同一个人发送 4 封以上的电子邮件。毕竟不管电子邮件多有用，没人喜欢自己的收件箱被同一家公司的消息淹没。

产品更新邮件应该是简短且直奔主题的，这样，邮件就能迅速进入问题的核心。讲清楚在哪里可以了解更多信息，或者有问题可以联系谁，这样就可以让受众参与其中并了解到产品的最新情况。

测试布局

最近，我们重新设计了开发者网站。毋庸置疑，我们也需要将这种新设计风格贯彻到所有面向开发者的内容中去，这也包括要重新设计新闻简报和电子邮件。我们认为这正是我们得以了解受众偏好哪种内容布局的机会，因此我们对此进行了测试。我们改进了当前的新闻简报，只更新徽标、颜色和字体，但保持原有结构不变。接着，我们又创作了一套全新布局，缩短内容章节，更新徽标、颜色、字体、内容种类等。我们同时使用这两种布局，发送给邮件列表中一半人使用的是第一种布局，给另一半人使用的则是全新设计的布局。这是用于判别如何跟受众建立联系的一种绝佳方式。他们更喜欢精简的短评，还是更喜欢在电子邮件里看到长文？他们更喜欢可点击的图片，还是更倾向于文本链接？试试看！一看便知哪种更有黏性。

测试发送日期/时间

一周之中哪一天的打开率和参与度最好？一天之中的哪个时间段效果更佳？发送的电子邮件是否包括不同时区的不同地区？在思考电子邮件活动的有效时间时，这些都需要牢记于心。

此外，还要了解竞争对手在做什么，尝试找到能够让公司产品与众不同的东西。不要迷失在噪声中。

追踪线上和线下的互动

对于公司的大型活动，要通过 CRM 系统向目标受众发送邀请。应根据地区、产品兴趣、产品采纳情况、活动等信息来定位受众。在人们注册完成后，自动给他们发送一封确认邮件。收集谁参加了活动、谁没有参加活动的信息，并相应地把后续消息发给他们（对与会者表示感谢、对缺席者表示遗憾）。然后就可以在未来的活动中使用这些数据了——使用参加者的数据作为目标标准的一部分。

放眼全球

提供其他语言的内容版本，为不同地区量身定做产品。不过，不要满足于直接翻译字面。应考虑各个地区之间的细微差别，让受众能够听到我们真实的声音。例如，我们之所以只发送英文简报，是因为我们链接的内容一般只有英文。我们计划将培育活动的信息本地化为其他语言，因为这些都是静态内容，所以也更容易根据地区进行调整。建议跟当地开发者合作完成内容的本地化。就 Facebook 来说，我们大多数的开发者都位于美国之外，因此对我们来说，这需要持续地付出诸多努力才行。

跟受众建立更深层次的关系

为了提升电子邮件内容与开发者受众的相关性并能够对他们有所帮助，我们听取了在册活跃开发者的意见。他们对我们的工具或信息传递有没有反馈？我们发给他们的资源是否有价值？可以通过调查获取他们的反馈，并制定相应的计划，让电子邮件变得更有用。

宣示我们正在倾听很重要。把麦克风递给受众，吸收他们的反馈，这样就能给他们想要的东西。倾听他们的关切、他们的问题、他们的喜好，并利用这些来为他们提供他喜欢或者觉得有用且有价值的内容。

在 Facebook，我们有许多开发工具都是开源的，而且我们也是一家由开发者为开发者建立的公司。因此，对我们来说，优先考虑来自不同渠道的开发者社区的反馈很关键。听取他们在小组、论坛、社交媒体、活动等地方发表的意见，我们能从中发现关键的收获，并将其转化为可操作的营销项目。

了解完整的转变路径

仅仅计算打开数、点击率和链接参与度，并不足以了解这趟旅程，还需要了解开发者是以何种方式被纳入数据库的。是因为填写了活动参会表格吗？是因为访问网站并成为注册用户？是通过社交媒体渠道找到我们的吗？关键是要衡量整个旅程，汇集所有这些归因数据，并与消息/内容、格式、头条文案、图像风格、不同的行为呼吁等方面的相关发现相叠加。汇集的数据越多，越能更好地服务于开发者的需求。

下一步工作

我们发现，已经有 180 万开发者下载了 Facebook 的 SDK 和 API，看起来我们正在做的事情是卓有成效的。我们的数据库已经增长到拥有 300 万开发者的数据，正在向新的地区扩展，并将更高效地面向世界其他地区的开发者进行营销。

对我们来说，本地化是我们的下一个目标。我们有一个既定的全球受众群体，同时也希望通过提供他们所选择语言的电子邮件的内容，做更多工作以更好地与世界各地的开发者建立联系。本地化不仅是字面翻译，我们还希望让内容贴合各个地区和不同的语言环境，做到更具针对性。

我的团队还对线索评分有所关注。有些线索比其他线索更有价值，他们不仅展现出了更高的打开数和点击量，参与度和转换率也更高。我们希望对这些人一目了然，这样就可以剔除那些不积极的参与者，更多地关注那些高价值的线索。但我们需要为此打造一个体系并建立标准才行。这需要细心规划！

第3章　社区的力量

Jacob Lehrbaum：Salesforce 开发者及管理员关系副总裁

在当今的互联世界中，似乎每一个事物都有一个开发者服务，如一个 API、一个 SDK 或一个平台。这是因为，由品牌或软件开发者所创建的那些应用和设备，如果它们相互间可以共享数据或服务，或者可以经由某个有创意的开发者进行扩展的话，它们会变得有价值得多。例如，在我的数字家庭里，我可以控制 Nest 恒温器、Hue 灯具，甚至可以通过亚马逊 Alexa 控制基于 Wemo 技术驱动的圣诞树。正是依托全球开发者的创造力，供应商们目睹了其产品以他们未曾想过的方式被扩展和采纳。

仅仅只是创建开发者服务还不足以宣告已经取得了胜利。除非能够拿出一款令人难以置信的差异化产品，否则我们也只是开发者的诸多备选之一。这正是社区可以发挥强大威力支撑我们取得成功之处。开发者天生就是善于创造全新事物的构建者。在创造新事物的过程中，他们通常会以我们预料之外的方式使用我们的服务，而这就是社区可以介入并发挥作用的地方。有了一个充满活力的社区，就可以让开发者相互分享最佳实践、互助解决具有挑战性的难题甚至分享代码了，这有助于人们更快地取得进展。当开发者发现围绕某个服务拥有一个繁荣社区的时候，他们也就更有信心去采纳这个服务了！但社区并不是在一夜之间就能够建成的，这需要专注、投资、培育和耐心。

引言

尽管按有机方式也能形成社区，但规划更可以让社区变得更强大。社区之所以存在，是因为人们对我们的产品或技术充满了热情。如果我们还能够拿出一个经过深思熟虑的计划，用于跟开发者分享指南、工具和模板，那就能帮他们扩大成效，进而也能让整个社区变得更加强大。而支持他们的成功则创造了一种积极反馈的循环，可以激励他人追随他们的脚步。

在思考社区发展时，重要的一点是要牢记开发者并不是给我们工作的，他们是自由地参与其中，想要贡献多少就贡献多少。如果我们无法满足他们的需要，或是他们感觉社区并不欢迎或并不包容他们，他们可能会离开。正因为这样，社区计划要做到真正有帮助，而且要能专注于他们而非我们自己内部的成功。要弄清楚构建社区如何支撑我们的目标达成，但要专注于做到真正对开发者有所帮助，剩下的自然会随之而来，社区也会因此而变得更加强大。

过去 20 年间，我有幸跟开发者工具和平台行业里的四个社区合作过：Linux 社区、Java 社区、Ruby-on-Rails 社区，以及 Salesforce 社区。从开源的 Linux 和 Ruby-on-Rails 到行业标准的 Java 最后是公司特定的 Salesforce，这些社区相互间的差异极大，让人难以置信。但在每一个社区，我都会被社区成员们的热情和他们帮助其他开发者取得成功的那份真诚所深深打动。

在"社区的力量"这一章里，我们将探索很多议题，包括如何将人们聚集起来促进有机的联系和协作、如何为社区成员铺平一条同样能够达成我们目标的道路、如何让社区成员不仅有局内人的感觉同时也像局内人那样为人处事、如何发现和支持社区领袖以赋能那些最积极投入的倡导者、如何度量公司内部的成功以确保在社区方面的付出能够得到应有的资金支持和认可。

将人们聚集在一起

社区文化

社区的本质就是人们聚集在一起互相帮助，而第一步就是要创建一个人们想要归属其中的社区。这很大一部分取决于产品本身，但在产品之外也还有很多事情可以做——让社区变成人们想要消磨他们时间的地方。其中一个方法就是通过社区文化来吸引人。

在 Salesforce，我们社区文化的一个基本组成部分是给予回馈。正如马克·贝尼奥夫所说的："企业的责任在于改善世界的现状。"事实上，Salesforce

就是建立在 1：1：1 模式之上的，它的意思是将 Salesforce 1%的股权、1%的产品和 1%的员工时间回馈给世界各地的社区。正是出于这样的原因，我们将给予回馈作为企业活动和信息传递的主要内容，而我们发现社区也很受用这种做法！Surf Force 是一个绝佳的案例，它是一个位于英国的由社区主导的 Salesforce 会议，除了学习 Salesforce 之外，还主打冲浪和海滩清理。听起来有点怪，但与会者们对此可是赞不绝口，令人难以置信的是它还吸引了一群国际受众。

Salesforce 企业文化的另一部分是享受乐趣和鼓舞人心，它带给社区的是更牢固的联结和一种平易近人的氛围。我们采取的方法包括使用有趣的文案、凸显社区内个人和团体所取得的成就、将有趣的项目引入企业活动和推广（如在 Twitter 上发起的#OhanaFriday 标签的推广）。还有就是我们的吉祥物家族，包括阿斯特罗（Astro），它相信任何人都可以成为自己想成为的那个人；以及小熊科迪（Codey）、山羊克劳迪（Cloudy）、麋鹿梅塔（Meta）、露营者阿皮（Appy）和我们最初的吉祥物萨斯（SaaSy）。

通过核心价值观的相互认同，我们看到一种文化正在 Salesforce 开发者社区中发展扩散，社区因此得到增强。

一旦我们创建出了一个人们想要归属其中的社区，就可以通过多种方式将社区凝聚到一起，包括但不限于在现实生活中举办线下的开发者群体见面会，以及社媒、Slack/IRC 聊天室、在线问答和托管讨论组等线上的渠道。

开发者群组

在我看来，开发者群组是一个成功开发者社区的最基本组成部分之一。这是因为，不管我们是刚刚才起步还是在寻求技能升级，拥有一个面对面的支持网络都是无比珍贵的。没有什么比能与真人交谈更好的了。被选来领导这些群组的人，是我们最重要的盟友，需要像对待团队扩展成员那样对待他们，并给予他们成功所需的东西。每家公司拥有的资源不同，但请考虑是否可以提供茶点、物理空间、营销、内容或者接触自家专家的机会。例如，在 Salesforce，我们会为社群负责人报销一些费用，只要不超过每次会议的限额即可。我们还有一项非官方政策，用于确保公司的开发者布道师和产品经理去拜访当地群体，同时还给予他们访问公司大型会议演讲幻灯片和视频的权限，以便他们可以在面对本地群组时使用。

是创建自己的开发者群组计划还是发掘并支持现有开发者群组，取决于我们的社区有多大规模。例如，作为 Java 平台的创建者和管理者，Sun 计算机公司打造并培育了一个规模庞大的开发者群组计划，即后来移交给甲骨文公司的 Java 用户组（Java User Group，JUG），直到如今仍然存在超过 200 个 JUG。在 Salesforce，我们在 56 个国家和地区拥有超过 236 个开发者群组。

此外，当我还在 Engine Yard 公司工作时，我们选择支持现有的 Ruby on Rails 和 PHP 开源社区。鉴于 Engine Yard 公司 PaaS 业务的开源本质，他们发现自己的用户多数都是这些现有开源社区的成员。我们把 Engine Yard 在旧金山、波特兰和都柏林等地的办公室免费提供给这些社区和其他社区，用于主持见面会活动，甚至还会为他们提供购买比萨和啤酒的费用！通过支持相邻的社区，Engine Yard 被人们视为赞助者和领导者。

在考虑开发者群组策略时，请思考我们的用户如何看待他们自己，以及在哪里消磨时间。如果产品就是他们身份认知的一部分，那就请考虑创建自己的群组。如果用户认为自己是多个社区的一部分，那么或许可以先支持那些现有的社群，并迟后再决定是否要创建自己的群组。

在线渠道

即便有几百个开发者群组都在组织活动，也极少有公司可以在他们有需要的任何地方都有群组，而大多数的本地群组最多也就每个月举办一次活动。我们生活在一个日益全球化的世界里，利用 Twitter、Facebook、Reddit、StackExchange 或 Slack 等在线渠道将人们聚集起来，是维持社区全年 365 天每天 24 小时保持活跃的绝佳方式。有人或许会问怎么有这么多渠道，我们发现，开发者希望用不同方式学习，所以我们也喜欢前往这些开发者聚集地去拜访他们，并为社区自然涌现出来的蓬勃动力提供支持。

在 Salesforce，我们直接管理自己的 Twitter 和 Facebook 账户，积极参与到社区当中。例如，在 Twitter 上，我们有一个名为#askforce 的标签，世界各地的社区领导者们都会监控它的动态，读者可以通过这个标签寻求帮助从而解决遇到的难题。

Salesforce StackExchange 就是由社区成员创建的，也会继续由社区负责管理。除了 StackExchange 上的社区之外，我们在 developer.salesforce.com 域名

上还运行有自己的开发者论坛，由 2 或 3 名 Salesforce 全职员工、几个 Salesforce 产品经理和一些精挑细选的社区志愿者主持。每个月，StackExchange 和论坛上各自都有数千名社区成员参与互动，从偏好的角度看，两边社区的差别还是蛮大的。那么为什么我们要继续同时支持这两个社区呢？因为我们发现，自家的第一方开发者论坛往往对社区新成员更宽容些，这对 Salesforce StackExchange 社区是一个很好的补充。

作为支持本地群组的闭环措施，我们还提供了基于 Salesforce 社区云的在线讨论组，让每个单独社区都可以组织自己的互动交流，还可以根据所讨论议题的敏感性将其设置为私密的或公开的。除了为所有开发者群组提供在线家园之外，社区成员还会围绕 Salesforce 大型活动创建群组，如 Dreamforce 大会和 TrailheaDX 线上会议，探讨产品、特殊行业、技术女性、多元化等主题。这些群组的特别之处在于，尽管是我们提供了所需的基础设施，却是这些社区成员创建了（并维持着）这些数量众多的群组。

铺平道路

社区是由人组成的。这些人拥有广泛的技能、目标和观点，他们参与社区是出于自身的自由意愿，而不是为了得到报酬。我在社区看到过的很多最佳贡献都是自然有机地发生的，绝不是我们可以去计划、去预料甚至是去建议的。

社区成员们会发现自己当地社区中存在的机会，并提出出乎预料的超棒解决方案。在 Salesforce 社区中，这样的例子数不胜数，如那些创建了个人播客和博客的成员们。由社区主导的会议多达 20 多个，如 Midwest Dreamin' 和 Snowforce。社区还启动了一个演讲者学院，以帮助首次演讲者提交的演讲申请可以被 Dreamforce 等大会接受。我们还发现社区围绕一个名为 PepUpTech 的草根组织举行了大规模的集会，该组织致力于解决技术领域弱势群体人数不成比例的问题，他们所采取的方式是努力帮助人们在 Salesforce 生态系统中找到工作。

我们不必彻底放手。指南、最佳实践、资源和模板都有助于为我们想要达成的结果铺平道路。假如社区某个成员想要创建一个开发者群组，他们完全可以独立完成，无须任何帮助。他们可以创建社交账号或博客用于宣传、在 meetup 上面组建小组、寻找赞助商、创作演讲议题进行分享并邀请朋友参加。要完成这些工作，个人层面的投入极大，虽然有些人仅靠自己就能搞定，但其他人则不行。

无须循规蹈矩也能对他们有所帮助，如建立一个计划，有个目录可以展示他们群组，有点预算可以给他们报销茶点和小吃，有份指南可以帮助他们安排会议，有些示例内容可供他们演示，还有就是让他们可以联系到公司和社区的讲师们，这就足够了。他们仍然可以选择自己的内容、按照自己的意愿举办会议，但你已经大大降低了他们成功举办一次交流会所需的投入，结果就是更多的群组、更频繁的会议和更好的议程。

社区成员们可以互相启发对方，这是不控制流程的另一个好处。这一点体现得极为明显，全球范围内由 Salesforce 社区主导的数十场会议就是实证。2011 年在肯塔基州路易斯维尔举办的 Mildwest Dreamin' 是由 Salesforce 社区主导的第一场活动，有 100 人参加。2018 年的 Mildwest Dreamin' 有超过 750 人参加，但更重要的是，这激励社区主导发起了 20 多场活动，从澳大利亚墨尔本的 Down Under Dreaming 到乌拉圭埃斯特角城的 Punta Dreamin'，到英国伦敦的 London's Calling，再到印度斋浦尔的 Jaipur Dev Fest，遍布全球。

Jaipur Dev Fest 活动自身在印度又激发了一波活动，包括 Hyderabad Dreamin 和 India Dreamin'。尽管我们选择不干涉这些活动，允许他们自行发展，但社区还是建立了一个网络目录来帮助宣传这些活动，并创建了一种标准化的方式来提供 Salesforce 讲师和赞助，以确保社区对所有活动是一视同仁的、付出是公平公正的。但这些活动是属于他们的，他们可以自主寻找他们想要的任何讲师和赞助商，以及采取任何活动形式。

那么，我们采取了哪些方式来为社区铺平道路呢？

- 精心打磨信息传递，凸显我们希望社区坚持的那些价值观。
- 免费提供资源，包括文档、代码、演示文稿，我们甚至还创建了一个名为成为倍增器（Be A Multiplier，BAM）的免费"傻瓜版工作坊"，供社区成员们举办自己的工作坊。
- 创建在线目录以帮助推广聚会群组和社区主导的活动。
- 提供联系到 Salesforce 讲师的通道，但要确保社区不会去主宰他们的活动。

- 为那些创作出有影响力的计划或资源的开发者造势，让他们成为社区名人，激发其他人跟随他们的步伐。
- 就内容、活动和专家提供反馈与建议，注意避免过于教条，那会压抑创造力。

一旦铺平了道路，并提高了对社区中人们所做奇妙之事的关注度，我们会惊讶地发现，这对社区内外部来说都是非常鼓舞人心的。

发展拥护者

只要我们给人们空间去追随他们自己的激情，他们就能够找到让人称奇的方案，解决那些甚至我们都不知道的问题。在赋能社区方面，我们需要做如下 3 件事。

- 让他们感觉自己是局内人，是社区这个大家庭的一部分。
- 为他们提供成功所需的资源。
- 凸显并放大他们的成就。

在 Salesforce，我们用夏威夷语"ohana"来表述员工和社区。在夏威夷文化中，ohana 代表这样一种观念，家庭成员们彼此之间休戚与共，不管是出于血缘关系还是出于选择。有很多种方法可以让社区的领导者和有抱负的领导者感受到自己是家庭的一分子，包括主持可以互动的定期通话、邀请他们跟产品经理和工程师们会面、邀请他们参加焦点组或是收集他们对计划的反馈。要成为局内人，社区领导者不仅需要了解自家公司的产品、路线图（尽可能多分享），甚至还需要理解做出决策的原因。在我们跟他们的所有互动过程中，都表现出真心实意地关切他们的成功。

有些拥护者（champions）是完全自发地去做那些让人称奇的事情的，而其他人则可能会为了被认可为社区领导者而努力。不管是哪一种，都要以一种正式的方式给予那些拥护者认可，要有助于祝贺他们所取得的成就并能激励其他人追随他们的脚步。

识别和激励拥护者

如何识别那些潜在的局内人？他们是那些会脱颖而出的人。例如，他们可能会是开发者群组的领导者、社区的博主、主动创建可以支持产品的工具或开源项目的人、企业开发者论坛或社交频道的积极参与者、企业大客户或咨询伙伴里敢于直言的倡导者，或者经常参加社区活动的讲师。

应该考虑为局内人制定一个特别计划。在 Sun 公司我们制定了 Java 拥护者计划，在 Salesforce 我们称他们为 MVP，MVP 这个词源自体育界，最初的意思是"最有价值球员"。通过创建这种计划，可以更容易地跟这些局内人在更正式化的基础上展开协作。从定期通话到私密邮件组或讨论组，在活动期间举办专属峰会甚至专属活动，通过特殊的方式来表示对这些局内人的认可，我们可以激励其他人也追随他们的脚步或是采取自己的方式来为社区做贡献。为了确保这是个公平的过程，我们分享了社区成员们过去如何成为 MVP 的例子、确定资格的指导原则及提名过程的细节，这完全由社区所主导。我们提供了一个包含所有 200 多名 MVP 在内的索引，人们可以很轻松地查看他们是谁、访问他们的社区档案页面，并通过社交通道与他们取得联系。

这些 MVP（或未来的 MVP）可以为社区做出很多很棒的贡献。#SalesforceSaturdays 是过去几年发展起来的最酷的社区主导的倡议之一。Stephanie Herrera 是住在得克萨斯州奥斯汀的一名 Salesforce MVP，她发起了 #SalesforceSaturdays，每周六把人们召集在一起学习。无论工作日太忙而无法安排学习，还是正在寻求转行，有时候我们唯一能够找到的学习时间就是我们自己的个人时间。共同学习能让我们取得更长足的进步，而且比独自学习更快。#SalesforceSaturday 倡议最开始只是一次面对面的聚会，但很快它就演变成了一种全球性的现象级事件，人们通过话题标签与彼此链接，有意思的是它在印度的发展比在世界其他地区更加强劲，或许是因为那里的开发者群组通常都会在周末见面聚会。

去年，他们甚至还举办了一场全球竞赛，比试哪个 Salesforce 开发者群组能在 Trailhead 上赢得最多的徽章。排名前五的社区群组是新德里、亚特兰大、普纳、奥斯汀和东京，其中两个来自印度，这反映了印度在学习和自我改进方面的强大文化。跟其他许多社区主导的倡议一样，它也不是 Salesforce 创建的，但我们仍然尽了最大努力去放大所有这些付出，并引导人们注意到发起者们所取得的成就。用聚光灯照亮这些倡议及创建倡议的社区成员，是激励社区中未来领导者的好办法。

跟拥护者们分享

找出那些局内人之后，不管是通过正式的还是非正式的计划，我们都可以跟他们一起做更多事情了。我们会定期收到他们的反馈，以及产品和开发者计划和 Dreamforce、TrailheaDX 等活动的相关信息，而我们也真的吸纳了他们的意见。

现场讨论始终是创造讨论和实时反馈循环的最佳方式。作为 Sun 公司的产品经理，我通常会在产品发布会之前，定期向我们的 Java 拥护者简要介绍信息传递和路线图输入的情况，并获取他们的反馈。2013 年，在领导重新设计 Salesforce 开发者论坛的时候，我跟社区很多成员合作，获取了其对线框图和设计的早期反馈，整个过程产生了很多非常有见地的反馈，把我们的开发流程塑造得更好了。

通常来说，最佳实践是尽可能多地把资源公之于众，理想情况是不设门槛。这不仅能让客户更容易自由地访问资源，而且有助于社区的发展壮大。评估这些技术的开发者不需要通过客户团队来了解企业的产品，咨询公司可以提升相关技能帮助客户完成定制实施，而学生和换工作的人则可以考虑将这些技术作为他们职业路径的一部分。

为了让开发者感觉到自己是局内人，或许可以更激进一些，将认为是机密的那些信息暴露出来，例如，让他们可以提早拿到新版本、路线图计划，甚至给他们参与制作路线图的机会。在这一点上，需要自己决定要分享哪些内容。对于被认为是局内人的那些社区成员，可以让他们签署客户签署的那种保密协议，以便放心地跟他们分享非公开信息。这能让他们感觉更像是我们团队的一员，因为他们就是！

度量成功

社区的价值，很难一句话说清楚。有些公司是认可一个强大的开发者社区在驱动客户成功和推动产品采纳方面能够产生隐性帮助作用的，而其他公司则可能是在寻找它跟盈亏平衡线之间更为直接的联系。当然了，取决于业务性质的不同，要把它跟传统经营指标关联起来十分具有挑战性。

我倾向于通过认知和采纳这两种基本方式来考量社区的贡献，有很多种方法可以度量社区在这两方面的贡献。

认知方面，我整合了多个营销运营系统的数据，用于查看不同资源和渠道对交易的贡献，既包括由 StackExchange、Reddit、Twitter 或 Facebook 引流的新注册用户，也包括经由开发者引荐而过来了解我们产品的新朋友。

采纳就比较棘手了，怎么知道某位 MVP 所写的文章有没有帮助开发者弄明白怎样使用我们的最新特性呢？有时候，最好的办法就是直接问社区哪些东西有帮助到他们。为了获得这些数据，我们按季度定期开展焦点小组访谈和调研，这是了解不同社区资源价值的绝佳方式。虽然直接询问的方式也是有缺陷的（人们并不总能记得住他们最初如何发现我们，或者在他们旅程中最有帮助的是什么），但这些跨社区聚合数据也算得上是蛮可靠的指示信号，看看至少能够知道什么东西有用。

明确了哪些战术是有价值的之后，还要跟高管层干系人对齐，以确保整体理解一致，并坚持执着地度量它们。如果可以实现自动化，那就要做到每天一次；如果无法实现自动化，那至少也要做到每周一次，然后再把成功的消息传播出去。在 Salesforce，每个月我们都会使用自家产品 Chatter 跟干系人分享我们的进展信息，虽然我们在自己团队内会更密切地跟踪数字的变化，但汇报数据则只是每个月刷新一次，以避免导致高管层干系人信息疲劳。

我们关注如下社区指标。

● 社区成员总数及每月增量。

● 开发者群组总数、新群组增量及每月会议数量。

● 开发者中心访问量及 Trailhead 徽章获取量。

● 每年的社区活动数量。

● 社媒账号粉丝数量及每月互动量（点赞、转发等）。

● 季度调研收集到的 NPS 得分。

但有时，成功并不像是一种指标，而更像是一种情感故事。在 Salesforce，我们是幸运的，因为我们的产品真正地改变了很多开发者的生活。有的人虽然没有接受过正规技术教育，但也找到了一份开发者的工作；有的人从某项冷门的或工作机会较少的技术转向了 Salesforce；有的人使用 Salesforce 的产品改变了他们公司的大方向。社区里这些开发者的故事，凸显了普通人在社区平平凡凡的每一天中所取得的成功。

总结

虽然这一切听起来有点像是说，我们可以遵循某个计划来构建社区，但真相是社区是自我建成的。我们能做到的只有帮助它成长，以及通过所实施的计划塑造其发展道路而已，这些计划旨在把人聚集起来并拥护领导者、选择要凸显的那些成功故事，以及对待社区成员的方式。

在 Salesforce，我们很幸运能够拥有一个围绕我们平台发展起来的了不起的社区。社区给人的感觉真的就像是我们大家庭的一分子，开发者以令人难以置信的方式回馈他人，而且很多时候他们的职业生涯甚至都是围绕我们产品而建立起来的。

虽然每个社区都是不同的，但我有幸参与过的所有社区，包括 Linux 社区、Java 社区、Ruby-on-Rails 社区、PHP 社区和 Salesforce 社区，它们都有一个共同点，即最大的财富是组成了开发者社区的那群人。

第 4 章　构建内聚型的开发者社区

Leandro Margulis：TomTom 开发者关系副总裁兼总经理

在本章中，我将分享我在 TomTom 公司领导开发者关系组织时的一些经验，当时我的任务是在公司的开发者门户网站上围绕 TomTom 的地图 API 构建开发者社区。但在深入细节之前，我想先退后一步，审视一下"社区"的构成成分。

社区是什么

一切从事开发者关系工作的人都是社区的建设者，只是方式上可能有所不同。我们希望建立一个使用我们工具和解决方案的开发者生态系统。但该如何定义一个社区呢？我喜欢查尔斯·沃格尔（Charles Vogel）在他所著的《社区运营的艺术》一书中给出的社区定义："一个由彼此关心对方福祉的个人组成的群体"。

对于整个开发者社区来说，"开发者门户"尽管只是它的一小部分，却是很关键的一个元素。社区成员之间可能会在此发生很多互动。那么应该如何看待开发者门户对"社区"定义的影响呢？我们可以通过其成员之间在门户网站上的链接和沟通来观察它。

社区中的三种沟通

我认为在开发者社区中发生的沟通主要有如下 3 种。

● 一对多；
● 多对多；
● 一对一。

如果读者是一名开发者，或许会认出这些类型，因为这就是在讨论实体之间关系时的普遍做法，尤其在数据库领域更是如此，但它们在开发者关系领域也同样重要。

每一种沟通类别都有多种不同工具可供选用。我们先从一对多开始。这是网站跟其读者和用户进行沟通的第一种也是最典型的方式。这种沟通模式也被称作"广播"。这就跟电视节目采取一对多模式向全世界播放其内容的方式一样。API 文档就是广播或者说一对多沟通的范例。这是一种非常基础的内容播放方式，但它面向全世界进行广播。如果我们想要采取一种更亲密、更真实的方式面向世界广播内容，并融入个人风格和观点，则需要额外的工具。比如说博客，通过它我们可以以一种比文档亲密得多的方式跟读者和用户群体沟通。虽然亲密度更高，但博客仍然属于一对多的沟通方法。

接下来，如果我们允许人们在博客上发表评论，那就是在支持多对多沟通。类似的还有论坛，它支持很多人互相沟通。

最后同样重要的是，如果允许论坛成员们相互联系，那这就是在支持社区成员之间的一对一沟通。

并非所有社区都需要所有上述 3 种模式的沟通，有时候公开论坛上也会出现"一对一"沟通的情况，而其他人不管是否参与其中，只是旁观这些交谈就已经能有所裨益了。因此，对于我们要构建的社区类型来说，使用多对多沟通工具可能就已经够用了，而且由于每个人都可以看到其他人参与的交谈，这鼓励了良好的行为、礼仪和包容性。此外，考虑到"典型开发者"的定义也在不断演变，对于不同的开发者来说，更适合他们的沟通模式或许也是不同的。

"典型开发者" 在演变

作为开发者关系和面向开发者营销方面的领导者，我们所面临的挑战是当今开发者不断演变的身份认同。人们需要仔细审视不断变化当中的开发者人口统计数据，以及它对开发者关系和开发者营销的影响。

虽然社区仍然有毕业于四年制计算机科学专业的开发者，但由于企业对开发者的需求量实在太大了，以至于组织不能只在由四年制学位学生和校友组成的传统人力池中寻找人才。如今，人们可以通过训练营、在线课程、实验、自学等多种不同方式成为开发者。SlashData 针对这一特定主题进行的研究发现，开发者平均至少采用了两种不同方式学习编程。图 4-1 是不同学习方式流行度的数据图表。

图 4-1　不同学习方式的流行度

　　人们成为开发者时所处的人生阶段也不尽相同，有时候还会作为第二或第三职业。TomTom 大会工作坊（如 DeveloperWeek、API World 及 WeAreDeveloper World Congress）的开发者类型数据就是最好的证明，对我个人而言，能够亲眼见证这种变化和演变的感觉实在太棒了。例如，我曾经和一些不具备大学文凭的前工业制造专业人士进行过交谈，在学习完 Galvanize 上的课程之后，他们现在已经在从事工业物联网应用设计工作了。

　　此外，开发者知道的编程语言数量已经多到有些过剩了，而新的编程语言还在被不断引入。社区需要做到足够的灵活和包容，以应对编程语言和框架的这种演变趋势和不断增加的多样性。

　　当今开发者的社会经济背景也变得越来越多样化了，这或许会影响每一位开发者的学习方式。从连通性到学习风格，各方面都有差异，最好是能够丰富内容的不同呈现形式（如书面内容、视频等），让每位开发者都可以按照个人节奏，选择效果最佳的方式进行学习。

　　一方面，开发者档案的这种演变过程造就了一个由不同经历开发者组成的高度异质化的群体，很难做到只用一个"通用型"的开发者工具箱来满足人们的需求。另一方面，档案和背景的多样性也创造了一个支持创新、压制群体思维的环境。当今开发者的多样性有助于构建下一代解决方案，融合来自其他领域极具影响力的创意及生活经验，从而改善人们的生活。

考虑到这一点，我们构建的社区和工具集应能够满足各种各样的开发者需求，因为他们彼此的技能集不同、背景不同，对特定计算机语言和接口的适应程度也不同。我们希望每一位开发者都能够在社区里有所收获，并产生归属感。在做出开发者门户、活动、培训、人员配备等各种设计决策的时候，也需要考虑到这一点。本章之后将通过一个示例来做进一步说明，读者将会体会用于获取开发者门户 API 密钥注册流程上的一个小改动对参与感产生巨大影响的过程。

如何在开发者画像中建立包容感

在"开发者画像的作用"一章中，Cliff Simpkins 介绍了构建开发者画像用以在组织内部为开发者呼吁的实践。其目标是确保人们团结在易于理解和沟通的创意的周围，以便在信息传递和目标定位方面保持一致。

如果我们发现受众在不断演进，请确保在构建与或更新开发者画像时考虑到这一点，以便所做工作随着时间的流逝能够与组织内所有人都对齐，跟不断演进的开发者群体维持联系、保持一致并产生共鸣。从部分营销活动所展示的结果数据看，我们在不知不觉中想当然地带入了一些有关开发者是谁、什么东西能够引起他们共鸣的假设，这是一个深刻的教训。

通过在贸易展览会上采访开发者，以及发起在线调研，我们得以比对受访的这些真实开发者与我们所创建的画像，检验两者是否相匹配。针对画像所做的首次比对，结果是不匹配。我们认为要么画像错了，要么真正在使用我们产品的开发者是"错误"的开发者，因为他们跟我们的画像不匹配。事实上，是我们的画像错了，多亏了那些采访和调研提供的信息，以及通过付费数字化营销活动所收集的人口统计信息，我们得以更新那些画像，让它们能够真正跟不断演进的受众相匹配。

同样重要的是，公司内的开发者也能够跟打造出的这些画像产生共鸣，并从中找到某个跟他们自己相匹配的画像。因此，我们可以考虑让自家开发者们在相对较早的画像定义环节就参与进来。请记住，我们需要让这些画像最终成为组织内的一种跨部门沟通工具和共同语言。因此，务必要尽早得到内部开发者对这些画像的认可，这样才能助力它们成为有效的沟通工具。

开发者在决策流程中发挥更大作用

从硅谷创业公司 Quixey 和我自己的创业公司，到我在德勤担任管理顾问时接触到的财富 500 强企业，正是由于这种跟不同发展阶段的不同类型科技公司打交道的经验，我很喜欢使用框架。因此，我喜欢使用"三腿凳"框架（即业务、产品和工程）来审视科技公司。通常而言，尽管在各条腿之间存在着一种健康的张力，但也会有一条腿居于主导地位，它决定了公司的文化，以及公司所开发的特性、产品和技术的类型。

我还想补充一点，处于早期阶段的初创公司起步时往往都是工程驱动型的，但最终都需要演变为偏向产品驱动型或业务驱动型的组织，才能够进入下一增长阶段。

我习惯带着强烈的产品偏见去审视业务：我会先了解我们业务伙伴试图实现的最终用例，然后再考虑我们的产品能不能实现以及如何实现这些用例，是独立实现，还是结合市场上其他产品一起实现我们伙伴或客户的最终用例。

对于开发者相关事宜来说，这种视角很重要，因为时至今日，开发者角色在采纳新产品、技术和解决方案等企业决策流程中的影响力已经有了显著提升。

过去，大型企业的开发者会被要求使用由产品经理或业务负责人决定使用或合作的某款产品或某项技术。如今，这种类型的对话往往也会让开发者参与进来，要么是在考虑采纳某项技术的决策和评估阶段，要么反过来，在开发者测试某项技术并向管理层推荐采纳该项技术的阶段。

开发者在决策流程中获得了更大影响力并成为最新工具和趋势方面的领域专家（Subject Matter Expert，SME），因此在开发者群体中建立起对我们产品和服务的认知变得很重要。在我们的某些工具和服务可以发挥作用的机会出现时，我们得努力让它们成为开发者脑海中的头号选项。因此，技术采纳流程发生了翻天覆地的变化。如前所述，它曾经是自顶向下的流程。然而如今已经有了一条全新的"自底向上"的技术采纳路径，而在这条路径里，在免费试用产品（如一个试用期内）和将某些产品与开源产品进行整合方面，开发者的能力能够发挥巨大的作用。

此外，随着技术演进的步伐不断加快，单靠某个人或某个团队已经不可能跟得上万事万物的发展速度了。加入不同社区、积极尝试和构建不同工具，有助于我们及时知晓最新和最厉害的发展变化并加以利用。我们需要知悉这些采纳新产品或技术的不同"开发者旅程"，这样才能让旅程也围绕我们的平台、网站、对话、黑客马拉松、展销会等展开。否则，我们会错失很多在关键时刻——他们给出建议、做出决策或是影响组织内相关决策的时刻——跟开发者互动的机会。

例如，某个 DIY（Do-it-Yourself，中文翻译为"自己动手"）型开发者（业务爱好者、学生或创业开发者）或许会访问我们的网站以了解产品、阅读文档、注册并使用我们的 API 或 SDK，企业开发者旅程或许就是从跟公司某人围绕业务或产品进行的谈话开始的。接着，他们的某位工程师或开发者注册了我们的开发者官网，用我们的 API 端点做测试，延续之前围绕业务或产品的谈话，咨询跟技术相关的一些具体问题。我们需要了解不同开发者跟网站和工具进行互动的方式及原因，这样才能够很好地支持这些不同模式的互动。

由于开发者会加入不同的社区，我们决定也要在开发者聚集的各种社区里保持活跃，比如 Stack Overflow。我们还在开发者官网上搭建了一个论坛，以支持现有的活跃开发者，他们可以使用我们提供的工具彼此分享笔记。我们还在 DeveloperWeek 等开发者展销会上，为使用我们技术的潜在的和现有的开发者举办了工作坊和问答会。我们举办的黑客马拉松也提供了跟开发者见面互动、直接见证开发者如何享用我们产品的机会。这让我们可以观察开发者可能会在哪里受阻，进而去改进产品并让他们的生活变得更轻松。

按情境区分开发者

根据我的经验，我们可以按照所处情境的不同来识别开发者，共有 3 种类型的开发者。根据开发者所处的具体情境，在跟技术和解决方案进行互动时，他们可能会寻求使用不同种类的内容和工具。我们可能需要设计不同的旅程和信息流，才能满足开发者在这些不同情境下的需求。

企业开发者。 企业开发者就是那些在大型组织的工程部门工作的人。通常都是在业务和产品的对话已经发生之后，他们才参与到对话中来负责检查"技术栈"。繁荣、活跃和高参与度的社区可以让企业开发者建立起信任，他们在审视是否应采纳他方技术的时候，会将这样的社区视为一种资产。请记住，在某些时候，这些人会在他们的技术栈里实施我们的技术，如果有一个健康且繁荣的社区可以帮助他们摆脱困境，则有助于增强他们对我们技术的信任。他们或许还会联系我们的销售和支持人员，以解答在集成双方技术栈时遇到的具体问题。商务方面，他们可能会需要一个定制化的许可协议，具体取决于该技术的独特用途、双方技术栈的集成及数据的处理。

创业开发者。 创业开发者可能是某家初创企业的 CTO、工程主管或某个软件开发者，想要自行尝试使用解决方案，而且可能会在我们产品和服务的免费增值层次待上一段时间再进入付费层次。这种开发者通常更喜欢"按需付费"的技术使用商业模式，按此模式，他们只需要为实际使用的产品和服务那部分付费。例如，他们用得越多，每个月要支付的费用也越多。他们或许会用限额信用卡在线支付软件包或在线订阅的费用，并在需要时向社区或客户支持人员求助。

业余爱好者和学生开发者。 这可能是"在晚上"或在正常工作时段之外给自己项目干活的那些企业开发者或创业开发者。他们通常都是积极的社区贡献者，可以降低公司的客户支持成本。他们是社区的命脉。未来当他们准备好要采纳我们的技术时，就会留意到我们所提供的产品。如果能在这些开发者脑袋里占有一席之地，他们就会成为我们在对方组织内部的拥护者，并影响决策过程使之更青睐我们的技术和解决方案。学生是业余型开发者的另一个重要子类，他们很快就会成为创业开发者或企业开发者。Qualtrics 等一些优秀企业都有投资于学生，向学生免费提供他们的所有工具和服务，因为他们知道有朝一日这些学生毕业进入职场后，工作时总会用到这些工具的。如果他们在学校时就已经熟悉某些工具的使用，那读者认为当他们开始工作后会向谁求助、用哪些工具呢？

让所有开发者都感到宾至如归

除了构建所有开发者都能够使用的正确的工具集之外，我们还需要确保开发者感觉到无论经验水平如何都受到社区的欢迎。在社区里，每个人都应该能有所作为，有机会为社区其他成员做出贡献，同时也互相学习。

在 TomTom 公司，我们把社区略微地做了一些游戏化改造，对社区里那种我们希望多多益善的行为给予奖励，目标是鼓励富有成效和建设性的协作。例如，当首次在 TomTom 开发者门户网站上推出论坛、期待更多人参与贡献的时候，我们设计了一个"早期采纳者"徽章，不仅可供开发者拿去展示，也让我们有机会可以更好地感谢他们在社区启动早期阶段提供的帮助。

我们也留意到了 Stack Overflow 等其他社区所体现出来的重要品质。友善待人、鼓励友善行为、热情欢迎完成首次贡献的社区成员（包括贡献问题或是做出回答，无关问题的复杂程度），这些品质都有助于打造一个热情满满的社区。

提供不同语言版本的内容、文档和解决方案

并非所有开发者都是以英语作为母语的。虽然编程语言的高阶命令都是用英语写成的，但文档里还有些用于理解不同功能、输入和输出的其他内容，把它们翻译成不同语言版本有助于开发者加深理解、促进采纳我们的解决方案。

关于这个建议，我们必须专门向 Frank Palinkas 致敬。Frank 是一名资深技术文档工程师，跟我在不止一家公司共事过，他总是会建议在文档页面内嵌入自动翻译功能。虽然这种功能提供的文本自动翻译的效果并不完美，但已经足以帮助开发者理解某个概念，或是为了让功能正常运作并提供预期输出的那些输入。

本地化首选哪些语言和内容，这或许取决于所提供的产品情况和解决方案所聚焦的特定地域，但我建议应该优先考虑功能所涉概念和变量的文本，把它们（手动或通过自动翻译器）翻译成使用我们工具和服务的大多数开发者居住地及他们所服务市场的本地语言。例如，我们发现在欧洲有很多开发者在为美国市场服务，所以就把文档翻译成了这些应用开发者所在地的当地语言，但同时也翻译成了英语以服务于目标市场。

越多地按照开发者当地语言将产品本地化，就越有可能与他们建立联系并影响他们采纳我们产品、服务或解决方案的决定。

并非所有开发者都以相同方式学习

开发者学习的方式各有不同。虽然一些开发者更愿意看看文档就直接开始编程，但其他人则可能喜欢先浏览教程、演示、示例代码和视频，再开始做自己的项目。这跟人们的校园生涯一样。你或许还记得，有些学生似乎永远都不去课堂上课，只是自己看看书本就去参加考试却能够取得好成绩，而其他人则是上课或组团完成家庭作业学习效果才最好。

如果想要迎合更广泛的开发者群体，仅仅提供"文档"及人人都可以使用的工具就可以了。因此，一些实验者更喜欢直接在教程的示例应用或示例代码的基础上进行调整，而不是从头开始、仔细阅读文档的方式。所准备的材料，要达到让每个人都可以上手就能开始使用解决方案的程度。这不仅对入门级开发者很重要，对偏好以不同方式进行学习的开发者同样很重要。这些开发者会累积越来越多的经验，我们希望确保他们始终把我们的工具和解决方案作为第一选择，不管他们是在处理项目还是在构建解决方案。

"API 浏览器"是我们开发者官网上收到了高分好评和积极反馈的特性之一。有了 API 浏览器，开发者就可以立即尝试使用这些功能，而不需要先完成注册或先拿到 API 密钥。尝试调整功能的参数，之后很快就能在旁边的渲染图上看到效果了。从切换流量可见性到定制地图显示方式，开发者可以直接上手使用并了解我们的技术。

这些真正的建设者和实验者的反馈表明，他们极力支持这一点。因此，基于这些理解，建议坚持在网站上为开发者提供一种体验，让他们可以在开发者旅程中尽快开始使用并与我们的产品进行互动。如果没有 API 浏览器，那么提供指向示例应用或某个讲解视频也可以。

开发者官网之外的内容

除了自家开发者官网上分享的各种内容之外，也不要低估了在线学习和网课的威力。现在有比以往任何时候都多得多的工具可供用来创建"微学位",有证书和无证书的都有,它们放在 Udemy、Coursera 和其他一些网络平台上供开发者进修。提供认证的优势在于,可以为社区开发者提供一个展示他们技术认证和培训记录的徽章。这不仅是对开发者努力付出的认可,也为关注特定主题的其他开发者提供了一个信号,即他们可以向那些训练有素的开发者寻求建议了。

关于在线学习,还有一个要点需要仔细斟酌,千万别漏掉了 YouTube 这个重要的在线学习平台!确保在 YouTube 频道上已准备好供开发者跟我们进行互动的内容和资源。我们发现 YouTube 不仅是重要的在线学习平台,同样也是重要的搜索引擎之一,因此在 YouTube 上创建相关内容对我们相当重要,这样才能在人们搜索跟我们同类的工具和解决方案的时候,我们的会显示在前列。

从包容的角度讲,针对网站内容的建议同样适用于放在外部频道上邀请开发者来访问我们网站的内容。如果能将所用的示例针对特定地域进行本地化,在创作博客文章、视频、教程跟开发者交流时也使用他们的母语,则所传递的信息也就能够带来更多的共鸣。

同样地,针对开发者制作"本地化"示例也有好处。我们有个地图 API 的示例就很有效,产品演示中展示的地图是定位到开发者所在城市或国家的,而不是纽约旧金山或阿姆斯特丹等一些广为人知的"预设"位置。此建议同样适用于外发电子邮件的营销内容制作,以及展销会、黑客马拉松和见面会的邀请函。

在开发者所在地会面

人类天生就是社会性的动物。我们需要跟其他人建立起联系,而且是基于共同兴趣来建立联系。2020 年新型冠状病毒大流行时期,我在旧金山"就地避难",这段经历使我现在对这一点特别有共鸣。尽管人们终将度过这场新型冠状病毒大流行,但那些已经建立起来的通信系统却仍将留存下来,并将使人类变得更强大、更好地联结在一起,以应对未来可能发生的任何传染病大流行或非常事件。

在这场病毒大流行期间，我们发现使用量有所提升的不只是 Zoom 和 Skype 等视频会议工具，也包括 Slack 和微软 Teams 等群体协作工具，以及论坛、领英和 Facebook 群组等。开发者可是使用这些工具很久了。

在真实世界和数字世界里，不同的群组喜欢聚集在不同的地方。在真实世界，我们可以看到不同人群有的选择一起徒步旅行，有的选择在公园、酒吧或俱乐部一起聚会。同样地，数字王国里的不同兴趣组也喜欢在 Reddit 和 Stack Overflow 等不同论坛和站点聚集。

在构建开发者社区时，务必要识别开发者的共同兴趣，以及他们喜欢聚集的地方。开发者喜欢聚集在不同的平台完成不同的任务，我们有可能发现某个内容空白已被其他工具实现。

例如，对于 TomTom 来说，subreddits（Reddit 社区）和 Stack Overflow 上都有很多开发者聚集并互相解答问题。但是，跟从开发者支持通道收获的那些问题相比，这些地方涉及的问题相对更高阶一些。在 Stack Overflow 和 Reddit 上出现的更多的是如何选择地图 API 或定位技术的问题，而不是如何集成某个 API 端点和使用什么参数之类的问题。因此，我们决定在自家开发者官网上开设一个论坛，用来承载开发者在使用 TomTom 地图 API 时可能会遇到的技术支持和挑战方面的内容。

开设论坛之后发生的变化，让我们团队备受鼓舞，公开推出论坛没多久，各种对话几乎立即就开始了。我们的开发者社区非常活跃，当有人在集成他们应用和我们 API 及 SDK 过程中遇到问题时，会有很多人积极地提供帮助。就如同这些对话早就准备就绪，就等我们解锁通道，让对话得以发生罢了。我们也从这次经历中学到了很多。不仅因为开发者社区成员间的互助行为使我们的支持成本得以降低，我们还知晓了大多数人具体在什么时候、什么步骤遇到了阻碍。这全都是有助于改进我们产品、集成和易用性的极其宝贵的反馈。

名字里有什么

我们每个人都有"姓名"。姓名可能很短也可能很长，取决于我们从哪里来。有些人只有一个名字，有些人则有名有姓，其他人则可能还有一个中间名。有些人还会有两个姓，在拉丁美洲，同时拥有父亲和母亲的姓氏很常见。在阿根廷，人们通常会有名字、中间名和姓氏；但在委内瑞拉或西班牙，除了名字、中间名和姓氏之外，人们通常还会使用源自母族的第二个姓氏。我还听说过从拉丁美洲或西班牙移居美国的人的故事，他们在获取身份证或驾照时遇到了麻烦，因为他们的"全名"无法填入相应字段，也超出了身份证上允许使用的字数最大值。

如果我们试图建立一个包容性的社区，那么只要认真考虑姓名可能会使用的形式，就会发现，强制要求用户录入"名字"和"姓氏"的格式设计会让一些人感到自己被排斥在外。这些"标准"字段可能无法容纳某些人的全名。

应对这个挑战的一种方式是设置一个"全名"字段，这样会显得更有文化包容性。这个全名可以把名字、中间名、家族名及其他名字包括进来。它让用户可以直接输入自己的姓名，而无须一定要分成名和姓。这么一来，不管来自哪里或认同哪种文化的用户，都可以使用这个文本框。

在 TomTom 公司，我们还尝试过增加"惯用名"字段。因为我们有些人的全名很长，所以通常都会使用昵称或简称。为此，可能得解析用户录入的全名，以便能满足他们的愿望，在平台上按照他们希望被称呼的方式称呼他们。由于无法从全名字段中解析出他们的名字部分，我们可以在表单里增加一个"我们应该怎么称呼你？"或"惯用名"的字段供用户输入。这些字段使得社区可以用他们喜欢的方式称呼他们，而无须非得从全名字段中找出名字部分。

简化最终用户的名称注册流程能够减少摩擦、节省时间并提高注册和激活率。它移除了那些可能会阻碍开发者使用我们产品的障碍，尽管这也意味着后端必须要做一些额外的处理工作，才能实现这种用户界面和用户体验上的灵活性。

构建一个能够代表社区包容性的团队

现在我们了解了也理解了开发者社区是如何演进的，接下来需要确保自家的开发者关系团队能代表我们想要构建的社区。如果希望确保所传递的信息能够引起受众的共鸣，那我们的团队成员也必须能够理解并认同这些受众。

因此，一旦我们把画像迭代优化得差不多并理解到位，而且我们的职责范围也包括为开发者关系团队招揽人才，那就尽力地去寻找那些能够代表和反映我们所创建画像的候选人。此外，也可到我们不常去的地方去寻找候选人，这样能够增加团队的多样性。不同观点的碰撞，能够带来更具创意和更丰富的对话。这反过来也能丰富可以带给社区的产品和体验。

总结

在本章，我们讨论了打造包容性开发者社区的不同要素。我们知道开发者在选择技术工具和服务的决策上变得更有影响力了，也知道有必要让他们尽早了解我们的产品。

我们研究了如何对持有计算机科学学位的"典型开发者"进行多样化改造以容纳世界各地接受不同类型培训的人才的过程，以及如何构建帮助所有这些开发者构建他们的应用程序的文档和工具。每个开发者都应能够感受到社区是欢迎他的，也是对他有益的。在此过程中，我们了解到开发者说着各种不同的语言，而大多数编程语言则是以"某种英语"来表述的，使用开发者的母语来编写文档有助于他们更快地理解这些概念，也更容易让他们采纳我们的技术。

我们还探讨了，尽管开发者的旅程并不是从我们的开发者官网上开始的，但仍有必要到开发者所在地跟他们见面，这样才更有可能邀请他们访问我们的网站并加入线上社区。更宽泛地说，我们需要了解目标开发者都在哪里活动，然后也去那里活动。而为了实现这一目标，我们还需要确保我们的团队也能够代表我们正在构建的社区。这意味着我们需要确保招到合适的人，然后在团队内创建一个包容性的社区并维护好它。

最后，仅仅部分人拥有名字和姓氏，并不意味着所有人都如此。要让开发者从开启我们技术之旅的那一刻，就有被包容的感觉，如果必须获取他们的名字，那就创建一个全名注册字段，如果非必要，则直接使用邮件即可。

希望本章内容对读者有所帮助，并为你们带来一些灵感，从而想到更多用来构建包容性开发者社区的创意。

辅助阅读

如果读者在打造开发者社区，那么还有更多书籍可以提供灵感、派上用场。下面列出了我在自己的开发者关系之旅中发现的最适宜的那些书籍，我希望它们也能帮助到你。

《社群运营的艺术：如何让你的社群更有归属感》，查尔斯·沃格

早在进入耶鲁大学读书之前，查尔斯就已经在构建开发者社区了。我偶然在旧金山湾区结识了他，目前他仍然在那里建立社区。他的归属感七大原则，以及对社区的定义，帮助我定义并构建了开发者社区。

《社区运营的艺术（第 2 版）》，乔诺·培根

乔诺是 Ubuntu 和 Linux 社区的首任社区经理，我们从他的经历中学到了很多，既包括普遍意义上的开发者社区，也包括具体的开源社区。这本书是在旧金山参加 GitHub Universe 大会的时候，GitHub 社区团队向我推荐的。

《用户共创：社区赋能产品实战手册》，乔诺·培根

这是乔诺最新出版的关于社区的图书。这本书同样也是在旧金山参加 GitHub Universe 大会的时候，GitHub 社区团队向我推荐的。

参考文章

"Why Your Form Only Needs One Name Field"，Anthony, UX Movement。

"Stack Overflow code of conduct"，Stack Overflow。

"Measuring success in Developer Relations, a 3-part framework"，Max Katz。

"We are rewarding the Question Askers"，Sarah Chipp。

第 5 章　打造开发者营销计划

Luke Kilpatrick：Nutanix 开发者营销高级经理

运行一个开发者营销计划还是挺有挑战性的，一家在过去未曾面向开发者做过营销的公司想要从零起步，会遭遇各种挑战但也会收获不同的经验。

引言

本书记载了很多伟大的故事，有成功的，有失败的，也有经年累月持续打造的开发者营销和开发者关系计划，如微软或 Atlassian 的计划就已经建立 20 余年了。然而，也有很多公司并不熟悉如何让使用他们产品的开发者参与进来，对他们来说这是一件非常新颖也非常让人生畏的事情。

我的开发者社区工作经验始于 2007 年，当时我加入了湾区 ColdFusion 用户组（Bay Area ColdFusion Users Group，BACFUG）并最终成为联席管理者，这是一个在志愿者基础上开展起来的 Adobe 计划。正是在 BACFUG，我涉足了社区建设，并以此为起点又发起了其他几个新的 Adobe 用户组，最终让我的职业道路发生了转变，我接受了一份全职工作，成为 VMWare 的社交媒体制作人。在这个角色中，我迈出了面向开发者和技术受众进行营销，而不是通过编写代码来加强这些体验的第一步。我在 1996 年创建了自己的第一个网站，并于 1998 年至 2010 年间在多家公司做过平面设计和 Web 开发工作。接着我转型了，开始为 VMware、Virtustream、Sencha、Atlassian 及目前的 Nutanix 等公司负责社区建设，之后就一直从事该工作。

在 Atlassian 的时候，我成功举办了名为 App Week 的活动，它拉近了开发者与社区的距离，在资深用户之间建立起了更深层的联结。我和同事 Neil Mansilla 在之后的"小型开发者活动"一章中会对此进行详细介绍，以供读者参考。

我在 Nutanix 的角色跟我之前在 Atlassian 的角色有很大不同。我几乎完全是从零开始打造开发者营销计划的。尽管从零开始也挺励志的，但也同样让人生畏，我在这段经历中学到了不少宝贵的经验教训。2019 年 5 月的时候，Nutanix 的开发者营销团队成立刚满一年。它还在持续的成长和学习当中，但我相信这个启动过程的故事是能帮助读者打造自己的团队，为公司和社区目标服务的。

Nutanix 是超融合基础架构（Hyper Converged Infrastructure，HCI）领域的领导者，是曾在行业某领域取得巨大成功的少数公司之一，它近来的转型和新产品线的搭建，使得开发者成为它现在和将来取得成功的关键。

Nutanix 正处在从一家专注于硬件的公司向专注于软件的公司转型，公司推出了一套产品，这套产品需要投入开发工作才能部署到生产环境，或者成为自动化 DevOps 工具链的关键部分。在最高层意识到这一点之后，他们希望找到办法跟这些新受众对话，并从对的开发者那里得到对的关注。他们认为开发者营销组织是完成这项工作的最佳方式。

要想建立一个开发者营销组织，我们需要得到公司最高层的支持。如果无法得到至少副总裁（Vice President，VP）级或更高级管理层的支持，留给我们证明自己成功的时间会非常的短暂。而一个开发者计划要想成功，从基线到成长所需的时间是以年为单位，而不是以月或是以季度来衡量的。

打造开发者营销计划

首先，通过两个问题来确认我们需要打造什么类型的开发者营销计划：想要触达的对象，以及想让他们干些什么。不同的开发者营销计划的目标和活动会有很大差异。

计划要触达谁

关键是要弄清楚我们需要什么类型的开发者。你是否在构建一个供人们销售应用程序和产品扩展的市场？你是否需要集成型开发者使用你的产品并编写代码让产品跟其他产品协同工作？你的产品是可以帮助开发者更好地完成工作的工具吗？你是想触达那些可以利用你们的 API 去实现自动化的

DevOps 人员吗？准确界定试图触达的开发者类型，这是任何开发者营销计划的第一步。办了场活动，结果来的全是不对口的人，没有比这更糟糕的了。我就曾经犯过这种错误，接下来我会分享它的发生过程，以及规避方法。但是，首先，思考一个最为重要的问题……

为什么想要触达开发者

每个人都希望开发者成为他们产品的一部分。在某些圈子看来，能够让外部人员深度参与，甚至于想要为它编写代码，任何产品达到这种程度，简直就是产品界的神作了。但要想做到那样优秀，需要理解为什么开发者会关心我们的工具或产品，或者参与其中。更何况开发者还有很多种不同的类型，在接触他们之前，我们需要先弄明白一些事，还需要始终牢记对他们有什么好处。如果不能清晰地理解是什么在驱使着开发者使用我们的产品，那我们的开发者计划就会变得跟那些奄奄一息的开源项目一样，无人问津。

人们启动一个开发者营销计划的理由，无外乎如下几类。

- **基于市场的开发者**：贵公司的产品是可扩展的，你希望开发者协助构建那些部分客户有需要但并非全部客户都有需要的特性。Atlassian 的 Jira 及 Confluence 市场、苹果的应用市场就是这方面的例子。该群体的主要动机之一是经济利益，而且他们的业务也都建立在此之上。

- **API 消耗**：产品提供了 API，支持产品与其他产品之间进行交互和以编程方式完成用户使用图形界面完成的任务。Nutanix 的开发者营销计划就是聚焦于此的，思科、VMware 等基础设施领域的其他厂商也是如此。这类生态系统的开发者的服务对象，主要是那些已经采纳我们产品且需要它们跟其他产品能顺畅且快速协同起来的人。DevOps 最适用于这种情况，因为他们需要实现工作流和系统的自动化。

- **开发者工具**：这是最接近更传统营销实践的那种开发者营销，开发者就是实际产品的购买者。IDE、测试工具及其他框架都属于此类。Sencha、Atlassian、New Relic、Sentry 等一众厂商，都是直接面向开发者推销开发者工具，以自底向上方式获得产品采纳。

- **开发者需要使用该产品**：需要经过开发才能实际采纳的无界面产品都属于此类生态系统的例子。Twillio、Contentful 等公司以较小的部件为更庞大的全局提供动力支撑，他们很需要依赖开发者来解决自身的问题。

上层的支持

一旦明确了目标开发者和要构建的生态系统类型，就需要着手获取上层的支持。高层的支持是至关重要的，因为构建开发者生态系统是一个缓慢的过程，即便是取得可供展示的最基线的财务成功，也需要少则 18 个月，多则数年的时间。

作为辅助，我们可以设定一些早期指标，如度量活动到场人数、邮件列表订阅数及开发者官网浏览量等。除非我们正在从事开发者工具销售或者市场运营工作，否则很难在早期就跟销售直接挂钩。

花 3 到 6 个月时间建立基线值。如果公司已经成立了一段时间，那我们可以去采访那些已经在使用我们产品的高级用户和销售工程师，了解开发者使用我们工具的原因和方式。

关键是找到我们产品的使用者。很可能读者已经有这样的人了，比如开发者团队、客户，抑或只是些业余爱好者。找到他们后，需要跟他们聊聊，看看他们需要什么，同时也要弄清楚我们当前的强项和弱项是什么，可以把它们记录到事项列表里并进行处理。

团队需要什么才能成功

虽然每家公司的开发者营销不同，但不同的优先级会影响我们招聘的方式和要招聘的职位。

在我加入 Nutanix 之后，我的第一优先级是创建能让开发者快速上手并使用我们 API 的精彩内容。

我选择优先招聘技术内容人员，因为必须先有可供分享的内容，然后才能做得了其他事情。如果工程团队已经创建了很多优质内容等待发布，那就可以考虑招聘其他职位了。总之，在起步阶段，确保首位雇员能够构建好我们的开发者官网是一个非常好的策略。

当内容人员开始充实网站后，那就需要有人向全世界去宣传它了。通常作为团队的领导者，刚开始的时候，我会填补布道师或倡导者的职位空缺，但为了加速增长、扩大成果，还需要有其他人可以出席各种行业会议，以一种专注且引人注目的方式分享我们的产品。

为这两个职位招聘首位雇员时，也可在内部销售工程师和工程团队挖掘，说不定有一两名"摇滚巨星"正在谋求转变，而加入开发者营销团队或许正是他们所寻求的机会。这能让我们有一个良好的开端，因为他们可以立即进入工作状态，而无须花费几个月的时间熟悉我们的产品和 API。这些职位首位雇员到位后，就要将目光转向企业外部，因为我们还需要那些尚未喝过苦艾酒的人带来新想法和新视角。

该团队的另一个重要角色是社区经理、营销专家或营销经理，此人将专注于社交媒体、新闻电子邮件制作、分析和指标收集、后勤，以及任何类型营销组织内营销团队的其他标准职能。同样，在团队刚起步阶段，你可能直接就把这些活"全包圆"了。但当社区越来越成功的时候，此人的加入能够扩大我们的影响范围，使我们得以从战术行动中脱身，专注于那些作为团队领导者最应该做的战略事务。

如果团队已经就位或者已经做好计划，那就该弄清楚下一步做什么了。我的建议是让开发者官网保持良好运作。

创建开发者官网

通常，启动或重启那些将成为我们跟社区之间首要沟通平台的开发者官网或站点，是我们轻松取得引人注目胜果的首选。请知晓，大多数情况下，开发者对官网的诉求至少包括如下内容。

- 可搜索的 API 参考文档：这些内容通常由工程团队创建，尽管你或许要负责发布。
- 开发者博客：博客不应该聚焦于营销用途，而应专注于使用和实验产品的内容。

- 新手入门：此处应该有一个超大按钮，所指向的页面包含能让人迅速进入状态所需的所有最新信息，最好是 10 分钟甚至更短时间内就可以入门。
- 实验室（动手实验室的简称）或教程：尽管开发者营销的首要目标是注册，但提供有关如何使用 API 或产品不同领域的精彩教程也是至关重要的。
- 联络系统：需要给开发者提供一些板块，用于寻求帮助及为站点内容提供反馈，如论坛或 Slack 频道。

理想情况下，开发者官网还应该提供如下可选内容。

- 代码示例：提供一组由源代码控制的代码示例，以及 API 的 TOP10 用例示例，用最常用的语言编写就可以帮助很多人快速解决他们的问题了。
- 社区论坛：打造一个社区并不容易，我们需要提供一个板块供人们消磨时光、交流洽谈，它们应该有人主持和维护。
- 活动页面：让人们知道我们接下来要去哪里。
- 社媒列表：用以了解社区成员都在哪里，他们在 Twitter 上？在 Reddit 上？在 Stack Overflow 上？找到答案，然后加入他们。

确保官网拥有 CMS 后台，我推荐 WordPress，因为它很灵活，而且其博客和页面系统都很棒。不要试图将所有东西都硬塞到 WordPress 里面，要针对网站不同部分的需要选择该领域最棒的其他系统。在 Nutanix，我们在 API 参考文档方面使用的是 WordPress 和 Stoplight.io 的组合，我们的销售支持团队、客户支持团队和教育团队使用的是一套自研 LMS 系统，我们的社区平台使用的是 inSided。这对我们而言很有效，读者可以跟自己的 Web 开发团队聊聊看并与他们合作，尽量采纳公司和行业的标准，避免闭门造车。需要构建和维护的东西越少，就越能集中更多精力用于触达开发者。

举办首次活动

建成开发者官网和至少一个实验室之后，那就应该考虑走出去，吸引人们过来尝试使用了。有几种方法可以做到这一点，我发现最有效的方法是搭那些面向我们客户或更大生态系统举办的其他活动的便车。首次活动的形式，我强烈推荐选择可容纳 15～20 人的动手实验室，先看看人们的反馈。这能为我们下一次迭代提供数据支撑。人们需要依据自己社区规模的现状，慢慢地发展自己的活动事业。

当举办过几次小型活动之后，如果想要加入大型活动，可以通过参加公司举办的更大型用户会议或者跟更通用型活动合作的方式来达成目标。赞助展位、获得演讲席位、举办欢乐时光都是提高我们生态系统在受众群体面前曝光度的好办法。

在用户大会上举办全天版活动

越来越多的用户大会选择在会议开始之前或结束之后举办开发者日活动。Salesforce、甲骨文、Atlassian 和 Nutanix 都在遵循这种模式，因为他们发现开发者感兴趣的内容跟用户大会所呈现的内容是不同的。开发者喜欢更贴近动手实践的东西，希望看到真实代码的展示。他们偏好现场演示，即便出了什么差错，这类受众也能更宽容地看待。

适用于开发者日或会议的活动形式很多，但最常见的 3 种形式如下。

- 黑客马拉松：每人组建或加入一个团队，选定目标开始构建，并在最后环节展示成果进行比赛。
- 编程实验室：挑战一系列实验室任务，遇到阻碍时可以向房间里的人寻求帮助。
- 包括分组讨论和主题演讲的会议：传统的展销会形式，双方都能了解很多信息，是风险最低的方式。

案例：.NEXT 大会上的 Nutanix 开发者营销计划日

在过去的一年里，我们搭乘公司 5000 人以上用户大会的便车一共举办了 3 场开发者类型的活动。我们尝试了一次黑客马拉松、一次实验室日，以及一次更传统的实验室形式，这些都取得了一定的成功，但对于公众们而言，其中有一种形式显然比其他两种更好。

新奥尔良黑客马拉松，2018 年 5 月

Nutanix 是一家基础设施厂商，我们用户大会的大多数参会者都是管理者（administrator）和经理层，而由于 Nutanix 的主要优势之一就是具备出色

的图形用户界面（Graphical User Interface，GUI），所以我们的用户极少有人会选择使用 API 或代码。

为了找到合适人员深度参与此活动，我们为参会者支付了酒店房费，并精心挑选了可以为本次活动编程的人选。我们还确保为每个团队都提供了至少一名 Nutanix 的技术人员。

这次活动的开销极为可观，虽然也构建了一些成果，但黑客马拉松产出的代码并没有任何一行进入生产环境。这就是为什么在很多情况下，面向外部的黑客马拉松并不是最有效的资源利用形式，团队往往聚焦于那些已经做得不错的事务去努力，而不是那些他们完成工作真正需要的东西。

活动很有趣，参会者的反馈也非常好，但我们却很难追溯到该活动带动的增长或销售。过去 10 年来，黑客马拉松一直被默认为是"让我们找到开发者来为我们写代码"那种类型的活动。然而，现如今各种黑客马拉松实在太多了，而且这实际上就是在让那些专业人士做免费劳力，它们已经无法切中要点，吸引不到提升我们平台使用率所需的那些人群了。

如果只是希望丰富市场里的应用数量，那么黑客马拉松还不错，但对于提升 API 和工具的采纳，就不起作用了，因为黑客马拉松上产出的代码后来极少被使用。类似 Atlassian Ship It 的企业内部版黑客马拉松在产生新产品和新工具方面可能会有奇效，但远离市场用例范围的外部黑客马拉松则极少在教会人们使用我们产品或 API 方面取得好的成果。

.NEXT 巡展，2018 年 9 月至 11 月

在完成了开发者新官网和首个实验室上线后，我们需要把消息传递到社区，并期望开发者和 DevOps 人员对我们的 API 产生兴趣。Nutanix API 加速器计划正是为此而生的。

.NEXT 巡展指的是在北美多个城市举办的总计 11 场的系列活动，目标人群是希望加深对 HCI 及我们公司理解的 Nutanix 客户。今天我们增设了一个分会场，人们可以选择听两场讲座，或者参加一场有关如何使用我们 API 的入门级实验室活动。

这个实验室很简单，人们只需要构建一个 PHP Web 应用来监控服务器集群。该应用写得很有心，即便没有编程背景的人也能够理解它，并成功完成构建。对于很多人来说，这是他们第一次构建一个 Web 应用。我是坚信首次

接触 API 只做一个 Hello World 是绝对不够的那种人，实验室必须构建一些值得他们带回去并展示给老板看的东西。没有什么比让他们制作墙板更好的办法了，定制化报表或老板屏都不错。

完成实验室任务后，他们可以把最终结果当作测试夹具，用于调用不同 API 并了解它们的功能效果。

该计划非常成功地培训了 400 多人，平均实验时长为 90 分钟。我们收到了很好的反馈，而且也了解了大多数客户在其编程和 DevOps 旅程中的当前水平。

使用可以在浏览器中运行的虚拟桌面，是此次实验室取得这么好效果的一大关键因素。我们让每个人都带上他们自己的笔记本电脑，省掉了安装 IDE、连接 PHP 等操作之后，使人们在几分钟之内就可以开始动手做实验，而不必把第一个小时浪费在解决参会者笔记本电脑的环境配置问题上。如果读者也想要让人们自带硬件来参加实验室，虚拟桌面是一个非常棒的选择。

伦敦 IoT 实验室，2018 年 11 月

在巡展实验室取得成功后，我认为我们可以扩充点内容，在 11 月于伦敦举办的.NEXT 大会上做一次全天的版本。就在准备放大版墙板实验室的时候，我们了解到公司刚出了一款很棒的新产品，我们觉得开发者或许会愿意试试看。然而，又出现了其他看起来更让人兴奋的东西。

Xi IoT 是一个新平台，允许人们在边缘运行机器学习和人工智能软件，先在本地进行处理再走向云端。我的开发者营销团队认为这玩意儿太"酷"了，于是我们干脆把实验室从专注于 API 转向了专注于 IoT。

这只是我们犯下的第一个错误，早早地就宣传这是 API 加速器活动，让人们对一个东西产生了期待，结果我们却准备并交付了另外的东西。

我们犯下的第二个错误是在这次实验室中过度使用了硬件。我们使用了一个完整的 4 节点集群，23 台小型 PC 作为边缘设备，100 个摄像头作为传感器，以及各种网络和布线。由于平台过于新颖，以及新产品经验的欠缺，我们给实验室增加了太多复杂性，当实际人数超过 10 人的时候，经过我们 2 ~ 4 人测试通过的方案就靠不住了，开始出现各种问题。雪上加霜的是，运送所有硬件的物流还造成我们损失了 8 小时，导致整个团队一直忙碌到凌晨 5

点还在试图让一切恢复正常。

祸不单行，活动结束当天我们又碰上了恶劣天气。受此影响，110 名报名者只有 46 人到达现场。把 API 加速器添加到.NEXT 注册的操作很简单，所有人只需要点击选择框勾选。我们短短几个星期就报满名额了，但勾选一个选择框并不意味着人们重视你的内容，结果导致人们来参加了却没有得到有价值的收获。

参加.NEXT 大会的人大多数是经理层、系统管理员和操作员，而不是开发者，因此，我们试图大海捞针用选择框来筛选开发者的努力彻底失败。

到场的 46 人当中只有 5 人是真正的开发者！我们可谓是谬以千里，结果就因为这样的错位，我们的深层次技术内容远远超出了受众们大脑和兴致所能承受的水平。到 11 点的时候，我们就已经只剩下不到 20 人还在现场了。

我们原计划早晨在实验室讲授 IoT 和构建人脸识别应用的相关知识，下午让人们放松一下，看看他们使用这些新技能会创造些什么，但由于房间里基本上都是不对口的人群，结果下午的环节变成了主要进行系统设计和应用头脑风暴，而不是真正进行构建。

活动结束后收到的反馈给了我们当头一棒，其中一人甚至说这是他们参加过的最糟糕的活动。

伦敦站经验总结

伦敦站经验总结如下。

- 别中途换马（俚语，喻阵前换将、临阵变卦）。
- 别想着炫耀那些新颖、闪亮但跟受众群体日常工作生活无关的东西。
- 开发者是滞后指标。大多数情况下，我们最好教他们使用他们已经拥有的产品，而不是其他不相关的东西。
- 增加注册流程的难度。选择框带给我们的是不对口的参会者。
- 关键硬件别靠物流或快递，除非可以很简便地替换掉它们。

伦敦站确实为 IoT 团队带来了一些销售前景，以及一些重要经验教训，但我们很需要通过一次大型整装重组来确定我们的受众到底想要什么。

基于这些经验教训、活动反馈，以及跟其他人交谈得到的信息，我们判断，我们需要一个更偏传统会议形式的活动，提供对经理层、管理员和开发者都有吸引力的内容，但又要能够传递出这样的信息：如果你想要继续跟上IT 行业的发展步伐，今时今日相比以往任何时候都更需要做到的是，你必须知道如何编程。

.NEXT 阿纳海姆站开发者日，2019 年 5 月

在伦敦站之后、阿纳海姆站之前，我的开发者营销团队参加了一个名为技术峰会（Tech Summit）的内部活动。该活动的目标是培训销售工程师熟悉我们的产品，并在组织内搭建桥梁。公司总计有超过 700 名销售工程师参加，分布在 3 个剧场，这可是个大工程。技术峰会的形式是讲座、对话和实验室的结合体。在消化吸收技术峰会组织团队经验的同时，我们也决定，在面向外部受众的.NEXT 阿纳海姆站开发者日也采纳类似的形式。

我们为开发者日设计的形式是，上午两场主题演讲，一场专门讲解当前 API，另一场聚焦文化和 DevOps 的未来。此外，我们还添加了一个客户对话环节，因为相比营销人员，人们更愿意相信同行之言。最后，我们增加了一个动手实验室环节，并安排技术人员为参会者提供支持。

跟我们讨论这种形式的人越多，我们感受到的那种认可和兴奋劲也越多。对于任何新活动来讲，难的都是把消息传播开来，但我们这一次反而引入了一些阻碍，以便确保只有那些能够从活动中收获价值的人才会来到现场。这也是我们从伦敦站活动中汲取到的最深刻的教训。

我们采取了一些办法来实现此效果。

- 在.NEXT 网站上看到信息的人，如果想要参加开发者日，就必须填写一份表单，注明他们为什么想要来参加。
- 报名活动时，每个人都必须在登记过程中提供一个邀请码，这个邀请码可以直接从他们的接口销售人员或销售工程师那里获得，不然就得等待报名表单验证通过才行。
- 在以开发者为中心的网站上开展附带邀请码的直接营销活动（如 Stack Overflow、Developer Media）。

直接营销活动彻底失败，为期 2 个月的营销期里，超过 25000 次展示，却只带来了一个人。我们以后再也不这么做了！然而，直接联系公司最大客户群的销售工程师的行动却产生了非常好的效果。我们发现，很多销售工程师都希望能带他们的客户来参加我们的技术峰会（销售工程师的动手培训活动），但苦于是内部活动，而无法实现。而开发者日能够为他们提供这样的机会。

午餐时间是开发者日的重要组成环节，因为我们努力地想让尽可能多的

参会工程师和技术人员跟客户们坐到一起，培养感情、建立关系。在很多公司里，这些人都是被隔开远离客户的，尤其是工程师和产品经理。我认为这样是有问题的，他们会构建出错误的东西。只要能创造机会让用户和构建者共进午餐，就有很大可能建立共情和互相理解。这种做法产生的结果中，我最喜欢的一个是，顽疾 bug #4920 变成了马修的 bug，因为它阻碍了马修实现他的新系统，因此优先级就发生了变化。如果你们还没有邀请你们公司的工程师参加自家的开发者活动，那就赶紧开始吧！这很难用价值来衡量，但在某些情况下，这种关系带给公司的好处远超一笔大单销售。

此外，我们还邀请了一位行业领先的主旨演讲者。此人在我们行业内有很多粉丝，他的演讲跟我们的目标和产品非常吻合，最终成为了这些活动的亮点。如果你们请来的讲师跟受众不相关或不可信，那就可能会存在风险，所以请务必确保你们足够了解你们的受众。可以参阅其他活动的主旨演讲者名单，问问你们的销售、产品营销和工程团队的人，他们觉得名单上谁会是适合你们的出色演讲者。有时候这个人选甚至来自内部，只是你还不认识罢了。

慢慢地，我们的活动报名逐渐满员，只 3 个星期就从 4 人报名冲高到了超过 80 人报名。消息被传播开来，更妙的是，大多数人都是通过表格报名的，这样我们就可以进行筛选以确保来的都是正确的人选。通过增加这个额外的步骤，人们也变得更愿意参加了，更有种专享的感觉。我们的预注册出席率超过了 60%，对于免费活动来说，这可是个很高的数字。我们还把会场大门一直敞开着，以方便活动当天更多人可以直接过来参加，有将近 40 人就是这样来的。

当天大多数时候，房间里都是挤满了 140 多人的状态，包括两个主题演讲和午餐时间。午餐后，对话环节的人少了一些，等到 14:30 实验室环节开始的时候，现场还剩下大概 80 人。这仍然是一个很不错的数字，因为我们知道，有很多人对主题演讲很感兴趣，但下午有其他会议冲突了，而非技术人员本来就对实验室没什么兴趣。实验室内容纳入了我们的 API 和几款产品，让人们有机会可以亲身体验。技术人员不相信营销，但只要给他们提供可用的工具和产品，他们就能够将他们刚刚在主题演讲上学到的知识应用到测试环境中付诸实践。

我们收集到的活动反馈显示，89%的人给出了 4 分或 5 分的评价（满分

5 分），对于首次活动而言，这是很高的评价了。更重要的是，得益于客户在开发者日感受到的良好体验，那些带客户参会的销售工程师们有好几个都得以扩大了他们正在洽谈的订单规模。归根结底，大多数情况下，营销就是在建立销售渠道，而我们的开发者日正是这样做的。

下一步工作

主题演讲、对话、实验室的形式非常适合我们社区，我相信它也同样适合其他很多社区。对于以市场为中心的生态系统，可以考虑把实验室换成黑客马拉松，但真正的关键是让使用产品的人有时间跟制作产品的人坐在一起。

下一次活动，我们打算把对话环节移到午餐前，把王牌主旨演讲挪到下午以维持参与度处于高位，同时让人们有机会共进午餐并延续对话环节引发的交谈。午餐时间是活动中重要的一部分，因为它是人们进行社交的场所。

团队发展至今，包括我在内已经有 5 人了，这让我们得以开始真正干点事、创造出更多价值，而不只是照料文档网站。我们团队目前的组成是，一名内招的布道师（倡导者）分担我的出差，同样内招的内容架构师负责打造 nutanix.dev 的角色，外招的营销专家（研究员）负责处理大部分电子邮件和社交媒体，以及发起调研、收集反馈并跟公司不同部门分享。最后但同样很重要的是，我们还聘请了一名具有运作开发者活动经验的外部开发者来支持其他角色，并专注于构建供我们和客户使用的应用程序。

一旦成功举办过一场给公司带来价值的活动，为了更上一层楼而组建所需的团队会变得容易很多。有了这个扩大的团队，我们正式迈过了起步阶段，目前正致力于展示我们带给销售、工程、营销及公司其他部门的商业价值。

第6章　开发者关系理事会

Arabella David：Salesforce 全球开发者营销高级总监

面对同一受众目标，如何协调一家公司内部的诸多开发者信息，尤其是当他们并不全都在一个团队里的时候？

在本章中，我将详述大型企业内部的协调营销举措，以及在面向开发者受众时保持一致的成功做法。在阅读本文时，希望读者能收获能立即用于自己相关举措的有效信息以取得更大成功。如果读者处于一家小型创业公司，或者开发者产品组合不多的话，本章的内容可能并非都能立即派上用场，但至少能找得到一两个建议对启动计划有所帮助。

在开始深入探讨之前，先介绍一下我是如何在没有做过传统开发者的情况下进入开发者关系行业的。在我的职业生涯中，我一直很高兴能够为开发者创建伟大的项目和计划，这一切都源自 15 年前参加的一场在赫尔辛基举办的特别棒的社区节日活动。如果读者还不太熟悉演景（demoscene）社区的话——公平地说它确实非常小众，不知道也很正常——我将引用维基百科上的文字来介绍：

"演景是一种计算机艺术亚文化，专注于制作演示品——用于制作视听型演讲稿的独立的、有时非常小的计算机程序。演示品的目的是展现制作者在编程、视觉艺术和音乐方面的技能。演示品和其他演景产物，会在名为演示派对的节日活动上进行分享，由参会者进行投票，并发布到线上。"

被这些编程者的干劲和热忱所感染，我也成为演景节日活动的组织者，在举办竞赛的时候去担任志愿者。尽管那些日子已经过去很久了，但跟开发者一起构建的那份热忱直到今天仍然陪伴着我。我喜欢跟开发者一起合作，因为我喜欢跟创建者合作，在他们分享最新工具、创建适合创新突破性技术和应用的环境的时候，那股子兴奋劲儿肉眼可见！

这种对开发者身份的喜爱和共情，以及对人们成为开发者的原因的尊重，帮助我很好地度过了在一些公司的时光，读者或许都认识，微软、诺基亚、谷歌和 Salesforce。本章主要聚焦于我在 Salesforce 的一段时光，当时我们团队创建了一个内部计划——开发者关系理事会，并努力尝试通过此举措加强在该平台上工作的社区开发者之间的联结。开发者关系理事会由我们团队于 2018 年建立，截至写作本文时，它仍然在公司里以有影响力实体的形式发挥着作用。

Salesforce 开发者营销的作用

Salesforce 是一个企业客户关系管理平台，目前为全球超过 15 万家企业提供服务。我很自豪能够为这样一家经营稳健又拥有马克·贝尼奥夫那样富有远见的 CEO 的公司工作。近期，Salesforce 把公司成立以来积累 20 余年的主代码仓库面向开发者开放了，还提供了一个 Web 组件框架，任何有 JavaScript 开发经验的人上手即可使用行业标准代码对该平台做定制化操作。我们 Salesforce 营销团队力争尽快把消息传递给 600 多万 Salesforce 生态系统开发者，让他们知道可以利用这种可扩展性。除了支持销售云和服务云的 Salesforce 核心技术之外，在 Salesforce 旗下还有更多其他可供开发者使用的框架和资源，包括营销云、商务云、Heroku、Tableau、MuleSoft、NPSP、智能解决方案（如 Einstein）等。其中有一些提供了开发者相关资源，而其他则尚未提供深度的代码级可定制能力。

除了跟公司内其他营销团队展开关键合作之外，我们还使用了几个主流的开发者营销渠道，以提升业界对这些工具和资源的认知。为了让消息传遍全世界，我们把能用的行业标准渠道都用上了，包括付费媒体、电子邮件、网络研讨会、流媒体及活动。由于公司实在太大了，团队还跟公司内面向不同受众、具有不同目标的其他关键团队进行了协作。

Salesforce 开发者营销团队建立起了对开发者的准确理解，并根据开发者体验 Salesforce 得到的知识，尤其是从编程角度得到的知识开展营销工作。我们帮助并引导他们完成平台入门之旅，特别是在如何将他们现有的工具集和资源用于 Salesforce 方面，并解决他们的特殊开发需求。我们试图通过定量及定性调研来理解他们，在跟产品经理协作改进整个产品时，为他们的痛点代言。

业务挑战：每个人都可以跟开发者交谈

用道格拉斯·亚当斯的话来说，"Salesforce 很大"，而公司级开发者关系理事会的故事就始于这样一个事实。读者很难相信它有多么宽广、巨大，令人难以置信的庞大。在撰写本文时，公司有 5 万名员工，拥有我之前所列出的产品清单，只能靠想象力去理解所需完成的不同举措和目标的范围。

Salesforce 有很多产品都是以开发者为目标人群的。该群体由各种多样化的成员构成，理想情况下他们每天都在随着 STEM 边界的扩大而变得更加多样化，将开发者团结在一起的是他们对可以立即开始构建的资产的那种坚持。与之相伴的是对一种营销语言的诉求，这种语言不追求夸张，但强调提供清晰的事实和可立即动手实施。

作为 Salesforce 开发者营销团队，我们有责任代表这些受众为他们在企业内部进行宣传倡导。例如，其他营销团队可能会更关注 ROI 或销售周期等事物对受众的积极影响，但这些概念无法引起开发者的共鸣，他们更追求构建健壮的、可扩展的应用程序。最坏的情况下，任何开发者都有可能同时收到相同主品牌旗下不同产品的多条不同的、可能还相互冲突的消息。

Salesforce 开发者营销团队"表面上"拥有这些受众，但实际上也只是看着各个团队自行面向开发者进行公开营销而已。这是很自然的结果，因为我们所有人都生活在一个互联互通的世界里，工作在一个矩阵式组织中，在这种组织中，借助社交平台的力量及大量可用的渠道，公司内的任何人都可以与公司内外的任何人交谈任何事。尽管对于通信整体来说，这非常棒，但对于那些试图协调消息传递以保障面向开发者等特定受众保持口径一致，同时又能利用各自举措与受众共鸣的公司来说，这就不够理想了。我们的营销调查结果显示，正是这种广泛的双边沟通的存在，导致开发者被动接收了大量的消息并为此感到困惑。坦率地说，我们正在向同一个人发送筒仓式的孤立消息。这是一个有些微妙的问题，需要通过跨职能合作来解决。

总而言之，我们公司内部不同群组针对不同产品制作了不同的营销物料，可能会针对相同开发者受众提供了相互冲突甚至是错位的福利。这种错位带给公司的潜在后果是，那些已经很反感无法与他们需求共鸣的营销的受众，可能就此直接放弃了整个品牌。我们该如何着手才能改进这一点，达到

开发者关系实践指南

向开发者受众传递协调一致、引发共鸣的信息呢？

建立内部理事会，发现跟开发者交流的人并倾听他们的诉求

Salesforce 开发者营销团队的结论是，为了领导和协调公司内部的开发者营销工作，我们需要成立一个开发者关系理事会。组建理事会的决策在很大程度上是基于信任和协作两大核心价值观做出的，它们是对企业文化至关重要的价值观。作为一家企业，建立核心价值观是形成各项新举措不可或缺的一部分，也是构成任何项目或计划的关键决策的基础。我们曾经探讨过一种设想，先定义一组核心消息和规则，然后把它发给所有其他团队集成到其材料中，正是基于这样的价值观，我们放弃了该设想。搁置这种做法的原因是，它会极大地弱化公司内部其他团队的贡献，此外，它过于独裁化，而此时分明是一个可以用于建立信任、加强高效协作的机会。

按照设想，组成理事会的应该是公司内具有相同目标的一群人，他们希望与开发者生态系统建立有效联系，提供有针对性的工具和资源相关的更新信息，以帮助他们提升在 Salesforce 平台上的工作成效。所有需要跟开发者进行有效沟通的团队和产品都会派出关键代表加入该理事会。如果对《指环王》有所了解的话，这个理事会跟其中的护戒队很相似，只不过处理的不是珠宝，而是建立和维持跨职能协作。

然而，只要对《指环王》稍微有点了解且知道它是一套大部头巨作的人都知道：**只靠一个人是无法组成开发者关系理事会的。**

由于没有图片，所以就请稍微想象一下，肖恩·宾穿着中世纪服装、做着戏剧性的手势，图片上方是以 Impact 字体显示的上面那段文字。

我们这个 Salesforce 开发者营销 5 人组试图实现某些人或许觉得难以应对的任务：有效协调并推动跨越多个团队、产品和举措的面向开发者的全球营销。在此过程中，这个模因总是会反复地冒出来。

现在既然我们已经接受了组建理事会的理念，下一步就是确定成员名单。我们已经知道公司内有一些人对开发者充满热情，也愿意成为我们的盟友。然而，也有些开发者举措是我们团队一无所知的，直到它们进入预启动

的最后阶段，也即公司内尽人皆知但尚未对外公布的时候，我们才知道。我们采取了一种快速启动审计的方式来应对如何了解谁在规划什么开发者举措的挑战，开始着手编制清单，将所有现有的和即将推出的产品纳入其中，并调研公司内的相关团队以确认他们是否正在制作其他开发者产品。

高管代言及理解干系人需求的重要性

有些时候，要找到团队里的正确干系人并让他们响应询问很困难，因为他们实在太忙了。我不确定你的收件箱平均每个工作日会收到多少封电子邮件，但如果收到的是一封意料之外的邮件，发件人来自完全不同的团队且以前从未打过交道，询问的可能是跟你手头任何项目都无关的问题，你可能并不会把它当作高优先级事务去解答。为了找到合适的交流对象并确保能得到回应，我们需要得到高管层的支持。在本章的故事里，这时候，开发者关系副总裁 Jacob Lehrbaum（请查看他撰写的章节"社区的力量"）展示了其卓越的项目领导力，他说服了 Salesforce 的执行副总裁来支持我们。为了获得这种支持，我们简明扼要地总结了束手旁观、维持消息不一致现状的影响，并展示了建立统一论坛的预期收益。只要他们和其他高管能意识到放任情况延续将会在开发者受众中造成混乱，问题就不大了，让其他团队跟我们团队建立联系并优先答复我们的问题，对他们来说不过是举手之劳。

在 Salesforce，有好几个团队在开发多达数十种产品，有些团队我们也是初次接触，贯穿整个矩阵式组织、从中找出那些关键干系人并与之互动，这个过程极其漫长，耗时长达数个星期。我们已经找到了合适的对象，也约到了他们一起聊聊开发者产品，接下来该做什么呢？

我们知道，有了高管代言，虽然可以确保别人会听我们做介绍并回复几封邮件，但这并不是实现可持续领导并协调开发者消息这一更大目标所需的那种协作模式。必须有一种能够维持富有成效对话的内在动机，才能够建立并维持住一个有效的开发者关系理事会。不管是面向企业内部还是企业外部的受众，我们都需要回答一个老的营销问题："它对我有什么好处？"

为了挖掘富有成效对话所需的那些动机，我们设计并实施了一项内部调查，它包含定性和定量两部分内容。定量的部分，我们询问了开发者团队对开发者的定位及他们有哪些痛点。在随后的个人定性访谈中，我们探讨了背后的动机，询问了调查回复的更多细节，以及他们选择以出人意料的方式回答某些问题的原因。

有一条调查线聚焦于本章前面部分提及的那些开发者营销渠道，并深入探讨了如何通过这些渠道更好地跟他们合作，从而为开发者提供更好的服务。如下是这种问题的一个示例："你是否有兴趣提供诸如视频、开发者新闻邮件、活动等可以展示你们产品特色的内容？"还有些其他值得引发深入讨论的问题，如"你们在触达开发者方面有什么痛点？"或"你们如何度量你们开发者举措的成功，怎么跟你们的整体指标进行比对？"

我们很快就明白了为什么很难得到经过深思熟虑后的答复，也知道了答复差异很大的原因，尤其是那些我们之前从未见过和几乎从未接触过的人。有些团队并没有直接跟开发者对话过，因而没有能力做出回答，而其他人则还没有推进到确定指标的阶段。通常，这时候只需要安排一场会议，一到两名开发者营销团队成员同时管理定量问题，并实时进行定性访谈。根据我在企业工作的经验，人们很容易忘记回复或忽视对调查电子邮件做出回复，但如果是连措辞礼貌的会议邀请也不回复的话，那就会很快演变成礼仪问题，尤其是在我们已经跟对方上级建立联系的情况下！为了得到有用的信息，应仔细斟酌面向干系人的问题选择及提问方式，要避免追求快速回应，而是把与会者动员起来积极参与给出答案。其中许多问题都带有一种强烈的内部客户服务倾向，如"我们如何帮助你们更好地达成你们的 Salesforce 目标，从而能让你们团队的工作可以更上一层楼？"总体上，从最初的电子邮件问卷开始，到面对面会议，再到最后汇集内部数据，我们团队需要投入数个星期的时间。

所有这些讨论都很有趣，有时还有意外之喜。例如，有些团队只想举办黑客马拉松，因为他们知道"那就是你跟开发者一起做的事情"，一旦深入到指标的细节，以及他们所追求的更大的认知目标，我们很乐意跟他们合作并分享了我们的经验——哪些举措对他们特定目标的影响最大，取决于他们希望在营销通道哪个位置开展工作。举一个具体的案例，目标是提升对一个 API 的认知度和初步使用率。相比在黑客马拉松和判断基础设施等方面投入资源，提供更多格式简短的文档（如视频和博客文章等）和操作资源能够产生范围更大的影响力。两种策略使用了相同的资源——人，但后者对整体策略和指标来说更有价值，也比最初提议的面对面黑客马拉松的做法更加有效。

社交、思想领导力和规划：面对面研讨会的必要性

调查收到的回复虽然很有意思，也引发了有价值的对话，但它们并不能构成一个开发者关系理事会。当然，它的确有助于确立干系人所面临的问题的基线，并为如何定义成功提供洞见。当我们把公司内部为开发者利益代言的相关团体和代表找出来后，最后的总人数达到了 60 人。为了实现领导并协调面向开发者传递信息的愿景，我们认为下一步是组织一次面对面研讨会。该研讨会将实现两个目标：其一是让我们在不同产品部门找到的人可以见个面、互相学习和分享最佳实践，其二是帮助建立 Salesforce 开发者营销团队的思想领导力。

在做出了举办开发者关系峰会活动的决定之后，我们又草拟了议程。我们创建了一个为期一整天的计划，旨在分享和解决调研中发现的那些共性问题。调研表明，参与者们认为这些挑战是高优先级的事项，而这场活动就是要针对如何共同解决这些挑战开展"头脑风暴"。

构建我们称之为"峰会"的全天版研讨会很有意思，它不仅仅是研讨会，还提供了额外的愿景定位。我喜欢既能够亲身体验又能够跟人们建立联系的项目，能够有机会打造这样的一个环境实在太棒了，这样可以腾出时间为开发者建立一个中长期的领先愿景。

如下是开发者关系峰会设计内容的概要，如果读者也有兴趣举办类似的会议，可以作为参考。

- 限制参会者数量。一下子记住那么多面孔很困难，尤其是在第一次作为参会者就要结识那么多新朋友的情况下。我们有 60 人参加了会议，如果可能的话，我其实希望规模更小一点比较好，如 50 人，这样能够创造更多一对一深度对话的机会。

- 预先分配好座位并按照"八仙桌"方式布置房间，但我们只安排每张桌子坐 5 个人，给人们多留出些个人空间用于参加研讨会。每张桌子都安排有一名开发者营销或开发者布道师团队成员进行协助

引导。每张桌子同一个产品团队限坐一人，而且尽可能做到每张桌子上的人都是互不相识的。这有助于参会者之间建立联系并保持头脑清醒。

- 用咖啡和早餐开启这一天，让已经彼此认识的人可以寒暄几句，其他初次见面的人可以互相认识一下。

- 早餐后，我们从结构化自我介绍环节开始了全天的计划。我们让所有参会者每人用一分钟时间介绍自己、他们所涉及的产品，以及他们跟开发者相关的三大首要问题，这些都是在调研访谈中已经预先准备过的问题。这能让参会者留意观察有没有想要跟谁再找机会多聊聊。这是为茶歇时的社交活动做铺垫的绝佳方式。

- 虽然每位参会者只有一分钟时间，加起来也有一小时了，而且人们往往都会超时，所以做好时间管理很重要。由于参会者人数太多，我们需要在这个环节结束后稍作休息。

- 休息后，房间里的一名高管发表了一段简短的讲话并强调了选择大家加入理事会的愿景。这帮助房间里的所有人重新聚焦到了当天的目标。

- 我们跟所有人分享了调研得到的结果，并基于这些信息为研讨会的协作部分奠定了基础。对齐大家共同的挑战，是实现富有成效的互动性的会议的关键。我们把调查和研究发现的所有挑战按序编程后均匀分配到 10 张桌子上，我们使用的是数字，但如果要改成使用颜色的话也很方便。接下来，大家的任务是提出可以解决这些难题的创意。这些创意将被划分为 3 种类别：现在就可以完成的、今年可以完成的，以及需要一年以上时间才能完成的。

- 把这些创意全部展示给参会者。然后，为每位参会者提供一套彩色贴纸。参会者需要把贴纸贴在他们认为是高优先级的创意上，可以把贴纸贴给房间内任何表格上的任何创意。

- 这时，我们很自然地过渡到了下午时段的又一次休息时间，在参会者们进行社交的时候，核心团队粗略地统计了彩色贴纸的投票结果。

- 休息结束后，我们分享了统计结果，并针对最重要事项进行了公开讨论。我们是否已经就当前任务及中长期任务达成了一致？我们成立了工作组，每个工作组都有一名志愿者负责领导大家探讨如何构建和执行这些创意。

● 欢乐时光！在收尾阶段，我们一起度过了一段更随意、更低结构化的时光，反思回顾了研讨会帮助我们对齐、见面并为未来进一步合作奠定社交基础的过程。

如果读者也需要设计一个类似的研讨会来进行对齐的话，希望这些内容有所帮助。

开发者关系峰会实现了两个关键目标：①经由高管的支持，提高了研讨会的重要性；②受益于共同设计解决方案的同时，还获得了全公司范围内对于解决问题的广泛支持。

持续共同领导和建设，理事会的节奏和沟通

开发者关系峰会开完后，60多名参会者带着一种众志成城的感觉和对开发者的共同愿景离开了。更重要的是，他们了解了在内部向谁求助可以得到有关开发者兴趣和关注的最佳实践。随后，我们开始通过协作共同发起新的举措、提升干系人对项目的支持。那么该如何在一次研讨会之后维持住这种势头呢？

这是我们在开发者关系峰会期间及会后重点讨论的问题之一，如果读者也按照相似思路成立了开发者关系理事会，我强烈建议你调查一下参会者的意见，看看怎么做最适合你们群组。其他公司的其他团队可能选择略微不同的节奏和形式，例如，可能是每季度召开一次、每次半天时间，以匹配战略规划和整体企业重组的节奏；抑或每个月召开两次线上会议，用来处理重大事务。对于我们的开发者关系理事会，由于公司业务遍布世界各地，而所有参会者都希望能参加实时会议而非异步或离线会议，我们一致认同接下来的最佳步骤是每个月举行一次时长一小时的理事会会议。我们会预先制定议程并分享出来，以便参会者可以选择是自己参加、派代表参加，还是会后观看录像。由于公司规模如此之大、地域分布又如此之广，我们不可能多于一年一次举办面对面类型的会议。这些会议将在特定时间举行，以便人们可以确保留出时间参会并预先准备好问题。这种形式从成立以来一直有效，根据近期的参会者调查反馈来看，

这仍然是进行富有成效互动的最佳形式。

开发者关系理事会采取了月会制度，我们会提前两星期向参会者征集内容，并挑选出那些我们认为该群体可能会关心的议题。议程通常从我们团队开始，我们会展现最新的相关信息（如我们的季度开发者生态系统调研）来设定基调，或者为即将召开的开发者会议做主旨演讲试讲。如果某些更大的议题需要花更多时间探讨，我们会安排额外的会议，如果有必要，也会组建专门针对该主题的工作组。会议环节之后，如果产品组合中某款产品有涉及开发者关系的信息更新，如 Tableau 的黑客马拉松方法或商务云的新开发者中心之类的更新，那就安排一个议题。大家可以通过聊天窗口在线提问，也可以在每个环节结束时提问。这种结构不仅为公司如何向开发者传递信息设定了基调，也为如何保持消息机制一致、分享最新信息和交换对行业开发者最有效的技巧设定了基调。

理事会的挑战：内容、流失和沟通

虽然我相信开发者关系理事会的模型能够满足我们的业务需求，以统一的 Salesforce 形象面向开发者受众有效地传递信息，但也存在着一些挑战。这些挑战大致来自内容、流失和沟通。

首先是内容，当不同产品团队正在制作的产品内容可能并非最适配开发者受众的时候，就会遇到这个挑战。其中一个例子是，当这些开发者认为内容跟他们不相关的时候，如前所述，开发者对于含糊不清的利益表述或者缺乏可以立即"动手"的资源（即文档或示例代码）几乎没有耐性。通常，这种情况背后都有着极强的业务诉求要推出这些产品、发出这些声音，因此我们需要加大宣传力度，同时抵制这种消息与受众不匹配的高风险。低匹配度的风险，再加上 Salesforce 公司是一个高度矩阵化组织的事实，意味着开发者关系团队并没有权力阻止内容发布，但也必须记录下我们在发布前给出的强烈建议，并记录任何结果情况以备未来参考。

流失只不过反映了 Salesforce 是一家大公司的事实，跟任何公司一样，出现一定节奏的员工流失、组织结构调整及产品变化是正常现象。对于理事会，这意味着不同人员可能在不同时间作为不同产品的干系人出现，而要维护一份准确的干系人名单并确保新干系人能够持续投入理事会工作，则成为一种挑战。同样具有挑战的是，假定代表某一组特定产品的某一组特定人员能够准确地反映当前的那一组产品。我们一直在努力应对这个挑战，也一直在通过正式的和非正式的定期调查向关键干系人了解情况，以确保应该加入进来的人员没有遗漏。我们采取的另一个举措是面向全公司开放开发者关系理事会活动，欢迎任何人出席和参与。此前，开发者关系峰会的规划和启动还存在场地上的限制。随着理事会的持续发展，"大帐篷"定位变得更有成效，所有活动都是内部公开的，我们欢迎所有员工参与，无论他们的角色和产品是什么。

沟通是开发者关系理事会面临的最后一个重大挑战。跟所有其他大型公司一样，Salesforce 实在太大了、员工实在太忙了。保障这一大群干系人获悉最新信息，以及确保他们将最恰当的信息用于开发者实战，是一种持续的挑战，我们需要让开发者营销的内部营销部分发挥作用才能应对此挑战。我们需要确保有多条沟通渠道可以联系到内部干系人，以便随时跟他们探讨外部沟通的相关事宜。这包括电子邮件、Chatter（Salesforce 自己的沟通平台工具）、谷歌 Meet，以及其他更多渠道。

让公司内的开发者计划保持一致

为了开发者的利益而在大公司里推进我们的计划，这种行为通常被戏称为"牧猫"（herding cats）。经过本章后，我希望读者可以汲取我们的经验教训，包括我们采取的行动，以及为了协调信息和组建开发者关系理事会所付出的努力。虽然总的来说，得到高管支持及面对面峰会所需的场地和时间很棒，但明确聚焦于我们的核心价值观（信任和协作），以及相关的高层级战略需求才是我们的方向。只要能够以信任与共同构建为前提跟公司内其他人建立联系，并向着一致的战略方向前进（在我们案例里，就是改进平台的开发者体验），那么剩下的工作就很简单了，只需要执行：组织、沟通、完成任务。

特别感谢 Andrea Trasatti 启发了我写作本章节的灵感。

第 7 章 构建开发者关系

Dirk Primbs：谷歌开发者关系主管

引言

2001 年 9 月，我在微软的开发者关系部门开始了自己的职业生涯，那时候这份工作还比较容易。作为一名训练有素又对开发者社区充满热情的工程师，我也因此成为当时业界所称的"开发者布道师"。我只需关注一小块技术领域（分布式系统），并与其他开发者共享知识。我加入的团队共有 8 名成员。除了有一位是新招的营销项目经理之外，其他人都是专注于一些选定产品的工程师。

每个星期我们都有 3 ~ 5 天在出差，要出席大大小小的各种场合去做宣讲。每次到了 Windows、Office 或 Visual Studio 等新产品发布的时候，从回答技术支持问题、主持培训、引导合作伙伴到为工程团队标识缺陷，以及这当中的一切工作就都落在了我们肩上。

是的，工作比较容易。每当有问题抛出时，比如"X 是谁负责的？"得到的回答很可能是一句追问"什么技术？"然后就是"哦，那就是我啦！"

当然，弊端也很明显。首先，传递销售线索从来都不是我们的要务，因为我们通常不是根据可能产生销售线索的潜力来判断是否参加某个活动的。我们去的都是能够找到活跃开发者的场所。而决策者们去的通常都是其他场所。

其次的挑战在于工作量：我们很忙。做布道师的第一年，我飞了 80 次。而且还会有人对我们很不满，如咨询部门抱怨我们抢了他们的业务，伙伴业务部门担心我们不跟他们对齐。

但对我们来说，有两项核心资产一直很管用，也让一切变得不同：我们懂生态，生态也信任我们。

毕竟我们并非销售导向，反而还带去了礼物和知识，而且谁都知道，我们会积极参与所有层次的讨论。

众所周知，开发者是微软战略聚焦的方向，而我们团队则被期望能成长壮大并融入更广泛的组织当中。我们采取了以受众为中心的导向，并增设了一个广度团队、一个深度团队、一个营销团队和一个伙伴销售团队。我们被告知要聚焦于合作方，而非具体的产品。就这样我们不再关注技术，而是开始担负起了范围很广的一组技术领域，参与形式变成了我们选择活动时的重要判断因素。我们的两项核心资产虽然在大方向上保持原状，但我们的技术优势受到了影响。

这只是我在微软所经历的第一次重组，我总共经历了 5 次重组，每一次都有不同的主题。但最有趣的重组要数最后一次。刚好是我决定要跳槽到谷歌（另一家正在追加开发者关系投入的科技巨头）之前，微软决定将工程师调整为以产品为中心的独立小组，从产品视角出发推动开发者关系。兜兜转转，又回到原地！

那时，我已经开始在网上攻读商科学位，正在阅读亨利·明茨伯格和加雷思·摩根讲述组织结构的论文。我决定将组织内的开发者关系作为我在英国利物浦大学所写硕士论文的主题。

所以，让我们从最基本的问题开始这一章……

如何定义开发者关系

在本章开头就讨论这个价值连城的问题，作为读者，可能你对这个问题也有一个直观的答案。你的答案会是什么呢？

有些人会脱口而出："开发者关系是软件公司的营销部门。"其他人则不敢苟同，坚持认为开发者关系是工程与技术支持的核心部分。第三种观点可能是，开发者关系的作用是将技术体系转变为业务的可行性。又或者他们都错了，这实际上只是如何向工程师销售技术的工作？抑或，囊括了所有一切？

答案取决于谁提出了这个问题，但有一点是相同的：开发者常需采纳超出其原始范围的产品，以构建自己的解决方案。具备使用超越预设范围产品的能力是开发者支持团队区别于常规的技术支持团队、营销或工程团队的差异点。当与开发者开始共建时，他们不仅是客户，更是参与者和合作伙伴，是对组织的成功至关重要的人。

这将引出双边市场机制，在市场中有两个有差异的用户群体，各自提供了自身优势，产生了比常规方式更具优势的产品。谷歌的 Android 平台就是一个此类机制的好例子。它不是一个孤立的技术产品，可以通过开发者基于平台开发各自工程产品的过程，增强和扩展平台自身的能力。对于普通用户，Android 几乎与这些增强功能融合在一起，甚至可以根据最独特的需求进行定制，这让它变得越来越有价值。此种机制支持谷歌与开发者共同创新，与此同时，开发者也可以从一个持续扩展的市场机会中受益，或者从更多技术中获得更好的合作，从而使能原本根本无法独自实现的产品场景。

在这种双边市场机制中，开发者偶尔充当被推销产品的客户角色；但并不是因为营销和潜在销售机会带动了市场规模；相反，供应商需要为开发者提供正确的激励和使能技术。通常需要根据开发者的反馈、可用资源和合作需求等来决定提供哪些技术支持。更重要的是，开发者是制造或破坏技术产品的原创力，这是一个商家必须从战略性、紧迫性的角度去认识和理解的需求和趋势。

那些能够与客户共创，并在聆听客户声音和传播技术之间均衡发展，汇聚比自身更强大知识与工程创新力量的公司，将处于优势地位。

有人可能会说，良好的营销就是与客户建立密切的关系，开发者也可以被视为客户。虽然这有一定道理，但在大多数公司（如果不是全部的话）中，有一个关键的层面往往会阻碍以营销为中心的观点成功地吸引开发者。营销归根结底是关于产品，以及如何将产品定位到目标客户群体的。但为了与志愿者社区合作并与他们共同创造技术，营销范围变得更广。毕竟，开发者关系中的许多工具、内容或活动等与销售无关，有时甚至与产品无关，而是与整个技术链相关。开发者希望有一定程度的灵活性和连接性，更进一步地说，开发者关系通常会创建有利于生态的系统，而这甚至会有利于竞争对手。

开发者关系是我们与公司内部的开发者共同建立起来的多开发者异构社区，是沟通社区与技术工程的桥梁，用以最终实现真正协同的接口工作。

开发者社区简介

我就是那种伴随计算机成长起来的"80后",我们的父母通常都会认同:"我们的孩子就是跟这些东西一起长大的,这一切对他们来说太自然了"。"这些东西"当然是指电子产品,包括录像机和电话答录机,但我所期望的是什么呢?我立志要征服所有可编程的事物,当我父亲最终同意花半个月工资购置一台辛克莱 ZX81 之后,我终于进入了书呆子的天堂。

我想要沉浸于思考、解决难题,学习自动控制技术,最重要的是学习新知识!

但全靠自学能够学习到的东西毕竟有限。当时没有 YouTube,几乎没有书本教程,学校里也仅有几个跟我志同道合的同学。就是这种环境孕育了我们当地的黑客小俱乐部,这些人随后也成了我家乡持续活跃的开发者社群的核心成员。

正是在这个黑客俱乐部,我融入了社区,进入了迷人的技术世界持续学习,一切如同一场冒险之旅。我们会聚在一起开发项目,有时只是闲聊,有时互相帮助解决困难和问题。

正是这种学习体验推动着每个开发者社区的发展。始于兴趣,进而演变为持续增长的求知欲,最终人们出于共同解决问题、分享知识的乐趣而凝聚在一起。

如果我们组建了开发者关系部门,那么社区就是我们最重要的资源、合作伙伴和用户。如下两个关键要素决定了与社区交互的可能方式。

- 公司技术的可获得性:业余爱好者是否也能够成功掌握并用于创造价值?还是说必须得是有经验的工程师才行?
- 业务的优先级:在前面章节已经讨论过,为少数人还是为大众服务是非常不同的。同时还需要考虑你们技术的成熟度情况。引入市场的是全新的东西,还是已经拥有强大社区的既有框架?

这里要提醒读者,我们很容易混淆开发者社区与他们喜欢的活动类型。社区建设者看着这个市场,误以为只要能举办足够多的活动让开发者参与其中,就足以最终打造出一个活跃的社区。这种情况我见多了。这种想法混淆了因果。这样做或许有些效果,但通常只要你们组织停止组织这些活动,你们所谓的社区就会陷入死寂。

开发者营销和开发者关系之间有一个重要的区别。前者创造了一个渠道，并尝试推送信息，期望特定受众采取一定的行动。开发者关系的工作，则是要创造并发展社会群体及群体与自家企业之间的联系。这些团体并不是因为所出席的活动而聚在一起的，而是因为共同的兴趣和热情。

有些东西可能会出乎大家的意料：大多数情况下，几乎所有社区分享的核心都是热情——对学习的热情、对教学的热情，而并非技术。

他们喜欢在公司里学习新事物，喜欢跟其他群体彼此帮助并建立联系。相比那些因为某些活动而临时聚集起来的群体，这些社区通常更具可扩展性，投资回报也更好。

为什么？因为这些群体往往是在无外力干涉的情况下，实现了指数级发展，且往往是以一种自生的方式在增长。他们彼此吸引。

角色与职责：共担

大多数公司在不经意间就进入了开发者关系的世界。他们最初只是想给产品增加一些 API，提升一下可扩展性，或共享核心平台的部分内容。但一旦开发者开始使用他们的产品，各种请求随之而来。

- 你们能提供更多产品文档吗？
- 我们有个活动，你愿意来演讲吗？
- 我尝试了 x，遇到了问题 y……
- 我如何提交发现的 bug？这里有一个案例……

根据这些请求的技术性程度及该公司的工程师文化深度，通常会由产品经理或工程师来回答，并培养随之产生的关系。活动邀约越来越多，开发者布道师也开始涌现，激动人心的项目和想法逐渐浮出社区水面。这个社交网络及其互动构成了未来开发者关系运作的核心。

这起初可能只是个兼职角色，但很快我们就发现这很显然需要全身心投入其中，而几乎所有开发者关系团队都会需要如下两类特定角色。

- 开发者倡导者或社区经理。

开发者倡导者通常是兼职甚至全职投入外部开发者社区事务的工程师。

参会发布演讲、创建演示、编写文档或文章等，都是这类角色最典型的任务。

● 开发者关系项目经理。

如前所述，大多数公司刚开始都是让工程师或产品经理来担任社区联系人。那些一开始选择工程师作社区联系人的公司很快就会发现，这种模式很难扩大规模。毕竟人们每天可以用于出差、做演讲、主持活动或编写示例代码的时间是有限的，很快就不得不扩大团队规模。公司迟早得招募一名项目经理负责支持这些倡导者，抑或倡导者变成了项目经理，然后让另一名工程师来主持大局……

在过去的几年里，我观察过许多开发者关系组织，规模有大有小。有意思的是，刚开始喜欢让工程师负责，随后又在发展过程中遇到规模扩张的挑战，大多数这样的公司都选择了设立项目经理，最终还跟营销、销售等形成了伙伴关系。

因为开发者关系通常是面向开发者受众的主界面，所以这些内部伙伴关系（或对组织的补充）非常重要。就其工作本身而言，开发者关系或许需要负责很多通常会跟支持、营销或公关等领域有所重合的任务。包括：

● 活动的组织；

● 文档（包括示例代码）；

● 内容开发（如视频、攻略、代码实验室）；

● 代表陈述（在活动中、在公关场景下、在媒体上，担任社交媒体联系人）；

● 技术支持；

● 技术咨询；

● 关系管理；

● 桥接技术的工程工作（比如 SDK、工具包）；

● ……

通常，组织在发展壮大的过程中也会出现分化。开发者关系部门一开始通常只有一名工程师，接着变成"两人组"，随后变成职能型组织结构。再往后极为常见的是发展成为矩阵型组织结构。

上述清单清晰地表明，在大多数公司里负责与开发者互动的组织数量不止一个。通常具备技术支持团队，工程团队可能会承担编写 API 文档的工作，销售组织或许还有几名工程师想要挑选一些开发者进行交流。

很显然，我们想问"为什么要有开发者关系部门？"或者"为什么不将上述任务集中到 DevRel 部门，以减少业务重叠？"对于上述这两种情况，答案都是要注意到开发者关系工作的独特性：

- 支持社区的学习和实践；
- 参与开发者生态系统；
- 通过支持更大的开发者生态系统"做大蛋糕"。

这些任务往往需要长期投入，并且从表面上来看跟业务对短期 ROI 的典型追求相矛盾。我们实质上是在讲开发者关系工作，而信任则是开发者关系的核心。信任是要通过出场参与、展现真实热情，以及在开发者需要帮助时提供支持来建立的。有位好友说得非常好："开发者销售和开发者营销以自我利益为立足点，而开发者关系则是以开发者利益为立足点。"

大规模的关系

如果读者试图触达全世界每一个开发者，并定义"开发者"是为软件产品设计或编写源代码的人，那么在我们撰写本章的这一刻，根据 IDC 统计，全球大约有 2000 万名开发者将是你们的目标客户。

很少有公司真正有这样的抱负或资源。毕竟，这个群体既包含了为汽车开发软件的工程师，也包含了为手机设置像素动画的工程师。有些专注于网页，另一些人则聚焦于分布式服务器基础架构。只有业务范围非常广泛的公司才能覆盖所有这些受众，大多数公司都是聚焦于一个更小众的开发者社区群体。无须多言，那些用于细分和了解客户的经过验证的真资格营销工具，自然也可以用于识别开发者受众的动机、细分群体和需求。换言之，在考虑建立或调整开发者关系团队之前，应先理解他们的目标受众。这项工作当然是从开发者开始的，但也包括了与目标受众一起工作的各方人员，如合作伙伴、竞争对手、服务商、培训师、活动组织者等。

你会发现自己跟所有这些人都有关系，极可能还需要支持他们的成长。健康的生态系统是作为一个整体成长的，开发者往往只是更大格局中的一个元素而已。

分析一旦完成，就是时候规划跟所识别群体合作所需的规模和交互深度了。这取决于对这种互动发展的最终诉求。比如新产品上市，需要一批尽心尽力且积极投入的早期体验者。接下来，还需要将其他参与者和战术也纳入规划之中，就像是我们计划向某个已经成型的产品生态系统引入架构变更而着手梳理活动和受众那样。无论在规划受众时考虑了什么，都不要忘记针对整个循环做计划。如果只做了触达开发者的计划，却没有顾及他们传递反馈的方式，那么你就只考虑到了成功等式的一半而已。

先回顾一下我们的案例。可以根据规模和交互深度推导出交互类型。通常有如下 3 个选项。

- "一对少"关系：例如，你知道有 10 所重点大学在研究你们的专业领域，你计划与它们合作。
- "一对多"关系：你想与尽可能多的开发者互动。
- "一对少对多"关系。

看看我们的规划与模型，差不多只要做点数学计算就可以知道我们团队需要具备多大规模，以及需要做些什么。这些模型以线性方式扩张。如果一名合作伙伴经理可以管理 10 名合作伙伴，那么 2 人就能管理 20 名合作伙伴。"一对多"也是如此。我们接触的人越多，得到的互动就越少。它变成了一种单向通道。如果试图保持双向模式，就会撞上玻璃天花板，必须得追加资源投入。每一种"一对多"项目都能找到一个最优点，在投资和影响力之间达成妥协，从此点起，可以基于对更多交流、活动、内容等方面的需求进行线性扩张。此外，要牢记，即使是"一对多"项目，目标也是建立开发者关系。这就是为什么开发者关系项目在规模动态上与营销项目有根本性的差别，因为人际关系是无法无限扩张的。

上述观察刚好说明了为何说社区是扩大开发者关系的极具吸引力的途径。毕竟，我们所谈论的这个关系网是由对集体学习和成长充满热情的个体组成的，社区往往自己就活跃起来了，因为社区通常都是围绕那些选择了组织社区作为生活方式的人们而构建的。

因此，相对于单独跟每个开发者合作（并触及前面提到的玻璃天花板）的方式，"一对少对多"模型聚焦于关系网络当中的倍增器。

在行业里"一对少对多"项目通常有 3 种主要类型，三者目标不同，但方法论相似。

- 社区：这类项目旨在扩大被称为"实践型社区"类型的社交群体。例如，谷歌和 Mozilla 的开发者社区。公司往往渴望能组建这些团体，但事实证明，只有通过深思熟虑地添加内容和其他技术支持等资源的方式推动有机增长，这些团体才更具可持续性。计划里的"少"指的是社区组织者和培训师，"多"则指的是社区成员。

- 影响者：每个技术领域都有公认的专家和意见领袖。人们渴望跟他们一起工作，倾听他们的反馈并得到他们的支持。虽然刚开始可能感觉像是"一对少"的方式，但关键是要意识到，这些专家自身通过文章、社交媒体、公共关系工作等方式就能接触到数以千计的开发者。

- 合作伙伴：健康的技术生态系统会形成可扩展的伙伴体系，让开发者或客户可以更快更好地构建解决方案。想象一下，为关键客户实施我们技术栈的那些机构，以及以帮助他人提高技能为生的那些培训师。

现在，回顾一下上面的分析，你们认为哪些受众需要自己直接管理，需要以线性方式还是以指数方式进行扩张？大多数的开发者关系团队可能都采取了一种项目组合。例如，谷歌很有幸拥有一支高质量的内容制作团队，他们持续地制作了很多优秀的视频内容、文档和支持材料。当然，这种类型的工作遵循的是"一对多"原则，具有可触达大量开发者的优势。相对而言，谷歌的合作伙伴计划则旨在帮助个体软件公司应用尖端技术开发旗舰级的解决方案。看得出来，它显然是一种"一对少"类型的方法。最后，我们还运营着世界上最大的开发者社区计划 GDG[①]和独一无二的开发者专家计划[②]，这两个计划实际上均覆盖了数百万开发者，尽管我们大部分的工作和注意力都集中在跟团队组织者和市场专家建立真正密切的关系上，但相比之下，他们的数量要少得多，也更容易扩大规模。

效率、敏捷性和可获得性，你无法同时拥有，得挑一个！

大公司里的大部门经常重组，开发者关系部门也不例外，加上众所周知

---

① 请参阅 https://developers.google.com/community/gdg。
② 请参阅 https://developers.google.com/community/experts。

的 IT 行业整体的高速度发展，其组织往往比其他行业的重组频率更高。我从事开发者关系工作已经 18 年了，不记得有哪一年我的团队或我的团队所属的组织没有受到组织变革的影响。部分人甚至以自己的主管变动次数或经历重组的次数为豪。通常这些变革确实都是必要的。快速发展的市场、新产品和日益严重的筒仓现象都在逼迫我们重新思考当前工作。当然，有时候，它可能只是因为新官上任想烧三把火而已。

无论变革的动机是什么，只要经历了几次，你就会意识到其主题基本不变，甚至可以猜到下一波变革会是什么样的主题。一方面，这些变革所围绕的维度是由人们所从事业务的类型定义的，另一方面，它们反映的是公司自身所采取的决策与控制结构。面向外部的团队，其结构今天或许还是跟公司投资组合保持一致，明天就调整成与主要客户群体相匹配的样子，目的是绕开纯职能型结构的老路，在重启周期后重归以产品为焦点的模式。但是，当对外团队在这些基底模式之间不断变迁时，其内部结构也会被信息流、决策、汇报和内控等不同优先级统治。

无论身处何种情况，你都很有可能是以基于常见原则来设计结构的，因为组织模式不外乎如下 4 种类型：功能型、受众中心型、执行中心型和产品中心型。大多数公司都是这些类型的混合形式。

表 7-1 是各种组织模式的示例。

表 7-1　各种组织模式示例

功能型	受众中心型	执行中心型	产品中心型
倡导/布道	高校关系	广度拓展	云团队
项目协调	企业关系	深度拓展	后端团队
业务发展	社区关系	营销与传播	数据库团队
受众营销	中小企业关系		
销售	初创关系		

这些组织模式各有优缺点。例如，某些组织模式更适合跟生态系统中的开发者尽可能紧密地互动，但在处理公司内部事务时，却很容易引起摩擦。或者换个维度，我们可以将模式分为行动迅速但存在事倍功半或浪费资源的风险模式，和其他以效率更高而著称的模式。什么时候选择什么模式，除了考虑内在动机、新领导、筒仓等因素之外，目标开发者和技术平台的本质应

该是主要促进因素。以广阔的云技术市场为例：对谷歌而言，其拥有庞大的开发者生态系统、强大的竞争对手和足够的资源，故而可以通过承受一些冗余以换取更好的市场适应性和反应速度。考虑到所有这些因素，一个聚焦执行且理解市场（根据互动类型对市场进行细分）的结构或许更能满足人们的需要。

再来看一个情况完全相反的例子，比如说我们刚刚启动了一款新产品，初期用户基数还很小。我们需要专注于精心选择的开发者群体，而不是与普罗大众合作。因为此阶段需要以产品为中心，以便与内部产品开发组实现密切合作，提升资源的使用效率。

如果把这些模式画下来，可能会得到一幅二维图表，横轴两端分别标记为外部可获得性与内部可获得性，纵轴两端分别为效率与敏捷性。在规划开发者关系组织时，这是一个重要的考虑因素。你需要高效还是敏捷？是要优化内部结构还是外部生态系统？

关于定位的概述

名字就说明了一切。开发者关系是关于关系的，而关系有且仅有一种建立方式：通过多次的面对面接触建立互信。我们如何建立信任？通过信守承诺并长期参与其中，而不仅仅是三分钟热度。换言之，我们需要时不时地见到对方，享受互动的乐趣，而且双方都投入自己的切身利益。

如果不能"脚踏实地"，将难以实现这些核心因素。成功的开发者关系组织所涉及的大部分工作都是在创造互动的机会，社区峰会、旗舰活动、路演等，这些都提供了"结识大家"的机会。显而易见，在这个全球化、跨时区和跨文化的世界中，如果团队过于集中，维持有意义的关系就会成为一种压力。

因此，在建立开发者关系团队时，成员驻地是需要考虑的一个重要因素。共同的文化背景和文化网络，会让倡导者和当地社区经理受益匪浅。管理分布式团队的确很难，而优先从关系维度思考组织则意味着，要么投资维持本地团队，要么支付大笔差旅费用和加班工时安排人出差维持在当地的存在感。

另一方面，分布式团队也会给公司内部的协作和决策结构带来压力。这就是大型组织倾向于构建混合型组织的原因，强大的总部团队由支持性的角色或可独立执行职能的人员组成，而现场组织人员则分布在拥有最多开发者的城市和国家（地区）。

通常，这样平衡处理非常有效，但我仍想提醒人们：要确保现场团队参与总部的决策制定与信息交换。由于时区差异和沟通习惯的影响，许多总部团队跟面向开发者现场团队的联系是断裂的。这将导致额外的阻碍，而且你还有可能会违背你们员工对你们社区做出的承诺，这绝不是你想看到的，因为这会损害你当初组建这个团队的初衷：你们的开发者关系。

总结

如前所述，这是一个非常简单的世界，大多数开发者关系部门诞生于此。公司要么是工程优先，要么是营销优先，你很可能会看到一开始是工程师或项目经理在发挥主导作用。如果在阅读本章时，你已经超越了这个阶段，那问题就变成了如何在深思熟虑后完成任务以组建一个成功的开发者关系团队，以满足你们的所有需求并发展你们的生态系统。

值得庆幸的是，制定落地步骤并不那么困难。从上到下依次如下所示。

1. 决定产品战略。面向开发者的界面是什么类型的？理想的开发者参与方式是什么？你是希望开发者在你们平台上跟你们合作，还是系统通过定义的 API 扩展它？

2. 绘制生态系统。有哪些市场玩家？你们的受众是谁？其中有哪些部分对你来说是更容易达成的？你希望看到哪些元素增长？准备投入哪种层次的资源？

3. 识别一些关键项目及其本质（一对少、一对多、一对少对多）。

4. 如果团队足够大，可以考虑将本地团队作为大型集中式团队的备选方案。如果你能同时拥有这两者，那么，承担支撑职能的总部团队加上分布在关键市场的本地小团队的模式会很有效。

5. 现在来组织你们的团队。通常有 4 种组织模式（功能型、受众中心型、执行中心型、产品中心型），但这从来都是效率和灵活性及外部和内部一致性之间的折中。完成步骤 1 和步骤 2 的映射后，你会发现某些选项明显优于其他选项。

6. 开发者关系部门既不是营销，也不是销售，因此不要将推广或采纳作为主要指标！相反，请考虑社区活动、社区发展和对平台的贡献等。为什么？因为社区中的关系和信任不会立即就体现在收益上，而是以自发活动来表现。组织终将会从开发者关系的劳动付出中获取收益，只是这是一笔长期投资，而不是短期交易。

第8章　面向开发者重新定位品牌

Siddhartha Agarwal：甲骨文产品管理与战略部副总裁

本章将介绍甲骨文（Oracle）为了吸引新生代开发者所采取的方案。我们的目标是改变传统客户群体之外的那些软件开发者对公司的看法，他们将甲骨文视为一家企业级关键任务软件公司，而不是那种能帮助他们建设现代化云原生应用的企业。我们希望改善人们对我们云平台的认知，认识到它可以用来构建微服务和容器化/无服务应用，了解我们对开源项目的支持，以及我们在聊天机器人、人工智能、区块链等领域的创新成果。我们的目标是做到无论这些开发者要使用何种语言、数据库或工具，他们都会将甲骨文的云平台视为一个功能丰富的选择。

我们的策略包括在世界各地举办一系列开发者活动（品牌名为"甲骨文代码"），从而跟开发者建立密切的个人联系。我们发现，提供大量相对较小的参与契机、将内容和连接带到开发者的工作地，是一种有效的互动和学习的方式。我们还创建了一个聚焦开发者需求的新版门户网站，创建了大量内容以支撑开发者持续学习，构建了一个外部拥护者社区，并启动了一个旨在团结初创企业开发者的创新计划。

引言

如果说本书有一个贯穿全书的总主题的话，那就是云时代改变了软件开发的本质，开发者面临着创建新型云原生应用及将现有应用迁移至云的双重挑战。

公司内部的开发者组织通常都会经历他们自己的云采纳的进化之旅。云的首要用途之一就是作为开发和测试环境，这么一来，开发者无须经历官僚主义、延迟或通过 IT 部门所需的资金成本，即可得到许可、完成安装并开始使用。

在那里，开发者可以使用云资源构建更复杂的应用程序、试验新技术，利用免费试用、按需付费的服务，以及充满活力的思想共享社区，其中就包括很多示例代码的共享。

公司经常发现，将为云编写的新应用发布上线很容易，只需扩展和扩大这些云资源的规模，增加一些测试和安全性，再把这些云原生应用集成到现有 IT 基础设施中。

触达新生代开发者

甲骨文自成立以来，就在通过甲骨文主导的在线技术论坛和社区主导的线上线下活动为甲骨文数据库、Java 和开发者工具社区提供培育和支持。围绕 Java 的大量举措，在 2010 年甲骨文收购了太阳（Sun）微系统公司之后达到顶峰，孕育了长达数日的年度 JavaOne 大会。

我们意识到，必须鼓励开发者去体验甲骨文云，尤其是那些除了使用过 Java 或甲骨文数据库之外从未跟甲骨文合作过的开发者。我们需要采取新举措直接触达那些正在构建云原生 API 优先应用且正在拥抱容器、人工智能和无服务器计算技术的开发者。

甲骨文云平台和基础设施的成功与否取决于这些开发者。他们在开发中选择的那些技术，事实上也会成为承载他们业务的生产环境。甲骨文想要赢得这些开发者的大脑，以及他们的内心。

作为最大的软件公司之一，我们以数据库、Java 和中间件而知名，这方面我们并不缺乏认可。然而，在云原生时代，我们的目标是跟尚未使用甲骨文产品的开发者建立联系。我们知道，甲骨文在营销、品牌和客户互动方面的传统手段在这些现代化开发者身上起不了作用，他们通常不会回应那种着重强调 ROI、谈论市场份额的信息。

因此，我们所有的举措都是基于这样的一种理解：开发者不同于其他那些参与产品规格制定、评估和采购的个体。必须直接跟他们进行互动，允许信息双向自由流动，并给他们提供尝试产品的机会。

我们是谁

我负责甲骨文的全球开发者事务，除此之外还负责云平台的产品管理与战略，以及云服务策略的定义与执行和收入增长，职责范围涵盖应用开发、移动计算、聊天机器人、物联网（Internet of Things，IoT）、API 管理和集成等。我们团队是工程、销售和营销部门之间关键的领导力接口，负责推动甲骨文的全球开发者互动与持续关系。基于个人经验，一个小型核心组最有能力为正在进行中的开发者互动指明方向，并快速地做出决定以确保这些互动取得成功。我组建了一个仅有 5 名核心跨职能领导者的团队，负责推动开发者营销工作。

在过去的工作经历中，包括 20 世纪 90 年代初期在甲骨文工作期间，我做过开发者，以 CTO/工程 VP 身份创办过企业，也曾在托管服务、安全和应用服务器公司负责过销售和现场运营。基于这些经验，我知道开发者在决定技术和技术公司的命运方面扮演着关键角色。

本章剩余部分将介绍我们通过在线和面对面互动开展开发者营销工作的方式，以及我们从中学到的经验教训。

开发者互动策略

我们很早就知道了，跟现代化开发者进行成功互动需要具备如下条件。
- 数量众多的在线内容；
- 面对面互动；
- 优质的免费教育；
- 外部拥护者社区；
- 吸引创业公司开发者参与的计划。

持续在线互动

我们创建了大量的在线内容，用于展示云原生应用开发的价值。我们推出了甲骨文开发者社区（developer.oracle.com），旨在让开发者直接进入他们最感兴趣的技术领域（从数据库到聊天机器人）并获取实用内容，包括同行撰写的文章、动手实验室和工作坊、甲骨文代码活动的演讲视频、代码示例及 GitHub 链接。

甲骨文开发者社区旨在反映开发者的兴趣和趋势所在，而不是为了复制或替代甲骨文的产品功能说明和文档页面。其上的每一个技术页面都有一名甲骨文开发者社区经理在负责，使用来自甲骨文的资源、产品经理和全网范围的最新内容和创意维护页面。

此外，甲骨文开发者社区已成为开发者中心型视频内容的重要平台，其中很多都是从甲骨文代码活动中自然产生的。甲骨文给许多代码活动环节录了像，这创造了一个记录全球专家最新思考的稳定的视频流，供开发者在线访问。

我们还把汇集了甲骨文所有以开发者为目标的不同博客站点聚合到了同一个甲骨文开发者博客，让甲骨文技术人员可以直接跟开发者社区交流最新趋势和产品。

社区经理会在甲骨文代码活动（稍后会做介绍）的现场采访那些专家，通过 Twitter 进行直播，并且在甲骨文开发者社区上提供视频回放。基于从现场活动中得到的灵感，我们在 2018 年举办的三次线上编程（Code Online）活动邀请了非甲骨文的讲师参加，他们带给参会者的是来自真实世界的用例和同行之间的那种可信度。

我们还开始发送月度版开发者新闻电子邮件，以继续跟社区保持联系。跟甲骨文开发者社区一样，开发者新闻电子邮件并不以产品推销为中心，而是以开发者关注的那些问题和新闻，以及指向研讨会、代码示例、博客和操作视频等实用且可操作的资源的链接为中心。

下面是我们在面向开发者的线上营销方面的经验教训，有些是通过我们自己反复试验所得，其他则是通过观察其他软件公司的最新实践所得。

- 让一切上网。开发者可能在下午两点开始工作也可能在凌晨两点开始工作，当他们需要什么的时候，他们想要马上就能拿到手。例如，没人愿意花费一整天的时间和精力，只为下载演示或试用软件。当开发者凌晨两点开始工作的时候，他们希望马上就能着手尝试。

- 提供丰富且持续更新的教育内容，包括文章、代码示例、视频、操作指南及结构化课程，并让它们易于下载。没有什么比参加由本领域专家讲授最新技术的课程更"酷"的了，也没有什么比强调过气的流行词更"老派"的了。

- 让社区容易被找到，提供论坛给志同道合的开发者提问和讨论。Stack Overflow 等社区的成功，整个行业都看在眼里。它的成功表明，最好也最值得信赖的专家就是那些已经解决了完全相同问题的开发者同行。

- 新闻电子邮件可以增加价值，但前提是它们是提供技术内容和新材料链接的真正的新闻电子邮件。那种全是营销宣传废话的虚假新闻电子邮件不仅会失败，而且还会适得其反，给人留下糟糕的坏印象。我们小心翼翼地确保在扩大跟开发者的接触范围时，务必提供操作指南、代码、更多的代码，甚至更加多得多的代码。

- 拥抱生态系统之外的开发者，邀请他们加入进来提供反馈，作为交换，允许他们抢先体验我们的技术和活动。如果产品能够给他们很多人留下深刻印象，将有助于品牌宣传，并借力在他们的粉丝和追随者群体中建立可信度。对我们来说，让本地开发者登台代码巡演活动还是很少见的，在绝大多数的甲骨文活动中，统治舞台的都是甲骨文的高管和合作伙伴。尽管有很多开发者都比较内向，可能永远也不会走上台去，但也有人很享受站在聚光灯下、成为同行瞩目焦点的感觉和回报（对他们的名声有好处）。

持续的开发者教育

甲骨文一直在为客户提供教育机会，开发者也不例外，我们提供了可以在线学习的初级、中级和高级课程。无论是快餐式学习还是在雇主支持下参加一系列正式课程的学习，至关重要的是要让开发者可以按自己的节奏进行学习。我们创建了范围广泛的教育计划，包括如下内容。

- 非产品导向的慕课（MOOC，大规模开放在线课程），教授基础的和前沿主题的知识。我们发现，有些行业尝试将慕课变成营收业务，结果导致开发者望而却步，于是我们随即决定免费提供慕课。我们的目标不是直接从开发者身上获取收入，我们不希望有任何东西阻碍开发者向我们的专家学习。相反，我们想要拥抱愿意注册参加慕课的任何人，这需要付出真正的承诺，因为典型的慕课会持续数个星期，还需要投入 4~6 个小时观看视频、参加测验。除了奖励之外，我们还会为通过测验的人颁发证书。对有些参与者来说，他们当前或未来的雇主或许会认可这些证书的价值。

- 产品学习。我们提供了很多产品导向的培训和教育课程，并定位品牌为"甲骨文大学"。甲骨文大学的很多课程主题都跟开发者有关，尤其强调云，我们持续地扩充围绕云服务的开发者培训课程内容。甲骨文大学的课程可以引导学生获得专业认证，认证不仅可以推动职业发展，还可能带动开发者及其雇主们更多地使用甲骨文产品。

- 免费试用和用量积点是非常强大的工具，用于开发者群体的效果远比网络视频或脚本化演示更好，它们让开发者无论在家还是在公司都可以选择在自己的时间里在自己的项目上使用。我们不断移除从注册网络账号到试用软件过程中开发者遇到的任何阻碍，我们已经知道，开发者对于繁文缛节或官僚作风没有任何耐心。

与初创公司合作

客户创业加速器是我们在教育方向迈出的另一步。为任职于初创公司的开发者提供资源，对他们的成功可能会是至关重要的，反过来，也能够为我们提供宝贵的来自前沿用户的产品反馈。例如，如果某个 API 或其文档有不清楚的地方，或者某个 API 需要补充更多功能，我们都希望能够尽早知道。在初创公司工作的开发者往往会挑战到云服务的使用极限，并毫不避讳地提供反馈并提出新的功能需求。

创建和运营此类项目的成本很高，但它让我们可以跟富有创造力的成长性公司建立起深厚而持久的关系。甲骨文当前提供了如下两个加速器项目，但都没有入股，这在业内很少见。

- 甲骨文初创公司云加速器（Oracle Startup Cloud Accelerator）是一个入驻型项目，通过为期六个月的亲身参与的深度计划为早期至较后期的创业公司提供支持。它提供的内容包括共享工作空间、技术服务积点、指导，以及对这些新兴公司至关重要的——接触到甲骨文的一些企业客户及其全球合作伙伴网络和投资人的机会。从奥斯汀到班加罗尔再到圣保罗，我们的加速器在全球九个城市均有布点。

- 甲骨文成长生态系统（Oracle Scaleup Ecosystem）是一个非入驻型的虚拟式的项目，专为成熟的创业企业、风险投资及私募股权投资公司而设计，旨在帮助它们实现快速成长、规模扩增。对于甲骨文，这是一个比较新的项目。

外部拥护者社区

让外部社区也参与进来，代表我们跟开发者进行交流，非常重要。这样既能提供触达新受众的机会，也能借力伙伴的权威和信誉。例如，我们在 2017 年启动了开发者拥护者代言计划（developer champion advocacy program），作为对现有 Java 拥护者计划的补充。开发者拥护者并非甲骨文的员工，他们可能是参与我们开源项目的人，或者是当代开发方法的作者，抑或是甲骨文及行业顶级知名会议的讲师。开发者拥护者（就跟我们的 Java 拥护者一样）与甲骨文之间维持着一种密切的关系，并经常性地向更广泛的开发者社区及生态系统宣传我们的计划。

甲骨文代码活动

甲骨文将现场活动摆在了开发者互动事务的中心位置，让开发者可以在彼此之间及跟甲骨文之间建立起一种个人关系。我们创建了一个名为甲骨文代码的新的全球计划，它包括在世界各地举办的数十场亲密型开发者活动，作为在旧金山举办的大型年度 JavaOne 开发者会议的补充。提供很多小的互动机缘，以及在开发者所在地跟他们见面的做法，是最有效、最实惠的互动方式。它也为快速变化和迭代学习创造了机会，持续开展活动的同时，我们自身也在不断改进。既为本地开发者社区提供了聚集在一起、分享想法的机会，还让他们有地方可以亲身体验甲骨文的技术，这些活动发挥了至关重要的作用。甲骨文代码就这样诞生了，一系列免费参加的为期一天的活动，从布宜诺斯艾利斯到班加罗尔、从芝加哥到深圳再到巴黎，17 个月内席卷了全球 31 个不同城市，总共举办了 35 场活动。

代码活动完全不同于以前所做的活动。团队特意选择了举办对我们来说相对较小的活动，每次只有 300 ~ 500 人参加。

代码活动的指导原则之一是，不能全场在讲甲骨文自己的东西。活动团队会为每一次的代码活动发起讲师征集，让当地专家（甚至包括竞品方）有机会跟同行们介绍他们的工作。很多演讲者分享了他们对自己所参加开源项目的见解，展示了他们将这些创新应用于企业发展的做法。讲师征集意味着这些活动不会采取那种千篇一律的议程方式。相反，是当地开发者社区的兴趣和专业知识塑造了演讲的议程。

从 2017 年 3 月到 2018 年 7 月，代码活动途经亚洲、欧洲、北美洲、南美洲及多个城市，足迹遍布全球。虽然每次活动规模都相对较小，只有小几百人到现场参会，但靠着线上活动、活动期间的流媒体直播及会后的视频点播，仍产生了巨大的影响力。总而言之，甲骨文代码活动吸引了来自超过 31 个国家和地区的 60 余万开发者注册。

我们还采取了一个相关举措，称之为客户版甲骨文代码活动（Oracle Code @ Customer），这是专门为特定客户公司、顶级 ISV 伙伴及全球系统集成商创建和举办的甲骨文代码活动。这些活动让我们可以触达不同的开发者群体，他们当中很多人之前都没有接触过甲骨文。我们的目标是确保客户版甲骨文代码活动跟我们受众更广泛的巡演版活动一样引人入胜、激动人心和有效。

在某些情况下，客户版代码活动实际上是应客户要求（通过他们的甲骨文代表）而举办的，要么是因为他们希望自家很多开发者能接受培训，要么是因为他们有特定技术问题需要解决，例如，从某个具体的竞争技术向甲骨文技术体系迁移。我们很高兴能满足这些要求！对集成商来说，这不仅可以为他们的最大客户（或潜在客户）举办或共同举办开发者活动，还可以凸显他们自己的能力、产品线和服务项目。结果证明这些活动非常受欢迎，我们有理由相信它们也成功地打造了集成商和甲骨文作为云开发领域创新者的定位。

这种一天版甲骨文代码活动跟持续多天的传统型甲骨文大会相比，有很多不同之处，而所有这些变化都是为了满足开发者的兴趣、改善现场体验，以及提供多样化的观点和技术简介。我们知道，开发者不想听到那些简单粗暴的营销话术。我们想让开发者听到各种声音，还想听听开发者有什么意见，也想听他们讲讲他们自己的故事。

2017 年到 2018 年期间，总共有 200 多名演讲者在甲骨文代码活动上发表过演讲，大多数都是本地企业的开发者。他们提供的那种本地风味和真实感，是纯甲骨文讲师阵容无法办到的。另一方面，该活动非常重视动手型的工作坊，程度远远超过甲骨文曾经尝试过的做法。

我们知道，开发者通常都是边玩边学学习效果最好，所以甲骨文代码活动也想方设法将技术学习跟技术乐趣结合在一起。在某些代码活动中，开发者可以参加一个游戏形式的代码挑战活动，以深空探险为主题，并伴有星球大战风格的光剑音效。必须使用 Java、Python、PHP 及 JavaScript 等多种语言才能完成任务，如击落敌人的宇宙飞船、侵入敌人的数据库、确定邪恶帝国反应堆核心的坐标，等等。

很多开发者对调制饮料的喜爱是出了名的，因此代码活动也想了很多有趣的办法，让人们可以边享用美味饮品（从咖啡到啤酒都有提供），边体验云计算的实际应用。我们是这么介绍的：

"要尝尝本地小型酿酒厂的物联网云酿啤酒，稍作休息吗？利用已连接设备的数据，快速扩展制造流程和物流运营。酿酒需要的背景技术：物联网生产监控、物联网资产监控、大数据、事件中心、甲骨文 JET。"

机器人通过云聊天机器人进行统治：让机器人 NAO 打套太极或回答问题"这啤酒是谁酿造的？"那么，NAO 又是怎么做到这一切的呢？它使用了甲骨文移动云服务的智能机器人 API 来理解指令并以对话的方式做出回应。

我们学到的活动经验

策划甲骨文代码活动时，活动团队需要重新考虑很多方面的内容，包括外观和活动类型等，这跟我们的年度甲骨文 OpenWorld 大型会议不同，跟聚焦垂直行业高管或高级经理的更小型会议也不同。基于参加开发者聚会及其他开发者会议的经验，我们认为开发者活动应该看起来就跟 C 级高管会议不同，不仅仅是演讲议题的选择，还有演讲者的性质，甚至是活动的时间安排及议程。

活动团队必须向开发者提供一个囊括了大量云服务的统一视图。我们必须重新评估所制作技术内容的类型和格式、开发者拥护者代言计划要招募的人员类型、云试用的用户体验，以及用于已入坑开发者的培养计划。

我们还需要改变销售和前端营销团队的观念，不能只投资那些能快速产生可见收益的计划。这里需要解释清楚，实现开发者中心型计划的好处是需要耐心等待的，在那些此前从未跟公司打过交道的开发者身上的投入，本季度甚至下个季度都不大可能会带来回报。

毕竟，开发者不是潜在客户。他们当然是有影响力的人，而且在某些情况下，他们或许也会正式或非正式地签署平台采纳协议。然而，打个比方，你不会带着开发者去打高尔夫并试图在第 18 洞时达成交易。相反，你会给他们知识、给他们工具、给他们试用品，让他们按照他们自己的节奏、用自己的时间、在自己的项目上使用你们的产品。开发者不想要华而不实的营销宣传品，他们想要的是可工作的代码。

他们想自己判断我们是市场领导者还是技术创新者。他们不在乎分析师报告，他们在乎同行怎么认为、怎么说。

此外，跟很多潜在客户不同，开发者不会因为需要买东西就联系我们（很多人甚至没有采购我们这种企业软件的权限）。相反，开发者参加我们的现场和在线活动，是因为好奇。好奇跟甲骨文的人会面，好奇想要了解一家大公司，好奇人工智能和区块链等尖端技术，好奇可能会推进他们业务或职业发展的云服务。他们来这里是为了学习，而不是为了采购，也不是为了被人推销。

一经启动，甲骨文代码活动就飞速运转起来，节奏快得让人受不了，有些时候活动频率接近一周一场，而且还经常是跨越多个时区接连举办活动。幸运的是，甲骨文的管理层投入了公司层级和地方层级的资源，并在营销、推广、后勤及招募本地赞助商和演讲者方面提供了协助。

对于成功的软件开发来说，频繁的项目会议和代码评审是必不可少的，我们团队在组织代码活动的过程中也应用了相同实践。每一次活动结束后，我们都会进行完整的汇报、调试和学习回顾，进而对活动进行微调，包括评估哪些演讲真正引起了开发者的共鸣、哪些得到了"哦"的评价、哪些让人提不起兴趣。如下就是粗略总结这些活动的一些要点：开发者不喜欢任何模糊或空洞的东西。他们想看到产品，而不是听到。他们想要看到代码并触碰代码。他们想看到实际运行的平台，而不是演示稿中展示的屏幕截图。而且他们没兴趣听非技术人员演讲。

甲骨文还在持续地改进，改进触达那些尚未加入甲骨文开发者生态系统的开发者的模式，改进这些开发者在活动前、活动中和活动后跟甲骨文互动的模式。我们极其注重那些有助于理解普遍性内容的细节，以及那些对于建立紧密联系至关重要的小细节，例如以下细节。

- 开发者会工作到很晚，并不希望被拖下床去听早 8 点的主题演讲。虽然甲骨文 OpenWorld 及其他一些主要技术行业活动通常很早就开始，但我们发现这种做法并不适用于这些受众。不管演讲者有多棒，因为参会者都是零零散散进入会场的，这导致早上的开场演讲往往听者寥寥。我们现在都是安排在上午 9 点开始第一场演讲，结果好多了。
- 在个人层面，我必须做出改变。最初，我的着装是运动外套搭配系扣领衬衫，这很适合我经常所处的公司环境。但我很快就意识到这种着装并不适合这些受众，而 T 恤加牛仔裤的造型又显得不够真实。经过几次迭代调整后，我选定了休闲裤和一件漂亮的拉链运动衫的搭配。

每场甲骨文代码活动最终都体现出了自己的特色，也为甲骨文团队提供了可以进一步了解当地开发者社区的独特机会。举例如下。

- 奥斯汀站，我们感受到了来自整个地区开发者社区的热情。有几位参会者是大清早醒来后，从休斯敦驱车 250 多公里奔赴过来，并于当日驱车返回，就为了参加这些主题演讲。奥斯汀是首年我们活动参会者最多的一站。我们感受到的那种参与度和热情，跟往常在大型科技中心城市举办的活动非常不同。它证实了巡演模式就是最适合构建开发者社区并与之建立联系的方式。
- 有些做法只适用于某些特定地点或国家。我们经常会接受当地甲骨文团队的推荐，尝试一些对总部人员来说第一反应会觉得怪异的做法，但它们确实奏效了。以印度为例，我们设立了一个"自拍亭"，让拥护者和演讲者们可以在这里参与技术讨论、跟与会者合影留念。这个自拍亭超级受欢迎，一整天都排满了人，就连正在演讲的时候也有人在排队。
- 本地活动是发掘组织内部隐藏人才的好去处。我们发现，有些帮助操作演示的本地销售顾问实际上技术非常精湛，对我们产品充满了热情，还设计了跟开发者建立联系的精巧的新模式。以伦敦为例，2017 年的时候，有一名员工帮助我们完成了互联网控制的 CNC 路由器的演示。该演示展示了使用计算机数控切割机操作建筑材料的方法。该员工后来又陆续制作了一些很酷的与会者演示，还在当年晚些时候在旧金山举办的甲骨文 OpenWorld 大会上进行了展示。

如下是我们从代码活动中学到的其他一些经验教训。

- 较小的全球活动可能会比超大型活动更成功，因为它们能让更多样化的受众更多地参与互动，而这些受众可能根本就不会去参加超大型活动，尤其是那些目前还不是我们的客户但愿意花个一天时间试试水的人。

- 巡演的后勤工作可比单场年度开发者大会复杂多了，不是复杂一星半点。就连挑选世界各地城市拜访时间的过程都变成了一个挑战，要避开这些城市的当地假期和其他大型活动日，而且这些日期连起来还不能一趟出差就把员工给累垮了。找一名来自意向地区的当地代表参与组织工作很有用，他们可以帮忙安排场地、寻找受人尊敬的本地演讲者、思索有趣味的活动并突出当地偏好。

- 有些开发者是严肃型的，只谈工作。其他人则是通过编程竞赛和游戏来学习的。有些人性格外向，会跟演讲者互动，其他人则是眼睛就没离开过自己的笔记本电脑的屏幕。要做好迎接各种类型的开发者的准备。

- 保持低价。"免费"是一个好价格。很多开发者都没有参加付费活动或离开城市出差的预算。为期一天的活动能最大限度缩短人们离开办公室的时间，因而对雇主和雇员来说就都有了吸引力。

- 注重细节：美食、优质咖啡、大量冷饮和小吃。如果风格允许，那就开个派对吧！

- 不要止步于自己的专家，要引入更多声音。尽量做到大概 1/3 ~ 1/2 的讲师来自自己公司，其他来自本地专家和伙伴。

- 把销售话术抛到脑后。开发者可不想听到那些东西。除了简短的介绍之外，开发者并不想听销售和营销人员的更多意见。主题演讲应该出自技术人员，而不是营销人员。

- 选择休闲风格。开发者是穿牛仔裤和 T 恤的，而不是西装。同样还要确定，是否要针对当地市场量身定制开发者体验，抑或采取统一的美式风格的外观和感觉。

- 保持真实和诚实。开发者可以很敏锐地意识到，对方是否摆出了高人一等的姿态、产品或技术的缺陷是否被掩盖了。要想赢得他们全心全意的投入，那就要对他们坦诚相待。

- 免费提供演示版或试用版。我再重复一遍，尽管开发者是重要的影响者，但他们自己却没有多少预算。特别是在他们还不是公司客户的时候，请尽一切可能让他们可以得到产品，无论是在现场活动之前还是活动过程中抑或活动之后。

甲骨文正在考虑在开发者互动活动方面的下一步行动。汲取了甲骨文代码活动的所有经验教训之后，我们已经准备好了应对最初推迟举办的大规模、持续多天的开发者活动。

整体学习和最佳实践

对于甲骨文云平台和基础设施服务业务的增长与长期成功来说，开发者至关重要，我们将继续扩大和深化跟这些关键受众的互动。

通过让开发者掌控权责、为他们提供优秀内容、在招待上投其所好，我们找到了一种可以帮助开发者发现我们公司技术的模式，即从跟他们目标相关的那一面着手。

最后一个最佳实践：坚持不懈地倾听生态系统及公司内外部所有开发者的意见，以求能够最好地理解不断变化的受众。开发者的需求是持续变化的，因此，互动也必须一直保持成长和发展，以满足开发者的需求。

- 理解开发者不喜欢被出卖，需要参与互动，而不是被推销。任何纯推销行为都会失败。
- 获得最高层级高管们对开发者互动的认可和支持。
- 框定一个小型核心团队（两只手可以数得过来或更少的人）负责定义方向、整合输入并做出快速决策，最重要的，不要害怕在中途做出改变。
- 通过线上和线下面对面方式进行互动。关键是反复的互动和持续的教育，而不是单向展现营销信息。
- 大处着眼，小增量执行，每次增量都展现出一些价值。
- 大量的小型活动可以更有效地触达多样化的受众群体，也能对快速变化和迭代学习提供支持。
- 要始终牢记，在开发者互动中保持真实、开放、诚实。

第 9 章　链接开发者和专家

Thomas Grassl：SAP 全球开发者和社区关系副总裁

如果软件开发者在使用你们平台或工具时需要找到答案或得到建议，你或许会认为你们公司有能力提供最完美的资源给他们。你说得部分正确。虽然开发者确实会找供应商寻求指导，但他们通常更愿意从同行那里获得信息，也即你们的社区，尤其是有外部开发者专家入驻的那些社区。

只提供来自你们公司员工的专家支持是不够的。你需要促成一个可以提供来自外部资源的专家建议网络。在本章中，我们将探讨专家开发者计划的关键要素，并介绍如何吸引布道师、产品经理及其他技艺高超且积极进取的开发者，面向更广泛的开发者社区提供他们的专业知识。我们将探讨如何找到专家、如何定位他们在社区中的角色，以及如何奖励他们。

引言

SAP 由 5 个开发者于 1972 年创建，现已成为商业软件领域的领先供应商。公司最初专注于提供本地部署解决方案，涵盖从客户关系管理（CRM）到企业资源规划（Enterprise Resource Planning，ERP）的所有内容，业务已扩展到云和云技术领域。

无论是本地安装还是通过云来启用，我们的解决方案都依赖于实施、维护、集成和扩展 SAP 软件的那些开发者。为这些开发者打造一个专家网络至关重要。他们需要能够相互建立联系、提出问题、分享信息，给 SAP 提出反馈的同时寻求反馈，以及同行之间相互提供反馈。这种信息交换揭示了为什么每个月都有近 300 万开发者访问我们的社区，并从我们的解决方案和他们的开发工作中获得最大收益。

幸运的是，作为公司开发者和社区关系组织的负责人，开发一直是我的

"心头好"。

我从 2012 年开始在 SAP 工作，早在那之前就已经开始积累开发方面的专业知识了。我做过多年的开发者，用 C++语言构建过开发者工具，在互联网早期还用 Java 做过 Web 应用开发。我还在继续做开发，对该领域依然敏锐。

除了开发以外，我还涉足过其他技术工作，如产品管理。我知道开发者如何工作和思考，在构建和发展寻求专家支持的最佳渠道时，这些知识很有用。

谦逊也很有帮助。就我对开发的了解，我知道有些专家知道得更多。大多数开发者都明白这一事实，或许最优秀的那些人员来到社区或专家组是为了传播他们的知识（并扬名），但他们也意识到这些渠道可以增长学识并让他们更成功。

如何建立专家网络

我们的网络应该是由内部及外部开发者专家构成的一种良好组合，从专家到通才都有，他们扮演着教育者和榜样的角色。他们是公司和品牌的积极代表，不仅仅是啦啦队员。他们是可以教授和影响那些正在使用我们软件的开发者的专业人士。此外，他们也是开发者会积极寻求意见和协作的专业人士。对于社区成员来说，提供触达这些专家的机会是一项极高价值的服务。对于提供该社区的公司来说，这同样很有价值，因为成员们可以提供有关该公司产品什么有用、什么没用的实时反馈。

乍一看，构建专家组和构建开发者社区似乎是经典的第 22 条军规困局。没有专家的社区无法成功，但社区要取得成功并能够吸引专家加入，又需要社区从一开始就拥有专家。在现实中，所有方面都同等重要，且必须协同执行落地。这不是那种"建成它，人自来"的问题。我们必须先构建一些东西，让开发者专家有理由来到社区。参与进来，留下来。不断重复这个过程。

一个充满活力的社区取决于吸引力和互动性。出于这个原因，专家网络取决于多样化的专家组合。

寻找公司内部的专家

通常来说，公司内部的专家网络可以分为如下两类。

第一类由**开发者布道师**组成，他们更愿意直接跟开发者关系团队坐在一起。他们自身通常就是（如果不总是）开发者，而外部开发者使用的那些解决方案，他们也都有第一手的经验。鉴于他们在多种多样解决方案方面的直接经验，这些布道师可以就各种技术主题向开发者进行有理有据的演讲。

第二类由**产品专家**组成。他们更偏重专业领域，但也擅长跟开发者打交道。在内部，他们是我们的产品经理和产品工程师。他们的贡献来自他们在产品领域深厚的专业知识积累，可以为专注于他们所负责产品的那些开发者提供信息和见解。

在内部，为专家网络收罗候选人比较容易，因为我们总会结识产品部门和开发者关系部门里的"摇滚巨星"。同行对他们给出了很高的评价。我说的是那些不仅积极主动还会参与内部公司级和部门级活动发表演讲的产品经理和布道师们，同样也很积极地参与外部会议、活动、聚会及其他跟开发者频繁见面的场合。很多人在社交媒体上很活跃，你会看到他们针对相关主题发表的推文（并被人转发），这是个好兆头，意味着他们是可以公开扮演公司专家的潜在候选人。他们可能已经参与成为其他类型社区的一部分，或者已经在为相关网站撰写文章了。例如，如果你访问 Stack Overflow 网站，会发现他们不仅在回答也在提出跟你们社区所覆盖解决方案相关的问题。给读者一个专业建议，一般来说，你应该定期查阅 Stack Overflow。监控其他社区和站点是必不可少的一种做法，可用来发掘专家，甚至获得可用于改善自家社区的创意。

公司内部其他潜在开发者专家人选或许不那么显眼，或者还需要略加培育。从专家招募起步是一个不错的选择。在公司内部张贴并发布公告。主动找到你的那些人或许能力还稍显不足，但通过联系你的举动，他们已经展现了自己的干劲和热情。你当然不需要过于担心激励措施。许多内部专家的动机是希望进一步发展他们的职业生涯。对于任何寻求进步的人来说，让他们的名字展现出来并被人看见就已经足够让他们跃跃欲试了。你可以通过支持他们参与焦点组跟外部客户和开发者进行互动的方式，进一步吸引他们。邀请他们参加活动发表演讲，并为他们报销差旅费。这种支持是大有裨益的，但也有很长的路要走。

如果希望给予内部专家额外的地位，可以考虑组建一个员工可以争取加入的正式小组。在 SAP，我们推出了 SAP 技术大使。作为 SAP 导师（一组外部专家，下一节再详细介绍）的分支，该计划仅限真正能够做好大使工作的员工加入，他们是代表公司在开发者话题方面发言的最佳人选，也即高手中的高手。

无论是新人还是老手，内部专家都需要接受指导和培训，以便保持演讲口径一致。例如，你想鼓励他们成为社区内众所周知的贡献者，还想让他们准备好满足你们的期待。你可以从制定简单的责任清单和行为准则开始，让专家们知道他们应该做什么（例如，每个星期投入若干小时解答他们责任主题方面的问题），以及应该怎么做（适当的行为）。此时内部专家是绝佳的人选，可以承担展示他们所熟悉产品的动手培训和实验室的任务。作为回报，内部专家有机会跟外部客户互动，从而更多地了解他们、他们的需求和他们的优先事项。

构建外部网络的开发者计划

在公司外部寻找开发者专家可能会有点棘手，但可以采取跟构建内部网络时相似的标准。我们会发现外部专家在参加活动发表演讲、参与其他社区时，通常都会把自己塑造成很了解我们技术的专业人士形象。外部专家通常散布在跟公司产品或某个特定领域相关的不同专业领域里。这是因为专家都倾向于强化自己的专长。即便是那些拥有多种软件经验的专家，也会有自己感觉最舒心的一组最核心的解决方案。

我们的工作就是要吸引中意的外部专家的注意，并给他们一个分享自己专业知识的好理由。

这就是开发者计划发挥作用的地方。类似于更广泛的开发者社区，一个面向布道师、产品经理和其他技艺娴熟且积极进取的开发者计划，就是提供专家支持的一种方法。但是，尽管社区是面向所有类型成员（主要是开发者，但肯定不限于此群体）开放的，而开发者计划则应该在意料之中，是属于开发者受众的。

为了工作做得更细致，我们的开发者计划主要集中在三个领域：认知、参与和采纳。

认知，顾名思义就是要让开发者对产品产生认知。参与是要教育开发者更深入地理解这些产品。采纳则包括了开发者构建和实施解决方案所需的工具和内容。

开发者计划的某些成员或许更专注于某一个领域，例如，布道师更擅长参与，而专家通常会跨越所有区域。以我们于 2007 年推出的 SAP 导师计划为例。这些导师都是来自我们公司外部的最优秀、最聪明的开发者。他们提供了一种非常有价值的服务，他们会指导其他开发者并向 SAP 提供反馈，而且他们也有能力解决开发者计划发展各阶段（也即认知、参与和采纳）的问题。更具体地说，他们跟 SAP 的合作涵盖了从产品、特性到上市工作、总体策略和合作等主题。作为交换，他们将获得 SAP 活动的门票、特定主题会议的邀请、社区中和大会上的认可、接触 SAP 高管的机会，以及赠品（例如，个性化的 SAP 导师文化衫）。

我们将 SAP 导师的数量限制在百人左右，均为在各自领域备受尊崇的专家。当然，开发者计划所需要的远不止于此，因此虽然可以主动出击定向发掘，但更需要的是一个外部专业人士的庞大关系网。

为了鼓励外部专家来加入开发者计划，你应该在网上拥有强大的影响力，如在社交媒体上。利用它们给人留下积极的印象，并点出你们的社区及你们的开发者计划。例如，在线上社区寻找那些已经撰写了第一篇博文或者已经在尝试回答问题的新成员，然后鼓励他们，对他们做正向强化。可以通过自己的社交渠道、在自家社区内宣传他们的帖子。

也可以在线下活动中找到专家，做一下自我介绍，再跟他们讲讲自家的计划，解释为什么他们的专长是能派上用场的。稍微奉承一下，没什么坏处。

跟内部群组一样，不能指望仅靠一群外部专家就能活下去。即便引入了专家，也应该为未来准备。知名度并不是参与计划的先决条件。可以肯定的是，目标受众认可专家，这很有用，但也不要目光太短浅，我们仍需要寻找未来的人才。记住，没有哪个专家从一开始就是专家的，即便是备受欢迎的那些人也不例外。

开发者社区

开发者社区结合了从在线目的地到面对面活动的一切。前者不仅包括我们自己社区的站点，还包括 Stack Overflow、领英及目标受众可以分享信息的其他站点。对于 SAP 来说，面对面活动包括 SAP Inside Track 活动（开发者可以互相建立联系和学习）及本地非正式见面会。我们还响应开发者的要求，支持了一项名为 CodeJam 的活动。我们主办了 CodeJam 活动，并提供了一名专家，跟参会者一起解决问题或一起为产品编程。

开发者社区提供了一个跟开发者（同时也是客户）进行双向沟通的完美渠道。大多数开发者追求的是，所加入社区里的成员们不仅仅只有公司雇员。但是，他们确实很欢迎公司内部专家提供信息，所以我并不是建议把员工排除在社区之外。只要确保人们能够理解团队成员的愿景即可，这对产品经理和布道师而言应该不成问题，毕竟他们每天都在处理开发者关系。

社区和开发者计划都需要专注，而专注来自如何定义他们。这或许看起来跟之前提到的有些矛盾，之前强调说需要一组能够覆盖广泛主题的专家。但即便是多元化的专家群组，也需要该计划有一个强有力的策略。

当你将专家和社区联结起来时，规划的重要性就变得显而易见了。你在定义社区的同时，会发现也在定义专家的参数。开发者专家和社区必须形成互补。如果将社区定义为是一个目的地，但其提供的领域知识却无法契合专家的才能和技能，那就无法形成互补。这种差异将是灾难性的。

将此谨记于心，请考虑你们的专家应该如何覆盖整个范围，从产品专家到拥有广博知识体系的布道师。你们的社区应当同样全面，但也不能过于笼统。将其称为开发者社区是一个相当宽泛的说法。这是否意味着开发者可以四处游荡，并随心所欲地在任何地方发布任何内容？那会让一切乱糟糟。

为了协助维持秩序，我们为社区站点制定了参与规则和主持指南。最重要的是，那些经验丰富的成员可能会友好地向新成员们提出一些简单的问题（新手们或许只需简单搜索一下就能回答的那种问题）。拥有一个自我监管的社区可以减少噪声，但你必须理解严格执行和宽松政策之间的细微差别。这从来都不容易，而我们也在不断地寻找正确的方式，在鼓励所有成员参与的同时又能维持高质量内容。

我们借助由网站自身结构提供导向的方式来维持秩序。我们还根据开发者专长领域来考虑社区（这应该不难，跟你为开发者计划的专家们所做的事基本上是一样的！）。这些领域涵盖范围从产品到更广泛主题到行业到特定功能。当开发者加入一个社区时，他们是出于不同原因选择加入的。重要的是要思考这些原因，并将它们映射到能够吸引开发者兴趣的主题上，正如你可能会猜测的那样，这些主题也应该非常贴近开发者计划的专家们所覆盖的那些主题。

在某种程度上，术语"社区"所指的并非整个社区，它实际上是一把大伞，涵盖了社区内专注于某个或某些主题的更小群体。基于构建可以充当子社区的空间并最终将其演变为标签内容和主题区域的经验，我们很早就发现了这种策略的布局逻辑。

然而，我应该补充一点，我们已经重新审视了标签的概念，因为标签并不总是有助于产生专用空间的那种部落感。标签的优势在于简化导航，让站点变得扁平化。缺点是缺少中心主题区，那是一种一站式版块，志同道合的开发者可以在那里相互联结并享受聚合了他们特定兴趣领域的所有相关内容，不只是博客文章那种标签内容，还包括相关技巧、能提供额外指导的专家名单、所有特定主题新闻的分类，等等。简言之，访问者需要每个主题都有一个栏目，这会让信息更易于访问和易于使用。

不过，定义社区也不只是确定其中包括哪些主题那么简单。主题是社区的一部分（关于 x、y、z 等信息的目的地），但定义还需要涵盖社区所做的事情，或者更恰当地说，是社区成员们所做的事情。如果将社区视为论坛的组合，那么每个论坛都应该提供完全相同的体验。通常，这种体验相当于人们可以提出问题、提供答案、写博客、协作、建立联系等各栏目的总和。理想情况下，产品经理和外部专家应该监控跟他们专长领域相对应的栏目，而布道师则可以看护更大范围、参与讨论或许跨越了多个产品和行业的总体发展趋势和更广泛的主题。

顺便说一句，即便限制了公司对社区的贡献，我们仍然可以从中获得极大的好处，因为社区问答能减轻支持部门的负担。

考虑所有这些因素，可以将开发者社区定义为成员们可以获得和分享信息（识别出来的跟受众最相关的那些主题的相关信息）并能得到开发者专家支持的地方。但是，信息这个术语同样很宽泛。具体是什么信息？

公司必须理解社区需要什么，以及它希望从专家那里获得什么。将社区变成一种营销工具用于大量生产由公司制作的信息，这很诱人。某种程度上说，这是不可避免的。例如，公司同事可能想发布一些内容宣传即将举办的直播，这种行为符合营销的标准，但只要直播能够覆盖社区成员们感兴趣的主题，他们就能够接受这些内容。但如果直播偏离了人们感兴趣的领域，那他们的评论就不会那么友善了。

所以，诀窍是要找到一个平衡点。这就是我们过去 15 年间所学到的经验，从最初启动社区时的 SAP 开发者网络演进为 SAP 社区网络，现在则简称为 SAP 社区。

内容本身呢？正如我前面说过的，社区为公司提供了一个可以用来宣传活动和开发者必须知道的产品发布细节的渠道。但大多数开发者之所以来社区，是因为遇到了困难，需要尽快找到答案。活跃成员，也就是我们想要吸引、留住并最终引入开发者计划的那些专家，他们会注意到这些问题并及时解答。他们还可能会围绕自己的专长领域撰写博客、分享知识，这些知识或许能在开发者提问之前就把问题给解答了。

但为什么这些专家们会有动力去做这些事情呢？他们以自己曾受教育的相同方式帮助教育其他开发者，从而将关爱传递下去。他们这么做也可能是为了自己的职业生涯。那些公认的专家，尤其是顾问，成为服务供应商的理想人选。他们这样做或许是为了得到奖励（我之前已经介绍过一些，稍后我会介绍更多细节）。

他们这样做甚至有可能就是为了能学到更多。很多专家会告诉你，为了回答复杂问题或撰写博客文章，他们会深入地研究这个主题，因此也就扩展了自己的专业知识。

这样一来，就应该理解该如何定义社区了：它应该覆盖什么、应该提供什么，以及应该如何运作。它还有助于理解人们之所以参与其中的动机所在。但是，怎样建立社区才能让开发者将其视为获取信息和指导的首选目的地，也能让专家愿意积极参与，这部分内容我还没有讲到。

正如我在本章开头提到的，这些活动不会也不应该是遵循某个固定顺序的，即步骤 A 带你到步骤 B、步骤 B 带你到步骤 C，以此类推。一切都应该是并行发生的。即便是在为社区奠定基础的阶段，如建立成员可以提出和解答问题、发布博客文章、协作和社交的版块时，内部专家也应该参与进来并为社区成员们提供服务。同时，还应该寻求从公司内外部引入更多的流量，包括增加使用公司资源需求答案的开发者数量，以及增加有能力提供答案的专家的数量。一些愤世嫉俗者可能认为这种哲学就像妄想做到能一边驾驶飞机一边建造飞机。我的回应是，没有任何一个社区是真正完整的，建立和维护的行动是一种持续的付出。如果你真认为你们社区已经完工（finished）的话，那么它就真的完蛋了（finished）。

奖励和认可

现在我们已经有了一批开发者专家，奠定了基础，也有了为计划寻找新专家的机制。接下来要确保计划能够带给专家一种认同感和使命感。

专家是在线社区的一个重要组成部分，但请始终牢记，社区的范围远远超出了网络世界。社区就是从非正式聚会到正式活动的一切。我们应该鼓励它们、促进它们、接待它们并让参与者感到受欢迎。如果预算够用，可以通过资助这些活动或者报销部分成本，让专家也参加进来。

SAP TechEd 是我们为开发者举办的最大规模年度活动，事实上，我们每年秋季都会举办三场 SAP TechEd 大会：一场在美国，一场在印度，还有一场在欧洲。它们为我们的计划提供了一个绝佳的机会，全球范围内的专家都可以参与，我们的产品团队非常积极地参与到这些密集举办的会议中，并把他们的知识直接带给参会者。

在 SAP TechEd 会议期间，我们为开发者计划的成员，即 SAP 导师，铺上了红地毯。他们在展厅有自己的空间，有自己的特别活动，有免费门票提供，还被给予了特别的演讲机会，甚至还可以得到活动主题演讲的前排座位。我们尽一切努力回报专家，表达对他们付出的感激之情。我们的开发者英雄和社区英雄将杰出贡献者的名字放在了前排中间位置，介绍他们是谁、他们做什么，以及为什么那很重要。

但是，如果我们将专家的参与限制在 SAP TechEd 会议，那就把一年当中的很大一部分时间给荒废了。这就是我们举办其他活动的原因，我们的内部专家举办了 SAP CodeJam 活动，并组织了开发者的动手操作环节。我们的外部专家则举办了 SAP Inside Track（SIT）活动，让开发者可以深入地了解相关主题。所有这些活动，专家通常都是在本地组织上述环节的。由于 SAP 公司在全球范围内设有办公室，内外部专家来自很多不同的国家。我们的的确确是在全世界范围内分享自己的专业知识。

为了成功地举办这些活动，专家需要具备有效的公众演讲和教学技能。腼腆的人或许会把自己局限在线上社区里，但只要有可能，就要尽量让专家们做到不管在线上还是在现场都能够操作。如果他们能从容自如地站在一屋子的开发者面前，那么多半也能够从容地面对镜头。因此，如果你们有开设 YouTube 频道的话，可以利用它来采访专家，再宣传推广访谈视频。你需要做好支持，因为它必须是看起来很专业的。在大型活动上，我们会布置一个工作室，然后把专家请来针对某个议题进行探讨。也可以采取在活动现场进行巡回播报的方式，或者采取录制视频聊天等在线采访的方式，让他们闪耀并展现自己的专长。他们对此很感激，而我们也能够宣传自家社区让人们了解，在 SAP 这个目的地，访客可以受益于受访者的专业知识。这些视频还提供了另外一种触达专家的方式。我们在 YouTube 的 SAP 社区频道上放出了一系列的 SAP CodeTalk 访谈视频，它们可以为读者拍摄自己的视频提供一些灵感。

我们还要确保向社区的付出致敬。例如，我们备受欢迎的"月度成员"功能将聚光灯照向了那些新近加入的社区参与者们，以表达我们的感激之情，并鼓励他们更多地参与进来。我们在游戏化体系中实现了一个徽章和积分系统，支持社区成员们建立自己的声誉。

社区参与互动的动机跟专家参与计划的动机类似。在这两种情况下，专家都是出于自愿进行分享的，但他们也明白自己会从中受益。因此，针对开发者专家的计划跟开发者社区如此适配，也就不足为奇了。

经验教训

我们已经明确了引入开发者专家所需提供的内容，但你或许还想知道哪些地方可能会出错。谨防狂妄自大和充耳不闻。计划所聚集的那些专家，他们预料开发者是会听取他们意见的。你也应该听听这些专家的意见！

在很多方面，专家都知道开发者需要什么，因为他们自己就是开发者。

我们可以提供工具和支持，例如，正式的计划及开发者社区的方方面面，但永远不要假设自己知道所有答案。当专家提出有关社区、开发者计划等方面的改进建议时，请务必虚心向他们学习。那并不是说，不管他们要求什么，我们都得做出改变并实施落地。但请务必保证沟通渠道是畅通的，这样他们才能够对计划和社区经验本身发表评论。如果他们觉得我们并没有把他们当回事，那么他们也同样不会再认真对待我们，然后他们会与我们渐行渐远。考虑到我们是希望开发者模拟专家行为处事的，我想没人希望自己计划的参与者离开！

我们从开发者计划和社区的错误中汲取了教训。我们仍在学习。我们对计划做出了一些改变，但那些耿直的专家并不接受，因此我们不得不退后一步再重新评估。与此同时，我们决定全面改革开发者计划的方方面面以引入新的观点，同时也让老成员们有机会继续以校友身份做出贡献。这很重要。必须持续不断地审查自己的计划和社区，这样才不会落伍。

展望未来

说到未来的趋势，你或许会留意到，我在寻找和培养专家、建立社区等方面的建议是需要做大量跑腿工作的。将来，这些工作不需要也不应该如此依赖人工。现成的人工智能和算法已经可以将志同道合的人联系起来，将具有相似品位的人们召集在一起，或者将这些人指向那些他们可能会感兴趣的事物（基于以前的行为）。同样的逻辑也适用于专家和社区。使用适当的自动化工具，人们可以更轻松地找到特定领域的专家，并更快速地跟可能最适合他们的内容连接起来。

不管我们是使用工具来寻找专家还是依赖优质的传统调查，或是这些手段的某种组合，无论使用哪种方式，有一件事情是确定的：我们的开发者计划需要有一群忠实的专家，以及一大批新人。我们必须找到他们、指导他们并留住他们。没有他们，我们的开发者计划和社区，以及为了提供专家资源所做的所有尝试，都将无法取得成功。因此，寻找公司内外部的那些专家，并且永远不要停下寻找的脚步。

第 10 章　尽早为开发者成功而投资

Lori Fraleigh：三星电子开发者关系高级总监

在开发者营销方面，我们投入了大量时间吸引开发者使用我们的平台；在开发者关系方面，我们教那些开发者学会他们可以做的事情，然后帮助他们构建产品。然而，我们并不总是会投入很多精力去确保他们构建的产品能取得成功。虽然开发者营销和开发者关系通常都不是损益计算的一部分，但我们社区的成功通常都跟公司其他某处的收入密切相关。不管是我们直接从他们的应用商店收入抽成，还是他们让我们的基础产品得以吸引更广泛的受众，总之，没有他们，我们就无法茁壮成长。

引言

在本章中，我将为读者解释那些可用于确保开发者看得到自己投资回报的技术。介绍我过去曾在不同公司实施过的技术计划和营销计划，以及我们如何通过给予认可和指导来帮助开发者取得成功。

开发者是我的客户

在我的职业经历中，开发者一直都是我的客户。在职业生涯的起点，我是一名软件工程师，为其他使用嵌入式和实时操作系统的开发者构建工具。我在三星、财捷、亚马逊/Lab126、Palm 和摩托罗拉等公司做了很多年的开发者关系和开发者营销工作。

2018 年 1 月加入三星的时候，我主要负责三项工作：跟韩国总部同事一起领导全球的三星开发者计划、负责北美地区的开发者关系，以及共同制作年度三星开发者大会。

我全身心地投入新角色，很快就找到了一些可以快速取胜的领域，并搭建起自己的团队。我们为开发者推出了包括云设备农场（Cloud Service Farm）在内的一些新工具，云设备农场让开发者可以在三星盖乐世手机上远程测试他们的应用。我们合并了两个相互竞争的开发者门户，还启动了一系列的设计师之日（Designer Day）活动，包括跟设计学校的首次合作。

旅程

大多数营销投放往往都预留给了大型战略合作伙伴，尤其在大公司里更是如此。然而，吸引所有类型的开发者是有好处的，而为了能吸引并留住较小的合作伙伴、独立开发者甚至学生，必须展示出自己的计划如何帮助他们取得成功。我将分享我们为了帮助各种不同类型开发者取得更大成功而创建的一些计划和工具，以及我们用来触达这些受众的方法。

盖乐世商店最佳

在三星的第一年，我们设计了一个计划，用于对三星盖乐世商店里的应用及创建这些应用的开发者表示认可。

我们根据下载次数、应用质量、用户体验三方面的表现，选出了如下五个不同类别的获奖者。

- 最佳主题；
- 最佳盖乐世表盘；
- 最佳盖乐世手表应用；
- 最佳安卓应用；
- 最佳游戏。

为了表彰这些获奖者，我们在 2018 年的三星开发者大会（Samsung Developer Conference，SDC）上公布了"盖乐世商店最佳"的获奖者，他们为我们的美国商店（尽管开发者可能来自世界各地）制作了顶级的内容。获奖者将得到各种奖励，包括以下内容。

- 可以向朋友、家人和同事们炫耀的奖项实物。
- 在 SDC 的公开仪式上获得表彰。
- 在 SDC 期间被新闻稿报道。

- 盖乐世商店中的横幅促销及其他溢价推销。
- 可在个人营销渠道和活动中使用的"最佳"奖项徽章和图像。
- 三星开发者计划成员通讯中的专题，包括一篇采访式的博客文章和社交活动。

对于开发者来说，最有影响力的好处是新闻稿，以及商店里的促销和推销。对于小公司和独立开发者来说，能够登上全球十大品牌三星的新闻稿可以看作取得了一个巨大的胜利，因为这能让他们即刻获得信誉加成。商店里的促销和推销可以被数百万消费者看见，这提供了一个发展业务的真正机会。对于多内容开发者和设计者来说，尤其是表盘和主题（允许消费者个性化装扮他们设备的内容）等内容，未来几个月的消费者返购潮是有可能持续带动增收的。

我们有一名获奖者来自乌拉圭，乌拉圭驻美大使馆甚至还选中了该消息并在社交媒体上进行了分享！另一名来自印尼的获奖者则出现在了当地的各种新闻在线频道中，这也提升了他的声誉。这些类型的奖项，以及对作者和结果内容的各种宣传，既能回报当前的开发者，又能吸引未来的开发者。当新开发者思考是否应该使用该平台进行构建时，这有助于让他们看到，自己同样也可以取得成功。

我们希望能扩大"最佳"计划，以认可表彰更多类别的顶级内容，并从美国扩展到更多其他国家和地区。

超越奖励：提升销售

除了这些奖励之外，团队还将时间聚焦到了那些带来最多销售额或开局势头强劲的畅销商品上。我们想了解，怎么做才能帮助那些顶级独立开发者更上一层楼。我们分析了应用商店里每个卖家的表现。有很多卖家在商店里上架了多款内容，因此我们试图找到其中的模式，包括他们哪些内容做得比别人好、这些应用/内容描述有多强、屏幕截图的质量，以及已有的评论。我们还研究了这些内容在不同市场的表现，并拿来跟在美国市场的表现进行比较。

我们将基于上述分析得出的反馈，以邮件和电话的方式提供给开发者，介绍我们认为他们可以如何发展业务。我们就如何改进他们的屏幕截图给出建议。我们帮助人们重写内容描述，这对那些并非以英语为母语的开发者来说意义重大。实施了我们建议的那些卖家，他们的收入平均增长高达179%。

例如，我们观察到，部分开发者和设计师在为盖乐世商店的应用详情页创建优质的屏幕截图时遇到很多困难。不仅是有些图像的质量很差，还有一些图像显示的样式看起来跟旁边的顶级表盘格格不入。基于跟顶级卖家合作的经验，我们知道，需要有一种更具可扩展性的方式，这需要个性化的指导和多轮对话。团队集思广益，思考如何才能将我们的建议转化为可以帮助更多开发者的一种资源。经过多次讨论后，我们选定了一种方式。我们的一位开发者布道师创建了一个 Photoshop 工具，可以以适当的文件格式和大小导出卖家需要的所有屏幕截图。它还有助于正确地格式化应用图标，以及用于应用商店的封面图像。仅仅数月，我们就已经看到该工具被下载了数千次。

我们还被顶级卖家告知，他们不太确信自己的内容在其他国家是如何显示的。在使用盖乐世商店时，只能看到自己所在国家和地区可用的内容。盖乐世商店在全球一百多个国家都可以使用，不仅每个国家都有它们自己的最流行和趋势列表，而且每个国家都有能力自行开展促销和推销，以展示与其市场相关的特色内容。一项开发可能在美国很流行，但在其他国家则没有那么流行。可爱的、漫画风格的内容在亚洲可能会有上佳的表现，但在欧洲，更前卫的图形则可能表现更好。

为了帮助开发者解决此问题，我们支持开发者查看其内容在全球多个国家和地区的表现。我们之前已经构建了一个云设备农场，让开发者可以远程在 Galaxy S、Note 和 Tab 系列不同机型上测试他们的应用。我们制定了一项计划，通过从其他国家获取 SIM 卡并将设备用作盖乐世商店的远程测试专用设备，用以增强云设备农场。开发者可以像是真正在这些国家一样启动盖乐世商店，查看他们应用列表的样子（他们是否已经把所有内容都正确地本地化了？），还能查看有哪些内容是在这些国家取得了成功并得到了推广。这是因为只有一部分档位是由算法控制的（热门和趋势的类别是基于给定时间段最流行下载的数据）。但许多档位确实是促销性的，它们可能用于推荐基于时间的内容（农历新年等）、主题内容（新年、奥运会等），或者该地区消费者感兴趣的内容。对于开发者来说，了解这些区域差异及其带来的机会很有用，有时候甚至会让他们大开眼界。

同样，不同地域的开发者也有不同的需求。我们团队跟东欧的一位残障设计师交谈过。对他来说，作为残障人士，在那里的生活情况和在美国的生活情况截然不同。尽管他有设计师的天赋，但却几乎无法找到工作。通过以独立设计师身份在我们应用商店发布他的作品，他得以养家糊口。他不需要赚数百万，他只想创作其他人珍视的东西。它很享受三星提供的机会，以及我们提供的外展服务和指导。

对我们团队来说，能够见证小公司、个人开发者和设计师的成功是非常有益的。如果我们审视那些允许消费者自定义设置其设备的内容，如主题和表盘，就会发现，大部分收入都不是来自大公司，而是那些更小规模的开发者。投资他们不仅有很好的商业意义，而且能提高那些开发者营销人员的满意度。他们不仅得以在个人层面上建立联系，了解其他人的挣扎和动机，还能改变他人的生活。

培养技能和声誉

有时候，开发者对认可的重视程度跟收入一样，甚至更高。在平台上被认证为顶级开发者，或许能帮他们找到未来的工作。炫耀成就也很有趣，我们正处于向开发者和设计师社区推出数字证书的早期阶段，因此会向取得特定成就的那些开发者授予"徽章"，如赢得"盖乐世商店最佳"奖项的人或者在我们商店里成功发布内容的人。这些徽章可以在社交媒体上进行分享，如领英档案，以及在网站上进行展示。开发者可以用最适合他们的方式展示自己的成就。对我们而言，还附带了一个好处：会有更多人得以知晓我们的开发者计划，还有可能会登记加入。

正如我之前提到的，当我来到三星后，我们开始专注于跟设计学校合作，作为我们外展活动的一部分。跟其他类型的应用不同，构建主题或表盘并不需要持续投资。我们跟美国各地的设计学校协调安排，进入校园为平面设计课程的学生们开设工作坊。这些学生已经在他们的课程中学到了很多技能，足以用来为消费者构建内容。他们可以选择免费发布他们的内容，以便构建在线作品集和声誉，也可以选择标价出售并开始赚取收入。读过大学的人会知道，任何一点进项都意味着是啃方便面或吃花生巧克力与果冻还是跟朋友外出夜生活的不同。我们还发现这些学生是我们最热心和最有创意的工作坊参与者。没有什么是他们做不到的。

试点计划

我在财捷工作时，它还是一家小型商业和财务软件公司，我们运作了多个试点计划以帮助开发者变得更成功。财捷的业务有所不同，并不是让消费者支付从免费到几美元不等的费用购买内容，而是让小企业和会计师以每月数十美元的价格订阅 SaaS 应用。为了帮助评估解决方案是否适合他们，大多数应用开发者都享有 30 天的免费试用期。

第三方开发者构建了各种 SaaS 应用，并将它们跟 QuickBooks 集成起来，QuickBooks 可以帮助小企业（以及他们的会计师）管理财务。这些应用包括用于计算工资、管理库存、跟踪计时制员工的工时和为客户开发票的应用。我们所关注的就是这些开发者。

最初，财捷为赢得年度黑客马拉松的团队颁发了（非常）大笔的现金奖励。虽然我们绝对是想要奖励他们的创造力和辛勤付出，但那些现金并不是必然会被用于将应用推向市场或是确保其长期成功的，我们想要改进。于是，在继续举办黑客马拉松以提升我们计划认知度的同时，我们将那些大笔现金奖励转移给了一个新的计划：小企业应用对决（the Small Business App Showdown）。只要在 QuickBooks 应用商店发布过应用的开发者，都有资格加入该计划。通过行业投票、应用商店好评、用户数量和集成质量等的综合评估，最终选出十名决赛入围者。接下来，这些决赛入围者会参加年度 QuickBooks 全连接大会（QuickBooks Connect conference）进行现场对决，大奖获得者可以将一张价值 10 万美元的支票带回家。不但获胜者能够得到现金重新投入其业务，所有决赛入围者也能得到指导以改进其应用，并获得财捷提供的各种促销和推销的机会。

在我任职财捷的后期，我们采取了各种其他措施，以帮助开发者在将应用发布到 QuickBooks 应用商店后取得更大的成功。我们为什么要这样做？数据表明，使用了跟 QuickBooks 集成的应用的那些 QuickBooks 客户，对我们而言，具有更长的生命周期价值，因为他们会在持续更长的时间内作为我们的客户，这样我们也就能够获取更多的收入。虽然开发者群可能永远都不会成为利润中心，但我们仍在影响着公司的损益表底线。

我们先是专注于帮助开发者优化他们的应用卡片，这是他们在应用商店里的列表展示。这是小企业最先查看的版块，以判断该应用是否能够让他们更轻松地开展业务。应用卡片不应用于承载该应用所有特性的描述，它应该侧重于描述它能为客户带来的主要收益，以及它跟 QuickBooks 集成的方式。

如果你从事开发者关系工作时间够长，那你或许已经很熟悉 TTHW 指标了（Time to Hello World，意思是"Hello World 完工时长"）。它指的是一名全新开发者从开始使用平台、API、SDK 到完成 printf("Hello World!\n") 相似结果所需要的时长。但我们反而要求第三方开发者改为关注 TTROI 指标（Time to ROI，意思是投资回报时长）。在 QuickBooks 应用商店中单击"立即获取应用"按钮后，小企业需要多久才能看到真正的投资回报？

影响 TTROI 指标的因素有很多。收集了多少用户信息（以及在一开始真的有必要吗）？有多少种不同配置选项？默认设置是否能满足大多数人？我们是否能够从 QuickBooks 自动地获得所需要的信息，抑或是否要求小企业输入已经存在的信息？

对于小企业而言，时间就是金钱。他们愿意尝试能够将人力工作自动化且长期来看能够为他们节省时间的那些应用，但如果他们不能很快就看到该应用如何真正让他们受益，他们就会放弃尝试并回到他们一直以来经营企业的模式。

为了帮助开发者理解并应对小企业的这些优先考虑，我们发表了一系列博客文章介绍最佳实践，包括在我们月度新闻电子邮件里的技巧介绍，以及在地区性 QuickBooks 全连接大会上给出建议。对于表现最好的一些应用，我们还提供了一对一咨询以提供具体建议。我们寻找已经对我们客户有一定吸引力的那些应用，并询问我们是否可以做些什么来帮助他们取得更大的成功。

我们在 QuickBooks 内还试点了基于上下文的"广告"。如果我们注意到有小企业一遍又一遍地靠手工完成同样的事情，我们会弹出一张提示卡，询问他们是否愿意自动执行该任务，并推荐一款第三方应用给他们。在这些上下文广告中展示过的那些应用，它们的转化率远高于在应用商店进行常规展示的时候。

展望未来

我在摩托罗拉工作的时候，安卓还处于早期发展阶段，我们发布的每一款新手机都有一个新的屏幕尺寸、屏幕分辨率、默认定位，或者可能导致某些应用出现问题的其他改变。就我们自身而言，我们并没有引入 bug，但那可是安卓的早期发展阶段，谷歌自己都还在编写指导书，介绍如何编写适用于不同外形规格的应用。

如果一款应用无法在新手机上正常运行，没有人会高兴。如果客户最喜欢的应用（还记得"跟汤姆猫说话"吗？）在他们的新设备上无法正常运行，客户会不高兴。如果客户因为应用无法运行而退回设备，销售团队和运营商也会不高兴。如果因为某个他们都不知道可能会存在的问题而导致在应用商店里收到差评，第三方开发者会不高兴。

虽然我们已经准备了技术资料，用于讲解如何编写可以轻松适配各种外形因素的应用，但仍需要做更多工作才能确保开发者在安卓上取得成功，而不是转身投入 iOS 生态中。我们挑选出 100 款最流行的应用，赶在我们新款手机发布之前，在新手机上进行了测试。如果发现了问题，我们就会联系该应用的开发者，告知他们并提供一对一支持以便在我们新款手机发货之前完成整改。预先投入的这些时间，产生了很好的结果，客户心情愉悦、开发者心存感激。

安卓市场里可远不止这 100 款应用，所以我们还创建了一个在线版"应用验证器"。我们需要扩展这个应用与设备的互操作性及应用验证的流程。开发者可以将他们的安卓应用上传到这个工具，我们会执行一些自动检查。开发者会马上收到一份报告，包括我们在此过程中发现的所有问题的一份报告，以及如何解决此问题的相关信息链接。这项免费服务让开发者无须从不同运营商处购买多部手机，就可以很轻松地检查自己应用的性能。

我们还创建了"应用加速器计划"。对于那些签署了保密协议（Non-disclosure Agressment，NDA）的开发者而言，这个计划能让他们在新设备发货之前就获得该设备的相关信息。他们甚至可以在某个由我们合作伙伴托管的远程实验室里的真实设备上实时地测试自己的应用。

随着第一款安卓平板电脑摩托罗拉 XOOM 的发布，所有这些工具变得愈发重要了。虽然安卓最佳实践已然发展演进，但它们尚未涵盖可充分利用 10 英寸平板电脑更大屏的那种类型的改变。除了免费的应用验证器计划和应用加速器计划，我们还引入了 MOTOREADY 计划。虽然该计划确实需要付费，但开发者可以让他们的应用得到由业界领先的质量保证测试实验室在 XOOM 上进行测试并收到一份详细报告的机会。通过所有测试的应用有资格获得特殊的推销机会。

实际上，我现在在三星也体验到了一些似曾相识的感觉。我们发布了首款可折叠安卓设备 Galaxy Fold。跟 XOOM 一样，它也是同类设备中的首款，并引入了需要开发者考虑的新概念。我们跟开发者密切合作，以确保他们的应用在 Fold 上为消费者提供出色的体验。我们提供了最佳实践，以及在产品发货日之前访问远程实验室中实时设备的机会，并对选定的应用提供一对一支持。我们知道，确保开发者成功也会指引我们自己走上成功之路。

最佳实践

我希望你能明白，根据情况的不同，你或许需要采取不同步骤来帮助你的开发者取得成功。你需要了解他们的动机是什么，他们如何定义投资回报，是收入吗？认可度？学习新技能？还是尽量减少技术返工？

不要只听取你们顶级合作伙伴的意见。打电话给你们的顶级独立开发者，搞清楚对他们而言什么有效、什么无效。人际关系可以一并提高外部开发者和自己员工的满意度。然后利用所获得的反馈来改变你们计划所提供的内容项，以及你们公司内部其他团队的运作方式。如果开发者看不到投资回报，他们就会离开你们的生态系统。一旦他们离开，你们公司就会在未来收入和客户满意度上遭受损失。

找到那些在你们平台上取得了速赢成果的开发者，并指导他们去达成更多成就。然后设法将这种一对一辅导转变成可以触达你们整个生态系统的可扩展工具和计划。

最后一条建议。一旦你弄清楚了什么对自己公司有效，那就分享它！这需要做出一些尝试，还可能会出错，但一旦你了解了如何帮助开发者社区取得成功，那就一定要多讲讲那些故事。展示给你们社区看，让开发者明白，不需要成为一百强品牌，也可以在你们平台上取得成功。你不是你们平台唯一的开发者拥护者，那些因你们而取得成功的人将是更有力的拥护者。

第11章　动手实验室

Larry McDonough：VMware 产品管理总监
Joe Silvagi：VMware 客户成功总监

贯穿公司整个发展历程，VMware 一直与 IT 管理员们保持着非常牢固的关系，牢固程度可类比传统平台厂商维持应用开发者生态系统。

正如古希腊哲学家赫拉克利特曾经说过的，"变化是生命中唯一不变的东西"。IT 管理员会改变，开发者也会改变。奇怪的是，近年来他们的角色开始重叠了。开发者越来越多地控制构建、测试和部署应用时所使用的基础设施。同样地，IT 管理员也越来越多地转向脚本化和代码化他们所管理的基础设施。

技术正在促进这种融合：敏捷软件开发方法导向了持续集成、持续部署及 DevOps 的流程。对这种融合做出贡献的其他技术还包括容器、Kubernetes、Serverless/FaaS、微服务及服务网格等。

本章将介绍 VMware 动手实验室，一种虚拟计算环境，旨在满足快速试用 VMware 产品栈的需要。虽然动手实验室诞生之初是作为帮助现有及潜在客户体验和了解 VMware 产品的一种方式，但它们已经扩展开来并以我们始料未及的多种方式为公司带来了价值，例如，通过游戏化让学习过程变得更吸引人。

背景

VMware 成立于 1998 年，是一家知名的虚拟化与云计算公司。该公司是 x86 架构虚拟化的先锋，这引导了 IT 行业的重大变革。借助 VMware 平台，客户可以在虚拟机上运行并管理他们公司的工作负载，而虚拟机运行在数量更少的真实计算机上，进而减少了资本支出、维护成本、人员配备，甚至电费。多年以来，我们公司已经扩展了其虚拟化计算基础架构，纳入了虚拟化存储（vSAN），近期还纳入了虚拟化网络（NSX）。

公司跟开发者的关系一直不断地在发展。VMware 的初始产品 VMware Workstation 确实是针对传统开发者的，为他们提供了一种模式，可以在单台机器上构建和测试面向多个操作系统的应用。后来，公司的核心产品主要面向 IT 管理员，但经过多轮并购之后，VMware 发展出了一种平台即服务（Platform-as-a-Service，PaaS）的业务模式，该业务模式以开源项目 Cloud Foundry 为基础，该项目支持应用部署和生命周期管理。VMware 在 2013 年剥离了这项业务，后来，它演变为 Pivotal 公司，而 VMware 则将目光又放回到了基础设施即服务（Infrastructure-as-a-Service，IaaS）层，可以想象得到这就不再需要做什么开发者营销了。

然而，情况并非如此，事实上，不同开发者画像的数量会随着时间的流逝而不断增长。从 2018 年到整个 2019 年，一切都随着各种并购开始加速：Heptio 带来了更多的 Kubernetes 和容器基础设施的开发者，Pivotal 带来了更多的现代化应用的云开发者，而 Bitnami 则加速了现代应用的打包和交付。这些关键的、以开发者为中心的并购，结合着将容器管理和 Kubernetes 直接集成进 VMware 核心产品 vSphere 的举动，都更新并加速了我们对开发者营销的关注。VMware Tanzu 就是一个绝佳示例，它是产品和服务的组合体，支持客户在 Kubernetes 上构建、运行和管理基于容器的应用。

在所有这些变化当中，有一件事情一直没有变，那就是开发者在他们公司使用哪些技术的决策方面的影响力一直在提升。这为我们公司提出了一个根本性的问题：怎么能让一项复杂的技术变得易于使用和学习？

在本章的其余部分，我们将探讨动手实验室技术，它为这个问题及更多问题提供了答案。

VMware 动手实验室是什么

我们的动手实验室是运行在云上的虚拟化计算环境，以及一些配套培训。它们能帮助开发者和 IT 管理员在几分钟之内就把复杂的 VMware 平台启动并运行起来，不仅可以用于技术作品展示，还能让用户更简单更有效地进行探索。

动手实验室是美国和欧洲 VMworld 会议的主要景点之一，但也可以在线使用，每天使用次数超过 2500 次，从 2013 年至今，累计已使用超过 150 万次。仅 2020 年一年，动手实验室就被使用了 73 万次，全球有超过 60 万活跃用户。每个动手实验室平均有 11 台虚拟机，用户平均每个会话持续 51 分钟。

这个平台可能是我们 VMworld 会议的最大推手之一，管理员和开发者可以参加动手实验室，为他们的认证考试做准备。动手实验室还有助于提高测试版本和抢先体验计划的效力，我们使用了一个相似但略有不同的实验室平台培训全球支持组织，让他们有能力复制客户环境。我们甚至还以动手实验室为基础建立了一项稳健且赢利的教育业务。能够见证动手实验室从作品展示演进为教育工具甚至销售推手的过程，还是很有意思的。

在本章其余部分，我们将回顾动手实验室的一些用途，并逐个探索它们造益我们营销和外展工作的每一种方式。最后，我们并未停止想方设法让动手实验室驱动创新并为我们生态系统增值的脚步。我们将一窥 VMware 新推出的开发者互动框架，以及动手实验室在其中发挥作用的模式。

启用硬件认证测试和抢先体验计划

跟操作系统软件一样，虚拟机监控器（hypervisor）和虚拟化软件也需要跟数以千计的技术合作伙伴进行紧密的集成和测试，包括操作系统供应商、单片系统（System on Chip，SoC）供应商、GPU 供应商、存储解决方案、网络及安全硬件和软件。对所有这些硬件和软件产品进行认证测试的复杂度和必要性都非常高。

随着软件周期越来越短、迭代越来越快，我们必须想方设法将我们的产品交到客户手中，而无须等待涵盖了数千种不同硬件类型和配置的认证，因为这需要花费很多时间。VMware 使用动手实验室来帮助客户体验和测试我们产品的抢先体验版和测试版本。例如，vSphere 6.0 可供选定的数百名客户使用，他们想要赶在发布之前，提前 6 个多月对它进行测试并提供反馈。较长的前置周期让客户得以尽早确认他们的硬件或软件是否可以正常工作，也让他们有充足的时间在发布前及时做出变更，也让我们有时间可以修复重大缺陷。

动手实验室为客户提供了一个看似完整数据中心的环境，配备了他们想要的所有软件和硬件。它装载了 VMware 的最新产品，这样就可以试用所有功能、探索新特性了，当然，还可以找到并上报我们遗漏的那些问题。VMware 工程师和产品经理则可以访问某个特定的动手实验室，并亲自查看该问题。我们可以快速高效地调试产品并打上补丁修复。这既包括严重的 bug，也包括有应急措施的小问题。这让我们得以在没有经过全面测试和极其牢靠的升级安装解决方案的情况下也可以发布产品，因为这一切都已经通过动手实验室在幕后完成了。

将动手实验室用于抢先体验及测试计划产生了极大的价值，因此我们继续扩大了要测试的产品范围，以及纳入的客户数量。最后，该计划的最大好处是可以用结果来衡量。区区数百名客户通过动手实验室在抢先体验阶段上报的问题数量，就能跟后面数千名客户使用标准发布版本测试二进制文件所上报的问题数量持平。

现场工程

动手实验室的初衷是推介新产品，让客户可以看到并触碰到新技术。在 VMware，有一款特别的产品将动手实验室推上了新的高度。

VMware 的网络虚拟化产品 NSX，我们无法提供试用版供下载，而且它还需要进行某些物理网络设置。动手实验室是尝试该产品的唯一场所。随着 NSX 的不断普及，不仅 VMware 的现场工程师团队需要培训，客户也对该培训产生了兴趣。虽然真实的网络硬件不容易获得，但通过动手实验室，我们可以很轻松地启动和关闭 vPods（虚拟实验室），为客户提供培训。

我们会给每位学员提供一个 vPod，供他们在课程期间使用。如果他们破坏了这个 vPod，只需要注销然后重新启动即可。他们可以参照作为动手实验室一部分的培训手册来完成课程，也可以脱离课程内容自由操作。动手实验室提供了一个功能齐全的环境，让他们可以这么做。他们可以尝试各种功能，而无须担心把系统搞坏后怎么重新构建。这就跟注销后再重新登录一样简单。在运行着大量应用的复杂虚拟环境中，相比试图找出到底问题出在哪里并想出办法修复它，直接从头再来往往要简单得多。

我们发现，如果客户一开始没有硬件或时间可以进行全面的概念验证，那么动手实验室提供的就是一种调研技术的可选方式，得到的信息足以支撑他们判断是否值得扩大试用规模。某些情况下，我们会让 vPod 存活好几天，而不是几个小时，以便客户可以更深入地了解该技术。

推动 VMware 教育业务

VMware 教育团队最初提供的是传统的讲师执教式课堂培训，通常是以五天课程的形式提供。虽然课堂教学对客户有很多好处，例如，直接跟讲师打交道，以及可以见面结识其他专业人士，但它也有缺点，如出差申请需要审批通过、需要重新安排日程，以及需要远离家人一段时间。

当我们决定通过支持自主进度的动手实验室提供在线课程的时候，我们还不确定客户会有何反应。考虑到没有讲师实时授课，那课程费用应该维持原价吗？无论如何，因为所教授内容是基本一样的，我们决定以跟讲师执教课程同样的价格推出该服务。我们认为客户是能够理解的，毕竟不必出差所节省下的费用和时间可以消费在在线动手实验室。最终来看，客户还是非常能够接受这种定价模式的。

由于培训是自主决定培训进度，客户可以根据需求随时随地进行，因此我们唯一需要解答的问题是，动手实验室的持续时间应该是多久？由于我们提供的是对真实硬件和软件基础设施的访问，所以不能让这些资源被无限期地占用。

我们考虑过设置为 30 天，但当我们启动第一个动手实验室的时候，我们想要更慷慨些，于是我们决定，将期限设置为 45 天。我们没有收到客户的反对意见。事实上，他们很享受将额外多出的这些时间用于完成培训，也很喜欢可以根据自己的日程安排使用的那种自由。然而，我们查看数据却发现，大多数人都是等到 45 天窗口期的后半段才去完成实验室。他们其实并不需要那么多的时间。

现在，我们为课程时长提供了两个选择：一个是 30 天，价格较高，主要针对大企业用户；另一个是 20 天，针对中小型企业（Small and Medium-sized Businesses，SMB）和个人客户。针对中小型企业和个人的价位，我们试验了 15 天的选项，但经过一些分析后，我们认定维持实验室活跃的最佳时长是 20 天。少于此时长，客户会有压力，超过此时长，我们需要为未使用的实验室资源支付费用。如果客户提出要求延期，我们也会批准。此外，我们还推出了订阅模式，客户可以购买一年期的多个用户席位。在随后 365 天的时间周期内，只要是我们提供范围内的课程，"用户"可以随心所欲地参加，想上多少课就上多少课。我们还面向不同客户群体提供了不同价位的订阅供其选择。

早期在将讲师执教内容转换为在线格式时，我们遇到了一个问题，某些内容不太适合动手实验室形式。我们不得不重新设计了课件以适配一个软件即服务（Software-as-a-Service，SaaS）框架，该框架让学生可以延续内容学习进度。动手部分可以用作业来驱动，但讲师执教课件的其他部分则必须重新设计才行，如视频内容和演示、模拟及基本教学内容。

教育服务的内容开发团队负责完成所有的内容更新。该团队拥有教学设计师和学习专家，他们会向讲师提供咨询、听取学生的反馈并分析使用数据以设计课程。他们一直在改进设计。在推出时，我们的目标是通过内容更改方面的适度投资来试探市场的反馈，而一旦我们确认具有商业可行性，就会加大基础设施和设计方面的投资力度以扩大规模。

重新设计完内容之后，在线实验室的增长和成功出现了飙升。两年之内，在线动手实验室产生了超过 1000 万美元的收入。尽管在线课程的年增长速度远快于面对面课程，但面对面课程仍然是以绝对数值衡量的最大细分市场。我们还优化了成本支出，包括将它们模块化，以及让它们更高效地利用基础设施，在未使用时自动休眠以留存资源并应需重启构造。

我们还为有需要的人提供了另一种选择，那就是混合方式。讲师执教课程的学生可以打折购买该课程配套版本的动手实验室。这样，他们回家后还可以复习这些内容。我们一直在寻找可以改善教育体验的新方法，也正在思考新特性，如动手实验室的"办公室时间"，让学生可以通过聊天向讲师提问。

最佳实践

在构建这种性质的实验室时，重要的是要牢记用户使用该产品时可能会经历的各种不同用例和产品特性。这使得实验室及为了构建它所付出的努力具有了多种用途，其中包括它被构建时我们没有考虑到的一些用途。该环境的开放性的本质，正是让它如此成功的原因。

向开发者受众推广动手实验室

为了推广动手实验室，我们使用 Twitter 和博客作为我们在线和实体多渠道策略的一部分。动手实验室是 VMware 历次重大营销活动的核心元素，无论是在线的还是实体的。它还被集成到所有 VMware 核心产品页面中，作为评估体验的一部分。

展望未来：通过动手实验室驱动产品创新

今天，开发者需要应对的那些复杂且经常相互冲突和重叠的技术越来越多。每年都有新技术需要掌握，如新的语言、开发框架、编程方法，还需要学习云原生、12 要素应用开发、SaaS、服务网格、AR、VR、IoT 等各种网络拓扑。开发者研究结果表明，各种不同教育基础的开发者越来越多地通过自学成才，其中很多人甚至没有接受过任何正式的计算机科学培训。

今天的开发者如何找到他们所求索问题的答案？他们会去哪里？可能有些人会去 Stack Overflow，但绝大多数情况下，开发者选择的工具都是谷歌。

作为平台厂商，我们必须确保在开发者使用谷歌搜索时，可以轻松地找到有关我们平台常见开发者问题的正确答案。我们可以大力开展搜索引擎优化（Search Engine Optimization，SEO），尽管无法完全解决，但至少有所改善。我们最好也就只能做到这样吗？不是的。

通常，开发者得到的搜索结果很接近但并非最佳。由于软件技术发展变化非常快、发布周期又非常短，通常是按周更新，但也有些平台是按天甚至按小时更新的，谷歌结果会优先考虑特定搜索的点击量、受欢迎程度，而不是搜索的新旧程度。尽管情况有所改善，但在这种情况下，谷歌才是真正的赢家。无论开发者能否找到他们所寻找的答案，谷歌都会找出开发者正在寻找的东西。但我们发现这是"谷歌是你的最佳开发者工具"思维模式的不良副作用。

为了提高开发者查找信息的准确性，并剔除那些不感知上下文的中间搜索引擎，我们采取了将"开发者中心"直接整合到我们产品里的方案。为了实现这一目标，我们先是将所有开发者资源构建为可以通过 REST API 访问的单独服务，然后将它们捆绑到一个开发者中心模块，让产品团队很轻松地就能做到在他们的产品中提供这些服务。

我们在此框架中创建的前两个工具分别是 API Explorer（用于浏览 API）

和 Sample Exchange（VMware 及社区贡献的示例代码的开放式索引）。我们还交叉引用了这些服务，以便能根据上下文来使用它们。例如，在开发者浏览 API 的时候，我们会自动链接并提供使用这些 API 的相关示例代码供他们访问。文档和 SDK 也是如此。"VMware {code}"博客上有一篇博文记载了这种实践的优质案例，该文章名为《为使用 VMware Cloud on AWS 的开发者提供支持》（"Enabling Developers in VMware Cloud on AWS"）。

至此，这个开发者中心框架已经就位，并已经开始出现在产品之中，我们正在探索如何将动手实验室用作增强 API Explorer、代码示例、SDK 等的又一个开发者服务。我们相信，这样一个提供所有可用资源的工作环境肯定能让开发者受益，让他们可以在预配置的"Hello World"应用中探索和试用 API。跟其他开发者服务一样，动手实验室服务也可以基于上下文链接到其他服务。我们仍在探索做到这一点的最佳途径。

归根到底，所有这些开发者外展工作，都是为了让开发者可以更轻松地在我们平台上进行快速构建和创新，我们相信动手实验室将继续帮助我们实现这一目标。

开始你的游戏吧!（更新）

2019 年我们发布了 VMware 奥德赛（Odyssey™），它提供了一种令人兴奋的新方式，让开发者了解 VMware 产品组合、挑战他们技能并展示他们的专业能力。通过为动手实验室增加游戏化特性，我们为用户提供了评估 VMware 产品的一种不同方式。我们发现，不仅参与度激增了 30%，还重新点燃了人们对该平台的热情。

奥德赛的游戏化部分由一个全自动化游戏引擎驱动，该引擎已经被添加到实验室环境中，用于计时并验证任务的完成情况。用户力图完成我们所说的任务（mission），它们是一系列步骤组合，旨在帮助开发者和管理员选出适合自己的学习探险之路并开启他们的职业生涯。任务是传统的动手实验室和奥德赛实验室的组合。

开发者可以参加任何 VMware 奥德赛动手实验室以挑战自己的技能。任务清单取代了传统的实验室手册，这些任务将测试用户在 VMware 产品方面的知识和专业能力的水平。参加过奥德赛实验室的用户可以将他们取得的成绩在全球排行榜上展示出来，这既可以带来同行的认可，还能增加趣味和竞争性。如下文字引自一位 VMworld 参会者，它说明了这种竞争关系是如何帮助他们串接起对产品的理解，并鼓励他们首次尝试使用该产品的：

"比赛很精彩，但最重要的还是我从比赛中得到的那些收获。能够利用 NSX-T 这种实验室，之前我对它一无所知，现在因为一场比赛就已经对它了如指掌了。"——VMworld 客户

它可以帮助开发者和管理员做好准备，以便让他们成功通过认证考试并推动职业生涯向前发展。虽然这项计划还处于早期阶段，但我们仍希望它能够帮助人们为获得认证做好准备。我们已经发现，按照职业路径相关性，以任务和学习探险之路的形式来呈现内容，为开发者和管理员受众提供一种有形的、易于使用且有趣的方式，可以强化并直接瞄准他们想要的职业发展路径。

奥德赛可以用于企业技术见面会、黑客马拉松，以及我们不久即将发布的"夺旗"风格的新游戏。奥德赛可以供所有开发者和管理员在线使用。此外，我们仍在继续改变和发展实验室任务和游戏，以便开发者和管理员可以回来"玩"并跟他们的朋友和同事一较高下。

作者在此谨对 Pablo Roesch、Andrew Hald、Nidhish Mittal、Gordon O'Reilly 及 Sandy Visoso 为本章所做出的贡献表示感谢。

第 12 章　小型开发者活动

Luke Kilpatrick：Atlassian 开发者营销高级经理
Neil Mansilla：Atlassian 开发者体验主管

在 Atlassian，我们采取多管齐下的方式来支持我们的开发者生态系统，包括那些人们已经很熟悉的方法，如召开常规的开发者大会、举办线上黑客马拉松、提供专门的开发者社区线上论坛等。在本章，读者将了解我们为了将开发者参与度提升至新高度所采取的另一种独特模式，名为应用之周（App Week）的活动计划。我们发现该计划取得了非常显著的成果，包括新的应用程序和在 Atlassian Marketplace 上发布产品的供应商，改善了开发者关系，形成了一个强大的产品/平台反馈环，整个生态系统尽管规模还比较小，但变得更加健康了。虽然此计划或许并不完全适合你们业务的需要和当前所处的阶段，但我们相信，你必能从中收获可落地的技巧，用于改善你们开发者活动的产出。

引言

　　"拥有开放平台并不能够保证平台业务成功，同样地，拥有数千名补锅匠式的开发者也无法保障生态系统健康。"

在过去的十年间，各公司面向公众开放其 API 以期激发创新和创造商业价值的例子可谓数不胜数，但大多数公司从未实现这些愿望并最终以结束开放而告终。然而，也有少数公司设法以开放平台的方式取得了成功。虽然导致成功失败之别的因素有很多，但非常明显的不同之处在于如何理解、培养和投入他们的开发者生态系统。譬如苹果 WWDC、谷歌 I/O 大会、Salesforce TrailheaDX、Twilio Signal 之类的开发者活动就是成功的公司在此领域进行重大投资的关键案例。

在 Atlassian，活动已经被证明是培养生态系统很关键的一部分，用于将客户、开发者、Marketplace 供应商、解决方案合作伙伴、培训师等人聚集在一起。2008 年，Atlassian 举办了首届 Atlas Camp 开发者大会。那届大会规模很小，也不够正式，只有大概 80 人参加，现如今，Atlas Camp 的参会者已经多达 700 人。Atlassian 的首届客户会议 Atlassian Summit 是在 2009 年举办的，当时也只有小几百人参加，但最近的一届，我们接待了约 5000 名参会者。

Atlassian 生态系统不断地发展壮大，必须找到可以持续建设一个健康开发者生态系统的方法，同时保留其个性化和响应迅速的特点。Atlassian 已经承诺要实现这一目标，方法是举办新的开发者系列活动（Atlas Camp 除外），本章将提供该策略背后的思想、经验教训，以及公司开发者体验（DevX）团队推荐的最佳实践。该团队为生态系统中所有开发者提供支持并为他们代言，还要提供对 Atlassian 的开发者活动的支持，从帮助组织内容和分会场到提供现场开发者支持。

请注意，本章不是要介绍如何大规模地举办开发者活动，而是如何聚焦于一次有效开发者活动定性的各个方面和具体如何做，以及如何做才能有益于生态系统的健康。

为什么需要生态系统

在 Atlassian，我们跟开发者关系的基调（默认开放）是很早以前联合创始人就已经敲定了的。从一开始，客户就可以访问我们的源代码，并可以根据自身需要对我们软件的功能进行定制和扩展。毕竟，保持开放和分享信息是 Atlassian 核心价值观的一部分。从 2002 年公司成立到 2012 年我们推出 Marketplace，有成千上万的开发者在为 Jira 和 Confluence 构建自定义应用和集成。从我们保持开放的公司核心价值观出发，一个生态系统就这样诞生了。

我们为各种规模的团队构建工具，从初创公司到大企业都有。由于我们的客户群体是如此的广泛，我们不可能为了各个特定利基市场去打造特定的解决方案。拥有生态系统的目的之一，就是解放产品开发团队，让他们不必为了满足每一个利基用例而开发特性。

一款好的产品要努力成为一个 80% 的解决方案。换言之，你们的主力产品应该能够解决掉 80% 的客户问题。剩下的 20% 则是存在着巨大差异化的空间，而生态系统则可以让你们的产品成为客户的 100% 解决方案。你们的生态系统或许会拥有相应领域的专家，可以协助对你们的产品进行扩展和适配以满足客户的特殊需求。

为什么需要现场活动

就时间和金钱而言，举办和参加现场活动可能会非常昂贵。随着在线通信的进步，完全可以使用虚拟会议、直播和实时聊天等方式，为什么还要继续开展现场活动呢？在线工具尚无法完全满足人们在现实生活中的需求，包括面对面相见、建立人际关系、建立同理心及相互学习。所有这些都是培育一个平衡的、健康的生态系统的关键要素。

肉身出场跟人见面能够建立一种超越代码和业务方面的个人联系，会产生同理心，这是一种理解和共享他人感受的能力。如果这种感觉过于私人化，那么很好，你正走在正轨上。了解生态系统中开发者的动机、挑战和苦难，能够帮助你们公司做出更明智的决策，反之亦然。

Atlas Camp 逐渐成长为一个更大规模的开发者会议，我们觉得这个规模非常适合发布新特性公告，还能让很多参会者了解这些特性，但它也使得人们建立相互联系变得更困难了。虽然 Atlas Camp 的规模跟 WWDC 或谷歌 I/O 相比还很小，但在 Atlas Camp 上的联结、对话和学习深度却已经变得越来越浅了。

过去，我们能成功地发展生态系统并建立信任，跟开发者一起学习是很关键的一部分。在我们生态系统发展成熟过程中，生态系统内开发者之间通过深度对话进行相互学习的做法也发挥了重要作用。Atlassian 生态系统团队感觉到，需要有另外一种更具亲密性的活动来创造机会，促成更多的双向对话和有意义的人际互动。我们提出的解决方案是增设一种新的较小规模的系列活动，我们称之为应用之周（App Week）。

Atlassian 应用之周是什么

应用之周的核心是，Atlassian 公司的开发者、产品经理和业务人员跟第三方供应商社区的开发者、产品经理和业务人员，在一个高度聚焦的工作周期间聚集在一起。应用之周的目标是，帮助我们生态系统的开发者基于某个可支持 Atlassian 业务目标的主题创建新应用（或者是改进现有的应用）。我们刻意将此活动维持在小规模且采取邀请制，最多不超过 120 名开发者，以及 30~40 名 Atlassian 员工负责提供支持，参会者相比员工的比例非常低。这样一个比例，为参会者提供了一条通往成功的加速通道，如果他们想要了解某个 API 或特性，最需要交谈的人就在现场，随时准备提供帮助。

任何生态系统供应商都可以申请参加应用之周。在线上开发者社区、论坛、新闻电子邮件和博客中，我们都会发布即将举行的活动的详细信息。我们会根据活动的主题和目标来选择参与的供应商。工作人员的配置也是基于相同的标准。

应用之周跟一般的开发者会议相比在很多方面都有所不同，不仅仅是规模较小而已。活动不设内容分会场，只有少数几个可凸显本周目标和主题的简短演讲，由 Atlassian 的产品经理和工程主管主讲，有时候也会由第三方生态系统开发者主讲。会场也不设摆放营销材料的赞助商展位。绝大多数时候，都是工程师们聚在一起解决问题，以及决策者们参与一对一闭门会议探讨未来的规划和实现。

首届应用之周

首届应用之周（以前称为 Connect Week）于 2013 年举办于荷兰阿姆斯特丹，当时有大约 40 人参加，包括 25 名第三方开发者，以及 15 名 Atlassian 团队成员。这次活动是在 Atlassian Connect 发布之前举行的，Atlassian Connect 是一个框架，供第三方开发者为 Jira、Confluence 和 Bitbucket 等 Atlassian Cloud 产品构建应用。围绕我们基于服务器（本地部署）的产品已经成功建立起了一个第三方开发者的生态系统，但我们云产品的发布则引入了一个不同的应用开发及部署模型。

对于 Atlassian 开发团队来说，首届应用之周至关重要，它让他们得以了解框架需要哪些特性才能支撑开发者将他们基于服务器的应用移植到云上。同样地，第三方团队也想在投资新的云模型之前，多了解点 Atlassian。

首届活动是成功的，它为 Connect 平台奠定了基础。但将这些第三方的服务器应用转换到云上的工作，也只不过是五年漫长旅程的开始罢了，在软件世界里这差不多是一代了。

基于在首届应用之周上收集的反馈，以及随后在 beta 测试期间收集的反馈，Atlassian 于 2015 年 3 月正式发布了 Connect 框架的 1.0 版本。

现代应用之周的诞生

2015 年底，Atlassian 生态系统团队注意到自己市场里缺少高质量的成功的云应用。我们的很多顶级服务器应用供应商跟我们讲了他们在云平台上做开发时遇到的各种问题，例如，云框架和 API 没有提供他们需要的所有功能、云上的目标客户市场还不够大、构建和管理多租户应用很困难，等等。

跟框架有关的反馈，要采取行动并不容易，因为 Atlassian 产品团队非常专注于以新特性和功能去满足客户的需求，而不是生态系统。在服务器应用开发中，开发者拥有资源和组件的更广泛、更低层级的访问权限，而在构建云应用时，开发者则必须使用限制性更强的一套 API 和 UI 集成组件。

随着 Atlassian 产品团队转而关注生态系统并着手改进 Connect 框架，我们决定，是时候再次举办应用之周了。在首届应用之周举办两年多之后，第二届活动还是在荷兰阿姆斯特丹举办，参加人数是前一届的两倍多，总共 90人，包括 60 名第三方生态系统的参会者（来自 30 家不同公司的开发者和产品经理），以及 30 名 Atlassian 团队成员。我们的目标是将性能最佳的那些服务器应用尽可能多地移植到云上，这意味着要帮助第三方开发者掌握新发布的 Connect 框架组件的使用，还要让我们的 Atlassian 产品团队了解生态系统要在云平台上取得成功还需要些什么。

到应用之周结束时，供应商们完成了 30 多个云应用的演示，其中包括服务器平台上最受欢迎的 5 个应用。那个星期 Connect 框架也产出了一些新的特性。活动结束不到一个月，我们生态系统里的云应用数量增加了三分之一，其中包括我们最受欢迎的一些服务器应用，它们首次在云上提供。

应用之周的成功对随后于 2016 年 5 月在西班牙巴塞罗那举办的 Atlas Camp 开发者大会产生了重大影响。主旨演讲突出强调了应用之周取得的成果，包括第三方云应用的进展，以及 Connect 平台的新特性。显然，生态系统的方向受到了我们开发者活动中那些讨论、学习和所做工作的影响。

我们赢得了生态系统的信任，与会者们给这一届的 Atlas Camp 大会打出了有史以来最高的评分。

应用之周已经被证明对我们的生态系统供应商和 Atlassian 自身都有着令人难以置信的价值，于是我们在 2016 年又举办了两场活动，一场是 8 月在加利福尼亚州圣迭戈，另一场是 12 月在澳大利亚悉尼。两场活动都取得了很好的效果，更多的应用从服务器端扩散到了云端。2017 年 3 月我们将应用之周带回了荷兰阿姆斯特丹，7 月又带到了得克萨斯州奥斯汀。每举办一次应用之周活动，我们都会吸纳生态系统的反馈，并持续地迭代和改进其体验。

不断发展的应用之周

2017 年 7 月在得克萨斯州奥斯汀举办的那一次活动是我们举办的第六届应用之周。在所有六次活动中，我们的焦点主要放在云应用开发方面，帮助供应商将应用从服务器端移植到云端，以及改进 Connect 框架。对于随后一届应用之周，我们采取了同样的形式，但却着眼于实现一个不同的目标。

我们的软件除了有服务器和云版本，还提供了数据中心版本，它跟服务器版本相似，但还支持活动集群以满足高可用性、冗余和性能等要求。大型企业客户会很高兴地发现，Marketplace 上有很多宣称可兼容数据中心版本的服务器版应用。然而，有些应用要么性能表现欠佳，要么在某些情况下无法做大规模集群部署。我们下定决心要启动一个计划来验证数据中心版应用的就绪情况，并明确应用和供应商要在将应用标示为可兼容数据中心产品之前需满足的那些新要求。尽管所有这一切看似都合乎逻辑，但在 Marketplace 中做出改变同样也会对一些生态系统供应商产生巨大的财务影响。

本着我们公司"不要折腾客户"（Don't #@!% the customer，DFTC）的价值观精神，我们随后的一次应用之周活动选定了"数据中心"作为主题，这背离了我们过去六次活动以云为目标的选择。此次活动的第一个目标是帮助生态系统开发者了解如何让他们的应用在集群环境中正常运行，以及如何处理长时间运行的任务、集群锁、内容使用等复杂问题。第二个目标是了解生态系统对我们有什么诉求，如测试工具、清晰的计划要求等。2017 年 11 月在荷兰阿姆斯特丹举办的这场应用之周活动很有意思，不仅是因为它关注数据中心而非云，还因为它跟首届应用之周非常类似，在这两届活动中，都是对话、反馈和学习比编程更重要。

在随后的一次应用之周活动中，我们再次大胆转向，选择以用户体验和设计为主题。那一次活动是 2018 年 3 月在佛罗里达州基拉戈举办的，参会者不仅有工程师和产品经理，还有来自生态系统供应商和 Atlassian 的设计师。那一次应用之周活动充分体现了学习和分享的精神，有几位连续参会者表示既惊讶又高兴，他们团队从活动中收获了巨大的价值。

多年以来，应用之周一直在不断地发展演进。每一次迭代，我们都会评估所取得的成果，并结合内外部反馈让下一次活动变得更加有效。

经验教训

有效的黑客马拉松

很多公司都有这样一种想法："让我们在用户大会上增加一个黑客马拉松的环节看看效果如何吧！"如果没有明确的目标和策略，通常开发者只关心怎么做出精美或有趣的演示才能把闪闪发光的奖品带回家。大多数黑客马拉松项目通常在活动结束后很快就夭折了，或者更糟糕，永久停留在演讲材料里了。

应用之周活动没有任何竞争元素，绝对不是黑客马拉松那种定位。事实上，供应商们相互分享知识、征求和提供反馈或者直接埋头研究代码或 API，这种互相帮助的情况司空见惯。我们将活动的重点放在了合作和共同努力上，而不是竞争，这为生态系统带来了一定程度的信任感，也有助于培养真正的社区精神。培育信任与合作可以为生态系统带来长期利益，这可比任何黑客马拉松奖品都更有价值得多。

黑客马拉松办得好，确实能够创造出很好的结果，但它们需要特定的时间、主题和挑战才能取得成功和投资回报。Atlassian 因 ShipIt 而闻名，它是一种公司内部型的黑客马拉松，我们每季度举办一次，目标是释放无拘无束的创新和乐趣。ShipIt 已经产生出了很多真正令人惊叹的成果，从内部应用、

Marketplace 应用到 Jira Service Desk 这种成熟产品，各种都有。

Atlassian 还举办了名为 Codegeist 的公开在线黑客马拉松，目标非常明确，就是将新应用引入 Marketplace。它每年举办一次，每次持续 2～3 月。一款应用要进入最后的决赛圈，必须先上架到 Marketplace，这意味着该应用必须完全通过 Marketplace 评审流程。传统形式的黑客马拉松，产出的成果大概是从演示软件到接近最小可行产品（Minimum Viable Product，MVP）的程度，相比之下，Codegeist 则是旨在交付随时可以为客户服务的成品应用。而且即使某款应用没有赢得比赛，开发者也已得到了真正的奖励——他们的应用已经上架到 Marketplace，有机会触达 Atlassian 的客户。

Codegeist 在推动生态系统和 Marketplace 取得成功方面有着良好的表现记录。例如，2007 年 Codegeist 的首位获胜者是一款名为 Confluence 清单（Checklist for Confluence）的应用。这款应用是由一家名为 Comalatech 的创业公司构建的，该公司当时只有一名开发者。如今，Comalatech 已经成长为一家价值数百万美元的企业，全球共拥有 40 多名员工，发布在 Marketplace 上的十几款应用有 10000 多家客户已安装使用。还有其他很多名列 Marketplace 收入榜首的供应商，当初也是从参加 Codegeist 活动起家的，如 Easy Agile 和 Code Barrel。

有趣的开发者活动从优质指南开始

准确的、维护良好的技术文档是开发者参与活动着手使用你们平台的必要条件。入门应该很简单，上手时间也应该是以分钟计，而不是以小时或以天为单位来计。对于开发者来说，将一半时间浪费在诸如搭建环境和搞定 API 鉴权之类的事情上，是很让人崩溃的。如果文档不够完美或者平台过于复杂，那就请提供快速入门指南或新手礼包（易于理解并完成构建的示例应用），帮助开发者提速。

避开回音室

每个生态系统都有自己的耀眼明星，也就是那些产生了最多收入或是那些看似做出了最大笔投资的供应商们。虽然他们的出席很重要，但是活动不应该只盯着那些顶级供应商不放。我们认为，有 20%～40% 的"新鲜血液"很重要。这样做不仅有利于新的生态系统开发者加速他们的开发和业务增长，也有助于向你们产品和工程团队了解更加多样化的想法和问题。增长对于任何生态系统来说都很重要，活动若能较好地均衡涵盖不同经验水平的参会者，也会帮助彼此实现增长。

2016 年秋天的时候，我们计划于当年 12 月在悉尼举办一场应用之周活动，独立开发者 Tim Clipsham 报名了此次活动。当时，他已经为 Confluence Cloud 构建了一个应用，该应用销售情况很不错，他开始考虑是否要辞去在一家全国性银行的全职工作，转而专注于经营自己的公司 Good Software Co.。我们邀请 Tim 来参加活动，因为他是 Marketplace 一个有前途的小型供应商，而且他也恰好就住在悉尼。在这次活动中，Tim 高效得令人难以置信，他制订了营销计划、重新设计了品牌，并踏上了将他那个基于云的分析应用移植到 Confluence 服务器的旅程。自 2016 年参加过应用之周后，Good Software 还参加了在加利福尼亚州圣何塞举办的 2017 年 Atlassian 峰会，并被会议评选为"年度最佳新供应商"，并且他们团队已经增加了多名新成员。

让员工远离办公桌（和日常工作）

为了节省成本，公司在决定活动场地时，通常会选择邻近大多数活动支撑员工所在地的场所，如他们自己的办公室。这听起来是个好主意，既可以节省差旅费和场地费，又可以吸引大量人才来帮助支持这些活动和生态系统的供应商们。怎么能不喜欢呢？

但根据我们的经验，在办公室附近举办活动会降低应用之周的质量、减弱其特色。例如，2016 年 12 月悉尼站的应用之周就是在我们办公室举行的，离 Atlassian 工程团队所在地很近。虽然这看似是一个很理想的情况，但颇为讽刺的是，为活动征募工作人员的工作却开展得很是艰难。虽然数百名 Atlassian 员工就近在咫尺，但事实却证明，要想让他们脱离日常工作职责很有挑战。

最好是在远离公司的地方举办活动，如果非要选择办公室也行，那就避开活动支撑人员主要群体的大本营。虽然这样会产生更多成本，但有助于提升活动的质量。工作人员可以专注于支持活动，以及跟参会的生态系统开发者会面交流，而不是被拖回办公位去干活或是参加其他会议。生态系统开发者都是投入了大量资金来参加活动的，我们也要让他们感受到公司对他们这份关注和互利奉献的感激之情。

在偏远会场举办活动还有一个好处，就是可以在生态系统内建立个人联结和开展社交。如果活动是在邻近团队成员日常生活的地方举办，他们大多数人忙完活动就直接回家了，这样一来跟人们建立联系的机会也就没有了。在应用之周活动期间，活动每天都是下午 5 点整准时结束，紧接着就是我们安排的欢乐时光环节。每个人都远离了自己的住所，我们聚在一起，相互联结，建立联系，分享故事，放松身心，享受乐趣。这跟新生进入校园或者外出参加夏令营的情形很相似，所有人身处同样的陌生环境，能够很快建立起友谊。在一个既有酒店又有活动会场的场地举办活动是最理想的选择，不然的话，让人们住在离会场不远的酒店也可以。关键在于收起计算机之后的社交环节。

最佳实践

应用之周计划非常成功，也很适合 Atlassian，但我们能分享哪些最佳实践供读者应用于自己的开发者活动呢？

切身利益

争取让你们的产品开发团队认同并承诺支持这些活动，愿意为此投入一周时间远离办公室和日常工作，此事至关重要。有了这种支持，生态系统开发者就可以直接跟产品和工程团队对接，并利用他们拥有的专业知识来加速开发。这么做的另一个好处是，他们收紧了反馈循环，通过更清晰地了解被请求特性的价值和 bug 的影响，还能帮助产品团队更好地确定优先级、管理路线图。

设定主题

接下来，为活动确立一个主题。主题有助于为活动试图完成的事情定下基调。如果你们正在寻求得到内部其他团队的支持，那么选择一个跟那些团队或部门的目标相符的主题会很有帮助。主题还能帮助你们生态系统供应商证明，他们参加活动的所有投入是合理的。如果主题定得不好，那就是向所有人发出了一个信号，表明正在举办的是一场很普通的开发者活动。例如，我们首届应用之周活动的主题是"服务器应用云化构建"。后来，我们又设定了一些更具体的主题，如"数据中心就绪度"和"体验设计和性能"。

选择场地位置

接下来是对活动很重要的三件事：位置、位置、位置。理想情况下，活动应该选在便于生态系统开发者参加的地点举办，同时还要照顾到他们在差旅和住宿方面的开销。选择一个能够吸引人们前来的地点也很有帮助。阿姆斯特丹、圣迭戈及基拉戈岛成为非常受欢迎的活动地点也就不足为奇了。最后，尽量不要为了节省成本而选择在办公室举办活动。千万别低估了让团队在会场逗留而不是开车回家的价值，这样他们就可以在收起计算机后，跟生态系统多建立联系。

接下来，你需要寻找适合你们活动的场地。对于应用之周来说，我们通常会寻找拥有至少 3 个会议室的场地，最好是 5 个甚至更多个会议室。主会场的房间是需要考虑的最重要的场所，因为要在这里发表演讲、开站立会议和做演示。我们发现环形风格和教室风格的布局效果是最好的。剧院布局用于演示效果更好些，座位布置则不用调整。其他房间可以提供远离主会场的各种空间，包括供开发者静心编程的安静空间，按时尚餐馆布局有多张桌子可供少许人召开小群组会议的房间，等等。如果还可以增加房间的话，设置一个"董事会议室"或小型的正式空间会非常适合私密性的群组对话，例如，业务和合作伙伴关系发展会议。最后，如果天气较好，安排一块可供人们工作的室外空间也很不错，但务必要确保 Wi-Fi 可用。

找到合适的场地可能会很有挑战。可以创建一个 RFP（提案请求），把所有活动需求都列进去。如 MeetingsBooker 和 Cvent 等公司都可以提供帮助起草 RFP 及向活动场地投标的服务。在美国，如果支付最低餐饮消费或预订一批预留房，很多酒店会免费提供活动场地。根据预订模式，我们通常会按照参会者总量的 40%～50% 预订一批预留房，并鼓励所有人尽快预订房间以享受最优惠价格。如果确有需求，我们也会跟酒店协商在预留房基础上再灵活增加房间。

提供食物

餐饮方面，早晨的咖啡服务是必需的。如果预算足够，提供早餐也很不错。在应用之周，对于大多数参会者来说，提供早餐可以吸引他们下楼并准备好参加上午 9 点的开场。午餐必不可少。中午时分，一大群人四处搜寻食物，你肯定不想让这种情况扰乱你们的活动进程。另外，确保每天提供足够多样化的食物种类，以满足不同的饮食需求也很重要。至于晚餐，我们并不建议提供。晚餐需要考虑的因素实在太多了，包括偏好、饮食限制、团队后勤及成本。但更重要的是，晚餐是人们出去走走和交流联结的最佳时机。请务必推荐一些本地餐馆。

音视 A/V 和无线 Wi-Fi

后勤方面还需要考虑到视听的需求。对于演讲来说，需要投影仪、屏幕和用于放置讲师计算机或记事本的讲台。确保现场有 HDMI、Mini DisplayPort 和 USB-C 的转接头可供使用，这些转接头应该可以覆盖大多数现代笔记本电脑的型号。还可把公司的投影仪寄到会场去使用，相比租赁一个，这能够节省每天数百美元的开销。麦克风方面，我们发现手持式比领夹式更好用，更不容易出问题。我们强烈推荐准备两支话筒，一支带支架供台上讲师使用，另一支留给受众提问时使用。

你需要提供高速且可靠的 Wi-Fi，这一条适用于任何开发者活动，但对于我们的应用之周来讲更为关键。我们发现，最好能够保障提供下行 100 Mbit/s、上行 25 Mbit/s 的带宽，以及高容量的 DHCP 地址池。你应该按照每个参会者至少消耗 3 个 IP 地址来做预估，包括笔记本电脑、手机和其他联网设备（平板电脑、智能手表等）。生态系统开发者需要拉取仓库、推送代码、运行测试，工作人员需要调配音乐和视频会议，所有这些工作都需要用到网络。我们也曾经参加过一些 Wi-Fi 很差的活动，真是太糟糕了。不要忽视了良好 Wi-Fi 的重要性，也别随随便便就相信会场销售人员的鬼话，跟他们负责管理路由器和接入点的人聊聊。

制定目标

为活动设定目标绝对是至关重要的。拥有明确的目标有助于获取干系人的支持，也更容易衡量成功。只有采取这些措施，才能知道该如何改进活动，并为以后争取继续投资该计划做解释。

开发者活动的一些常见目标包括：提高知名度、收集产品和平台的反馈、推动采纳、建立信任、培训开发者使用 API、帮助开发者改进他们向客户营销的方式。

对于应用之周，我们的目标是以推动采纳、建立信任和收集反馈为中心的，因此我们坚持做小规模和更个性化的活动。对于以提高开发者认知和获取为中心的目标，给大型开发者会议提供赞助或参与演讲可能更合适些（如AWS re:Invent、Pycon、TechCrunch Disrupt 等）。对于专注于开发者培训或营销的目标来说，类似 Atlas Camp 或 Salesforce 的 TrailheaDX 这种更大规模的普适型开发者大会或许更合适些。务必确保你们的目标和活动类型匹配。

选择形式、人员配置和地点的关键是要根据目标量身定制活动，因此请尽早确定你们的主题和目标，因为它们能够指引你们在整个过程中做出正确的决定。

度量产出

设定目标是关键，制定度量目标完成情况的方法也很重要。在 Atlassian，我们过去一直都是使用净推荐值（Net Promoter Score，NPS），以及其他一些指标来度量活动质量。对于应用之周，使用 NPS 会有些麻烦，因为活动规模太小了，只要有一两个批评者就可能导致分数扣掉 5 分甚至更多。从 2018年 3 月基拉戈岛的那次应用之周开始，我们就转向了使用"前五项指标"，参会者按照 1 到 5 级的尺度给活动打分，1 分是"差"而 5 分是"棒极了"。我们也发现它相比 NPS 能够更好地反映活动的质量，也能够解决分数波动带来的敏感度问题。

每场应用之周的最后一天都会以演示会议收尾，所有团队都要上台展示他们所构建的成果，并分享他们的收获。演示日发挥了切实目标和驱动力的作用，支撑着团队度过了这个星期。为了度量演示的产出，我们建议安排两三名工作人员给每个演讲打一个基础分。如果发现有某家供应商的演示大放异彩，我们生态系统营销团队就会跟进，想办法帮助展示他们的新应用或新功能。跟进当周表现不佳的供应商并查明原因，也很重要。上述情况，都需要有开发者关系部门的人跟进，目标是了解出了什么问题，以及可以做些什么来改进下次活动。

在活动结束后（演示都完成后），可以通过电子邮件把调研问卷发送出去，一份是针对参会的所有生态系统供应商的，一份是针对支持该活动的工作人员的。调研数据可以帮助理解参会者对活动的感受，他们喜爱什么、有什么是可以做得更好的，以及他们实际做了什么、完成了什么。在闭幕致辞环节，我们也会恳请人们填写调研问卷，并在活动结束后 5 天内发送一封电子邮件跟进提醒。收集这些数据极为重要，所以千万别不好意思让人们填写问卷。

跟公司分享

活动结束后，可以跟公司分享你们的回顾总结，重点介绍所取得的成就和学到的知识，表彰团队成员对活动的支持，这是很好的做法。这么做有助于公司内不同部门和团队了解生态系统中正在发生的事情及其所带来的价值，并与之建立起联系。在 Atlassian，这会变成一篇内部博客文章，因为这是我们文化的一部分。事实上，通常会有多篇回顾文章，都是那些参加了活动的人写的。但其实不必非得是博客，采取你们公司常用的任何形式都可以，如电子邮件、新闻时讯、全员沟通。

每场应用之周活动之后，我们都会收到生态系统供应商给出的反馈，说明他们如何做到在一周之内完成通常需要几个月或更长时间才能完成的工作，或是分享他们对 Atlassian 所提供活动支持的满足之情。听到这些反馈感觉很棒，听到我们内部产品和工程团队成员感慨他们从生态系统开发者身上得到的收获，或是感慨这些经验如何影响和启发他们改进产品、支持生态系统的过程，那就更觉得自己的付出值得了。

总结

如果能计划周全、执行得当，亲密的开发者活动还可以带来跨越多个维度的价值。除了有助于推动业务目标，小型活动还可以促进关系建立、信任、产生同理心及学习，这些都是建立平衡且繁荣生态系统的关键。从明确定义的目标开始，到选择适合的风格和形式，到取得所有关键干系人的支持和参与，这些都是必不可少的。度量你们的产出、应用你们汲取的经验、不断优化你们的举措，将推动你们的生态系统战略更快地前进。

第 13 章 卓越开发者活动的背后

Katherine Miller: 谷歌云开发者关系活动项目负责人

活动是许多公司开发者营销计划的核心组成部分，参加现场活动位于许多开发者职业和个人经历的中心。然而调查数据显示，开发者认为相比于其他项目，开发者活动被赋予了过多的资金。

如何在平衡预算和活动支出的同时满足开发者的实际需求？答案相对来说还算简单。活动可以成为平台，通过它将开发者与他们最看重的经验和项目特性以真实和可衡量的方式直接关联起来。通过专注于培训、接触专家、实验室和支持，活动本身不再是实体，而是更加集中的、多项目的营销活动。

本章将重点讨论如何成功地计划和执行开发者活动，以提升他们对高价值工具和项目的认识，优化他们在财务视角及开发者受众视角看到的投资回报。

不同活动服务于不同目的。本章讨论的活动可能包括如下形式。

- 有数千人参加的大型的公司级或产品级活动，如谷歌 I/O、Dreamforce 或 WWDC 等。
- 泛产品领域的活动和展销会，如奥莱利的 Strata 或 Velocity 活动，其规模可能会比前面那种活动小，但也吸引了数百至小几千的参会者。
- 特定语言或技术的展示会，如 KubeCon/CNCF、RubyConf、JavaOne 等。
- 社区驱动型活动，如 DevFests、DevOpsDays 等。
- 本地聚会，可能涉及数十至数百名参会者。

本章所讨论的目标和策略对于上述各种类型的活动具有普适性，如果有特别适用于某种特定类型活动的目标和策略，我会特别指出。

引言

根据 SlashData 2017 年第三季度开发者基准报告，只有 11% 的受访者将见面会列为排名前五位的开发者特色活动；大型会议和展销会则更低，只有 10%。然而就预算优先级来说，大型会议和展销会则排名最高，见面会的预算优先级相对它对开发者的重要性来说排名也更高。

另一方面，培训课程和认证（36%）、接触专家（22%）和动手实验室（21%）作为排名前五位中的活动，得到了更多受访者的认可，而且开发者往往也都认可它们是见面会、大型会议和展销会的关键元素。

回顾这些数据，作为营销专家，我们是否还要简单地否定活动？恰恰相反，只要把活动当作是更大型、更聚焦的营销计划的一部分，我们就可以有效地利用它们打造正向的品牌亲和力，使公司更人性化，为开发者的人际网络和职业成长提供直接机会，并成为内容可重复使用的重要资源。

为什么要举办活动

是什么让活动成为开发者营销工具箱中引人注目的策略？就其核心而言，活动在与目标受众互动方面发挥了关键作用，因为它们为参会者提供了以下机会。

- 与来自主办公司或更广泛社区的志同道合的人取得联系；
- 彼此建立关系；
- 提供有意义、有建设性的产品反馈。

活动还可以激发灵感、提升认知和采纳，并提供容易获得的培训和支持机会。

活动的影响很容易被否定，又很难衡量，因此尚没有可匹配其预算优先级水平的一个可证明的投资回报。然而，通过前期深思熟虑和精心策划的数据收集整合，活动也可以产生有意义的、可衡量的信息。

在开发者营销和活动的旅程中，我经历了许多不同行业和角色。不过，通过早期的职业经历，如在牙科学校接待预备生、在招待会上和广告商建立联系或与机构领导就产品战略进行接触，我认识到了将人们聚集在一起学习、建立关系、解决问题和获得信任所能带来的商业影响力。

正是这种激情，以及可以将积累多年的跨行业销售、营销与活动经验用于吸引新受众的机会，促使我加入谷歌的开发者营销部门。2012 年以来，我主导了谷歌 I/O 和谷歌 Cloud Next 等大型活动的多项工作流，并构建了全球开发者社交媒体工作体系，包括将社交媒体纳入活动的流程。目前，我负责领导云开发者关系（DevRel）活动项目，该项目专注于如何让 DevRel 能够最有效地利用活动实现其目标。

本章所分享信息反映的是我基于个人经历所了解到的情况。所表达的观点仅代表我个人，而不能代表谷歌或任何我曾工作过的公司的观点。同样地，我也不是在推广或赞成任何特定工具。下文提到的任何内容都来自个人经验。无论任何决策，都应该是基于预算和个人评估做出的。

特别感谢开发者关系和开发者营销领域的业内同仁，是他们培育了我在此领域的知识和对此领域的热情，也正是在他们智慧和洞察力的帮助指引下，我才积累了开发者活动管理方面的实践经验，以及本章分享的各种技巧。

交付有价值、可扩展和可重复的活动

基于对自己开发者活动之旅的反思，结合活动现场的社交媒体对话、新闻和活动后期调查，我发现，凡是成功的活动（无论规模大小），它们交付的内容都是对受众来说非常有价值的。此外，与活动相伴的这些"扩展"元素，它们扩大了活动的触达面，使其具有了超越活动现场的更大的影响力。接下来，我将回顾我观察到的那些发挥了和没有发挥作用的元素及其原因。

提供有深度的技术内容

"提供有深度的技术内容"，我一直都有听到参会者给出这种反馈，不管活动中有多少演示或示例代码分享。我曾敦促产品管理负责人阐明"有深度的技术内容"的真正含义，他们反映说最好的技术活动能让参会者理解大约 2/3 的内容。理想的情况是，他们参与其中，看到机会并理解了下一步的工作，但同时也面临着回家钻研新颖且不熟悉事物的挑战。

为了实现这一目标，需采取的最成功步骤包括让开发者关系专家（如倡导者、工程师和技术写手）在规划过程早期就为内容战略提出建议。例如，让他们有机会选择会议和演示，并深度参与内容的创作。他们的核心职责是通过可访问的、用户友好的资源来提升认知、学习、采纳和反馈，如技术演示、视频、文章、演讲文稿、示例和入门材料等都属于这种资源。因此，这些开发者关系专家有其独特的优势可以推动和影响活动的内容战略。

将其与有价值的开发者项目联系起来，活动中的技术内容可能包括多种教学方法，如演讲、小组讨论、授课式培训课程和认证。此外，取决于预算，录制活动演讲过程已经成为创建广泛教学视频内容库的一种可扩展的方式。要想取得成功，至关重要的是拥有强大的制作团队、强大的内容策划和推广计划，以及在会议结束后可以尽快发布录播视频的能力。

不要向开发者进行推销

"欢迎来到开发者营销。你不能向开发者进行推销。"

若然如此，我们怎样才能在不显得过于有"营销味儿"或"销售味儿"的情况下推动开发者使用我们公司的技术呢？我曾使用多种不同方式处理过这个问题。

- **为真实对话创造物理空间**。无论是大型活动中的会面休息室，还是展销会上的展位，正确的空间设计可以创造出"走廊轨道"。不同布置会招致不同认知和互动程度的受众。
  - 演示台和闪电演讲的布置能吸引人们进入空间；
  - 动手实验室的布置能促进学习和问答；
  - 高脚桌的布置欢迎一对少的讨论；
  - 可重新调配的脚凳能容纳更大的群体。

学会如何在设计时考虑到实体无障碍性，以及如何在有限空间内实现多项目标。为了确保重点突出、空间无障碍，事先设定明确的优先事项至关重要。

- **聘请专家**。除了深思熟虑的空间设计，让技术专家参与活动规划和人员配置也可实现信任和真实性。虽然头衔和角色可能有所不同，但只要能让那些有意愿也有能力、不仅代表组织更能代表开发者的人参与进来，就可以取得成功。此外，致力于倾听、记录和传递建设性的产品反馈，也能满足人们对接触专家的愿望。

为活动寻找工作人员可能会很有挑战性，如果需要出差、身处精益组织又或者活动不在公司文化当中，那就更是如此了。决定活动类型和规模之前，务必要先敲定相关团队的人员供给承诺（没有什么比在最后一分钟还要争抢工作人员更有压力的了。虽然这可能是不可避免的，但通过预先的承诺可以将压力降到最低水平）。

向他人求助要算好提前量，以便他们能安排好自己的日程，并预定可负担的差旅。不要胡乱假定因为其他原因（如演讲或客户会议）参加活动的人能够承担工作人员的职责。将活动与更宏大的开发者项目目标关联起来，确保有度量计划，并将工作定位为个人工作职能的核心，可以帮助减轻这些挑战。另一种方法是举办更少量但更有针对性的活动，以优化人力投入的可用性。

为参会者创造有意义的联系途径

建立联系的标准方式，大概是举行招待会并集合背景和兴趣相近的人开展"人以群分"性质的聚会。尽管这表面上看起来不那么创新，但采用行之有效的标准方法已经让它们在有效性上产生了显著差异。对于那些"人以群分"聚会和其他社区导向的活动来说，只要将其宣传深深地融入活动网站和传播战略之中，便能够取得成功。如果没有精心设计的整合，这些活动会让人们觉得只是"附属品"，并可能因为缺乏认知而不能获得成功。

在招待会上，考虑周到的餐饮排队系统、座位安排和选择能让人们感到更受欢迎也更放松。尽管许多经验教训看似显而易见，但实则我们稍加回顾，就能想到那些虽用心良苦但却因为错过一个或多个最佳实践而导致体验不达标的活动。

食品和饮料站要准备充分，这样人们就不需要尴尬地拿着杯子、礼品和不稳定的小盘子排长队等候（并错过宝贵的社交时间）了。请在邀请函中明确说明是否提供餐点，还是只提供开胃菜或甜点（这样人们可以相应地计划用餐）。交错摆放高脚凳和较低矮的桌椅，既方便出入，也适合那些希望四处走动或希望享受更悠闲交谈的人。确保食物供应充足（没有什么比食物耗尽更糟糕的了），并为有饮食需求的人提供足够多的选择（建议在 RSVP 参会回执表中询问饮食需求！除了水和苏打水之外还需要尽量提供非酒精类饮料，此外，如果可以提供特色饮品，请提供一种非酒精类饮料）。

如果是户外活动，要提前为潜在出现的极端天气做好准备，以便让人们感到更舒适些。如果刚好碰到温差很大的季节，要在空间里添加一些遮阳物，还要准备好毛毯和保温灯。有无可能下雨？请考虑选择并非全户外的空间。准备好杀虫剂和防晒霜。如果是室内活动，考虑清楚要办成以谈话为主的活动还是自由流动式的聚会，并相应地准备好音乐清单和音响，设定正确的期望值，最大程度减少挫折感。

以上所有事项都需要深思熟虑，做到细微之处显真情。个性化名签让人们能分享他们的热情，拍照亭或照片墙或"我该如何"活动、定制款 T 恤或徽章等群体活动让人们能自豪地彰显他们的身份。这些都对推动建立联结和归属感有很大的帮助。如果是策划全球性的活动，请与相关地区的同事合作，将最能引起当地受众共鸣的举措引入其中。

诚实并有针对性

紧盯着创新很容易，特别是对品牌和新闻有潜在影响力的"神奇时刻"。然而，从传统的品牌视角看来很神奇的东西，对于开发者而言，可能却显得更像是噱头或是不真实的（有多少次听别人跟你说某些东西太"营销味儿"或"销售味儿"了？）。开发者并不只是想要幻灯片演示。他们希望看到代码、接触代码并分析代码。

那么，从许多方面看，神奇之处在于要展现如何通过创新带来机会，并且技术背后的开发者是值得信赖的、真实的和谦逊的。例如，不要夸大承诺体验、不要害怕舞台上出现故障，还要能够接受反馈。成功来自真正反映技术如何运作的演示（即使有其局限性），以及能够反映故事完备度的赞助规模，还有对与受众相匹配的内容和节目的关注。

展现对多元化和包容性的承诺

我必须强调我在此旅程中学到的一大重要收获：要将多元化和包容性的规划置于活动规划的核心。把它用于分类内容或节目，人们会觉得你们只是嘴上说说而已，而非真心投入。目的应该是"展现"而非"告知"观众：你们致力于多元化和包容性，你们活动本身就这样。让活动（和活动中推广的那些工具和项目）变得易于参与并具有包容性，能扩大活动体验的覆盖范围和影响力。

我见识过的成功策略包括以下几种。

- 注意有谁经常演讲并采取行动主动地寻求和鼓励各种各样的人参与，而不是坐等人们来提交提案，结果却因为缺少常见少数群体的提案而烦恼多样性的匮乏。另外，当你主动联系时，不要让人觉得你是因为对方是少数群体（Underrepresented Minority，URM）才联系的（例如，"我们希望有更多女性参加我们会议，所以你能来发言吗？"）。相反，要让他们知道，他们是领域的专家，你们很愿意让他们来分享真知灼见。

- 仔细斟酌演讲材料和其他营销材料中使用的图片。人们期望看见他们自己，而不是刻板印象，如强调由"程序猿"（brogrammer）组成的群体就会加重这种感受。

- 对于在活动中未能得到恰当对待的参会者，要有一个广为宣传的行为准则和升级途径，例如，谷歌的社区活动指南及防骚扰政策或Salesforce 的活动行为准则。

- 制定强有力的习得策略，以进入代表性不足的社区，包括但不限于跟其他注重多样性的技术组织、集会和培训项目进行合作等。

- 创造内容，鼓励演讲者和与会者分享他们如何成功地创造出多元化和包容性环境的案例。专注于分享解决方案，而非对科技行业多元化现状的吐槽。

- 用于宣传活动的措辞要深思熟虑，注意交叉性。例如，请不要在营销材料（网站、社交媒体页面）里面罗列能想到的所有少数群体，你一定会落下某些人。相反，要让受众知道，你们活动（会议）是开放的，欢迎所有人参加、对歧视零容忍。

- 通过各种尺寸及裁剪的衬衫、代名词贴纸和无障碍的全性别洗手间，让人们感到他们是受欢迎的。

- 为不同身体条件的人设计并构建空间，同时提供哺育室和祷告室。

- 确保社交活动有多个品类、贴有标签的食物和饮料可供选择，以及能够满足各种兴趣和能力人群的不同类型的活动。

最佳实践

至此我们已经回顾了开发者活动的价值，以及我的经验所得，我将专门点出一些可以用于规划及执行高价值、可衡量、具有包容性的活动体验的最佳实践。

了解受众

无论是通过 SlashData 等机构发布的全球开发者研究报告，还是通过定制项目发布的全球开发者研究报告，我们都要深入研究其数据。了解你们开发者受众的动机、决策策略、偏好和情绪，打牢这方面的根基，并围绕这些知识建立活动的叙事框架、策略和计划。

基于目标和资源选择正确的活动策略

"开发者活动"代表的是较为宽泛的一类活动，包括从几十或几百人参加的当地聚会，到数万人参加的大型企业活动。

由于公司、组织和团队会有不同的目标、预算和人力资源，选择符合自己目标和限制因素的活动类型非常重要。

如果目标是在现有开发者聚会中提高知名度和参与度，那可以考虑赞助相关的行业活动、伙伴活动或展销会。

建议：

- 赞助费用从小型活动的一千美元到数十万美元不等。此外，大多数赞助都会涉及执行费用，用于展台的设计和搭建、赠品、印刷及租赁等事项。根据所需工作人员的数量，以及赞助商享有的免费通行证数量，你可能还需要购买额外数量的通行证。相应地，请提前做好预算，如果预算有限，请有选择地选择活动。

- 给活动排优先级时，需要思考一些问题，例如，观众的规模和组成、你们公司以前是否赞助过该活动（如果是，它的影响力怎么样）、活动将为赞助商提供哪些活动后数据、该活动内容是否与关键的产品公告或故事一致、是否非常欠缺人力，以及是否有行为准则和对多元化及包容性的承诺。

- 瞄准跟你们向社区所提供服务规模相称的赞助级别。如果你们是该领域的新人，或者你们技术水平尚未能与竞争对手持平，抑或你们的产品跟往年相比没什么变化，可以考虑采取促进认知和互动机会的出席策略，但不要过度营销。

- 类似地，策划的内容要匹配产品或技术当前在其生命周期中所处的阶段，并增强相关开发者项目的可获得性。例如，如果人们还不知道你们的产品，那就专注于策划高互动性的闪电演讲和演示，并准备好相关材料和印有项目信息的小礼品，这样可以让人们清楚如何去了解更多信息。

- 如果计划线下参加会议，确保合适的团队已经承诺提前提供工作人员。一个好的经验法则是，每 $10m^2$ 空间至少有 2 名技术人员，并保证他们的工作时间是展会时长的一半。因此，如果展区每天开放 8 小时，就需要至少 4 名技术人员。如果要在展区主持实验室或闪电演讲的话，可能还会需要再多些人。场地比较大的活动，还需要有活动经理在现场负责空间布置和故障排除。如果活动经理无法覆盖所有活动提供服务，请为工作人员提供详细的布置说明，包括供应商现场人员的联系方式。

- 如果你无法保障协调到最低数量的工作人员，可以考虑放弃物理空间而选择其他项目，如赞助商专场、招待会或各类午餐会，这些活动同样可以展开互动，需要提供的人员却更少。

- 事先询问是否允许或需要定制展位。如果要完成定制工作的话，请倒推至少 3 个月的时间。如果不做定制，请遵守活动的最后期限，以避免出现滞纳金和供应商可租赁选项库存耗尽的情况发生。

如果目标是在社区所在地跟他们进行大规模的接触，那么可以考虑为聚会小组网络中的多个活动（如谷歌开发者小组 DevFests）或系列化主题活动（如 DevOpsDays）提供 1000～5000 美元的小额赞助。

建议：

- 如果预算或人力资源很有限，可以制定一个"零级优先"（P0）和一个"一级优先"（P1）清单。可以根据一些标准来敲定优先级，如离公司办公室的距离远近（以及员工和讲师的差旅费用）、社区规模、技术水平、社区及其领导层的组织程度、是否承诺支持多元化等。承诺为 P0 级活动提供资金，如果有任何 P0 级活动降级，同时 P1 级活动保持可运行，则提升它的级别。

- 理想情况下，无论是之前通过抽签做出的承诺，还是作为小桌子的工作人员，公司应该派出至少一人到场参会。只要品牌有露出，现场就应该有人在。

- "打包"现场布置，包括桌布和易拉宝、小巧简洁却很受欢迎的小礼品，如贴纸及相关项目材料，既可以维持品牌的出镜率，增加的费用也只有几百美元而已，而且就算没有活动经理支持，一个人也可以搞定布展。

- 度量可能会比较有挑战性，这取决于活动的正式或非正式的程度。如果赞助商权益不包含参会者数据，那就只能将礼品分配概况和线上 RSVP 参会表态数据（如果是公开的）作为代理数据使用，并不辞辛劳地记录通过对话获得的反馈。对于后一种策略，可以通过共享协作文档或其他内部错误跟踪工具的方式来实现。

如果目标是创造"腾飞"时刻，让媒体、分析师和客户关注，那么可以考虑举办标志性的公司活动或者特定产品会议。

建议：

- 大型活动需要投入大量预算和人力。可能需要一年甚至更长时间进行规划，特别是要预留充足的空间、可选项及可用机构，锁定预算并获得所有必要的内部团队的支持。你需要跟产品团队合作，特别是产品将被重点提及的那些团队，以确保活动时间与发布周期和故事线保持一致。

- 如果会议也包括区域专版，请确保在归档流程、内容演示和项目管理跟踪表时已考虑可重用性，以便区域营销团队可以独立执行。如果自己举办区域活动并不划算，可以考虑依靠开发者社区网络来扩展内容和体验。

如果目标是与战略开发者建立信任和可信度，那么可以考虑举办邀请制的峰会。

建议：

- 即便高档次峰会可以提供高水平的投资回报，但考虑到其规模，怎么都觉得贵，所以我们需要在邀请对象、互动和体验的排他性、客户关系跟踪的前期设置等方面做到考虑周全，并确保将相关客户团队（销售、合作伙伴、伙伴开发者宣传）纳入跟踪范围并提供流程指导。

无论活动目标是什么，只有当它跟更高阶营销计划和活动后培育策略关联起来时才会发挥作用。确保你能够自信地回答以下问题，例如：

- 目标是否已明确列出，并且能够被度量？
- 这些目标是否与产品、技术或社区的更高阶目标相衔接？
- 是否有工具和资源可以跟进线索，无论是通过客户团队、电子邮件还是双管齐下？
- 是否有活动后计划可以"维持关注度"，例如，总结电子邮件、博客系列文章、活动内容声量策划（如每星期两次发推介绍活动录像）或者通过数字化广告进行再次接触？
- 对于所涉及的团队，他们活动后的工作量情况是否允许他们有足够的空余时间可以执行活动后事项？

如果资源不足以支撑做好计划、人员配置和执行活动所有阶段的所有工作（包括活动后事务），那就应该缩减计划，只承诺自己能够完成交付的东西。

让体验与成熟、高价值的知名开发者计划相匹配

活动可以成为促进和获取其他开发者计划的渠道和焦点。反过来说，开发者计划也可以为活动规划提供大量的内容和结构建议。

你们有没有认证计划？可以考虑在活动前一天或活动结束后为人们提供附加的培训机会，帮助他们获取认证。在活动中需要为人们提供空间，让他们能够提问并得到报名参加认证的机会。

你们提供动手实验室吗？可以为自定进度的学习实验室布置好现场空间。如果你们有提供设备的预算，请务必考虑这样做（特别是产品可能需要在移动端或物联网设备上进行测试时）。如果没有预算，"自带笔记本电脑"也可以，但应该提前通知并在现场再次知会参会者，除此之外，空间和稳定的网络也很关键。对于后者，应保证所有账户创建流程都非常简单明了且不涉及消费承诺（如输入信用卡信息）。

你们有预算可用于现场视频制作和播客视频制作吗？可以制定一个内

容策略，它不仅要创造可供开发者虚拟互动并感受现场活动氛围的内容，还要能提供活动范围之外的信息和指导。特别是在大型活动中，各公司人才集中度非常高，只要预算和时间允许，就要充分利用此机会实现收益最大化。从预算的角度看，选择做现场直播、会议录制、现场视频制作（如采访）和潜在的前期视频制作（如主题演讲视频），对于持续多日、包括多个分会场的活动，这可能需要数十万美元以上的开销。

你有充足的空间和人员吗？可以将办公时间、"人以群分"聚会或应用评审会议都纳入议程，作为可视化呈现专家服务和支持资源的一种方式。对于办公时间和应用评审会，活动前登记是值得考虑的（需要有可靠的活动登记系统）。但如果预算或工具条件不允许这样做，请务必事先沟通清楚参加此类活动的流程。

不要把目标和度量留到最后进行

活动应该是目标驱动的，选择做某个活动应该自动地关联到更广泛的组织目标（例如，希望在第二季度能触达 X 个 Java 开发者，选定某个会议、提供某个级别的赞助，可以帮助我们按一定比例完成该目标数据）。

从这开始，确保有办法可以度量所使用的策略。这可能包括以下内容。

● 主持可以通过分析器进行跟踪的实验、培训或演示。

● 会议和展台的参观人数数据。

● 使用社交监听工具，如 Sysomos、Crimson Hexagon 或其他经过公司审查并批准的工具，用以跟踪特定社交媒体对话的触达面、参与度和情绪。

● 管理针对特定演讲和活动后的调研，特别是自己主办活动时（赞助活动的情况可能会更复杂些，它取决于主办机构对联系其参会者的政策）。

● 购买可以提供数据的赞助项，如虚拟口袋和营销电子邮件。它们不仅能够提供前期的触达数据，而且给链接埋点后，还可以提供对点击行为的洞察。

要正式地记录产品反馈，关键是要事先商定收集方法。这可能是共享协作文档、内部问题追踪或作为空间体验一部分的管理调查。提醒一句，在活动之前，务必确保自己遵守了所在公司的调研管理规定。

这些方法有许多是"上层漏斗"。通过勤奋地创建分析漏斗和开发者旅程，并使用链接跟踪的最佳实践（不管是通过电子邮件营销工具、谷歌分析中的 UTM 参数还是公司批准的其他数字化度量工具），可以收集到相当有用的信息。例如，触达了多少人、他们的体验如何、他们受活动直接影响而采取了哪些初步行动。由此，你可以向产品组织提供关键的反馈。

找家好机构[①]

根据活动的规模和类型，以及可用预算，可能需要某些类型的第三方机构提供支持。这可能包括一家负责构建网站、应用程序或技术演示的数字化企业，或一家负责搭建活动空间的活动机构。

我们在评审这些机构时，会考虑如下因素。

- 企业的技术专长（特别是关于网站、应用程序和技术开发方面的特长）；
- 他们对我们公司品牌、愿景和活动目标方面的认识；
- 对他们围绕时间表、文件、预算、角色和责任等事项进行沟通的方式有清晰的认识；
- 谁将拥有所创造技术的透明度和协议（如果适用）；
- 如果需要进行开发，请遵守贵公司的隐私和安全要求。

根据项目的规划和范围，预算范围有很大的不同（从几万美元到几十万美元不等甚至更多）。一般，如果是在开发者活动和开发者营销领域很有经验的企业，跟他们合作的成本不会低（尽管他们同样也是更可信的伙伴）。如果预算有限，请优先考虑将代理机构投入对内部专家和工作量需求较少的项目。对于行业活动和展销会，请限制只为最高优先级的活动进行定制展位设计；对于其他活动项目，请考虑投资于设计能用于打印展位品牌背景墙的展示类型资产。

选择理想的小礼品

小礼品（"阳光普照奖"）适用于在活动中提高知名度（将公司或计划的品牌放在永久物体上）、情感（收到礼品的喜悦）和参与度（近距离和相关

---

① 通常也称为"商店"。

工作人交流的机会或鼓励参与活动）。收礼人特别重视那种贴心的、有用的和独特的物品。我们都见识过在展会现场排队购买限量版 T 恤、袜子、毛绒玩具或为设备抽奖的人群，在某种程度上这些都是预料之中的事情。令人愉快的奖品有助于激发你们的下一位品牌大使。重要的是，物品要有较好的质量和实用性，要能反映活动组织者对受众的认知。我最好的创意来源于开发者关系团队内部，以及通过咨询其他人在活动中看到和收到的东西。

下面是规划活动小礼品的一些最佳实践。

- 跟值得信赖的供应商合作，了解他们能够提供什么、不能够提供什么（例如，设计、储存、运输/物流）。
- 尽可能早做规划（大批量订购以节省成本）。
- 理解内部品牌审批流程并确保商标的使用符合品牌准则。
- 要求提供样品，样品上最好带有你们公司的品牌，以便确认供应商是否按说明要求正确使用。将样品放在公共空间以便收集你们团队的反馈。
- 避免具有性别倾向的物品，如果提供衣服，需要提供多种剪裁和尺码选择。
- 仔细考虑存储空间（现场是否有足够空间？供应商可以提供存储空间吗？），并确保拥有库存管理解决方案。
- 了解相关习俗和跟踪方法，明确哪些是你负责的，哪些是由供应商管理的。
- 如果并非所有市场都提供小礼品，请与恰当的内部团队就批准、沟通和替代物品进行合作。
- 明白给政府雇员赠送礼品的规则，以及其他合规性问题。
- 如果小礼品需要通过比赛或者抽奖获得，请遵循贵公司关于竞赛的相关流程规定（并提前计划好审批周期）。

不要忘记细节

最后，往往是那些容易被人忽视的小事，最容易导致让人头疼的问题。以下是针对每场活动的问题清单，根据规模和范围的不同，这些问题可能并不都适用，或者由其他人负责（你需要负责确认该项工作是否有人参与）。

- 所有相关团队都了解你们的计划吗？

- 来自正确专业领域的专家人数足够吗？

- 赞助清单上的所有物品都提交了吗？

- 在截止日期前，所有租赁物品（视听设备、家具）都订好了吗？

- 用到的公司技术设备（如笔记本电脑、平板电脑）都预留好了吗？

- 速度合适的网络连接订购好了吗？

- 如果需要新的内容，准备好了吗？

- 打印订单提交好了吗？

- 小礼品订单准备好了吗？

- 所有法律或公关的需求提交了吗？

- 物资是否已经寄出，能够在正确的收货截止日期前收到吗？

- 你是否创建了"行前须知"机制以告知员工活动计划？

- 餐饮服务订好了吗？

- 有没有社交媒体策略？或者其他任何类型的媒体策略（视频、摄像等）？

获取活动经验

管理开发者活动最美妙也最具挑战性之处在于，最好的学习方式永远是亲身体验。如果你尚不熟悉开发者营销或开发者活动策划的实践，那就要找机会参加别人的活动，去倾听，去观察，去跟参与者互动。在公司内咨询一下，确认他们是否允许你每年参加一定数量的活动以发展专业技能（以及他们是否提供资助）。加入当地聚会小组。为你们公司的开发者活动寻找内部项目。通过在社交媒体上关注开发者社区内有影响力的人，并密切关注他们对所参加活动的想法，随时了解最新趋势和情绪动态。

记录你学习到的东西，并将你观察到的最好的东西纳入自己的日常实践中。

平衡创新和机会

科技公司正在不断突破可能性的边界，并掌握着激发开发者使用尖端工具和产品创造改变游戏规则的应用程序和业务的能力。然而，对于许多小公司来说，了解大公司的成功案例或许能够受到启发，但通常都不具备可行性。

只要着眼于开发者的机会，灵感就能取得成功。该技术是否稳定？是否已有社区和可用资源？是否有助于提高生产力、就业市场上的相关性、认可度和成就？为了鼓励参会者参与其中并帮助他们从此次经历中获取最大收益，这些都是你需要回答的问题。

活动、他们推广的项目和他们生产的资源（如实验、视频内容、跟进邮件和扩展的系列聚会）提供了有针对性的机会。他们可以通过建立品牌认知和积极情绪来讲述故事，也可以围绕其他有影响力的开发者工具和计划来推动进展。

总结

本章内容并不详尽，也没有围绕时间线、跟踪器、预算、创意简报或如何与跨职能伙伴有效合作等方面进行详细说明。本章内容所代表的只是基于我个人经验所收集的建议、最佳实践和观点。如果一定要给读者留下些什么，我希望是以下内容。

- 活动可以产生丰厚的投资回报，特别是在跟其他高价值开发者计划紧密结合起来的时候。
- 尽管开发者"无法被推销"，但还是有办法创造奇妙时刻的，特别是你们专注于值得信赖、真实且深入的技术体验的情况下。
- 经由深思熟虑和预先规划，可以在活动中融入多元化、包容性和可获得性，以增加满意度、信任和尊重。
- 重要的是，千万不要低估预算和人力资源在计划和执行活动（也包括活动后的工作周期）中的重要性。

祝你好运，玩得开心，并产生影响力！

第14章　无法见面如何跟开发者建立联结

Pablo Fraile：ARM 开发者生态总监
Rex St. John：ARM IoT 生态高级经理

想象你正在向开发者推销一款成功的、快速增长中的产品。然而，距离最近的竞争对手是你们规模的 20 倍，而且你们公司也并不生产开发者直接与之互动的那种实体产品。欢迎来了解 ARM 的开发者和生态系统营销，我们的首要目标是提升对 ARM 关键特性和技术的认知度、忠诚度和采纳度，通过接触开发者并向其介绍最新的 ARM 功能，为我们的最新产品创造"突破"。

引言

我们公司设计并销售一系列灵活的蓝图、库和工具，并授权给一个庞大的生态系统合作伙伴网络。随后，这些伙伴会根据提供的蓝图使用、部署并制造我们微处理器的物理实体，并以他们自己的品牌提供给他们的开发者受众。对于我们团队来说，这就是挑战：ARM 的商业模式意味着开发者极少会直接跟我们互动。

ARM 处理器的数量远超过地球上的人类数量，比例超过 10∶1，我们微处理器技术的套件无处不在，在数以十亿计的医疗设备、卫星、机器人、无人机、汽车、服务器、笔记本电脑、平板电脑、可穿戴设备、数字个人助理，以及几乎每一部手机中都能找到它们的身影。然而，我们公司总共只有大约 6000 名员工，相对于半导体行业的典型企业规模，我们公司挺小的。尽管在行业中有很大的影响力，但我们倾向于在幕后运作。因此，尽管 ARM 的影响力跟亚马逊、微软、腾讯或谷歌等公司水平相当，但跟开发者联结对我们来说仍然是一项非常艰巨的挑战。

我们并非特例。跟互联网巨头的情况不同，大多数公司跟开发者的关系都不算密切，但仍然需要找到跟他们生态系统之间的联系。在本章中，我将介绍 ARM 是如何应对这一挑战的。但请先让我介绍一下自己，然后再介绍 ARM。

我拥有产品管理、业务拓展和技术合作方面的背景，2016 年加入 ARM，负责为移动业务线建立更强大的开发者生态系统。或许是由于在该领域相对缺乏经验，我花了很多时间去研究那些成功的公司如何触达他们的开发者受众，以及要如何调整这些策略使之适配 ARM 在生态系统中的特殊地位。本章总结了我观察到的一些模式，包括真实的案例，某些情况下也包括真实的名字。

你或许知道，ARM 就是移动和嵌入式处理器架构背后的那家公司。那是我们最知名的一款产品，但 ARM 还生产其他很多产品，从图形处理单元（Graphics Processing Unit，GPU）到服务器处理器，以及支持这些产品进入市场的大量软件。

ARM 的角色还包括构建跨越多个垂直领域的编译器、库和工具，或者为其做出贡献。在一些成熟市场中，"一梯队"开发者计划所有者会扩展、打包并发布这些工具。移动领域的安卓、游戏创作领域的 Unity，以及服务器领域的 Red Hat 都是其示例。

我们所服务的目标受众是那些在硬件上"接近于底层"工作的开发者，独立于垂直技术栈或平台。例如，编写原生代码的安卓开发者、寻求挤出最后一点性能的手机游戏开发者、嵌入式固件和 IoT 设备制造商。平台开发者计划通常会提供基于特定平台的工具、软件和建议，但或许并不会深入去解决跟特定硬件相关的问题。

我们面临的主要挑战是如何触达受众，并让他们认识到 ARM 对他们开发者环境的贡献，即便我们跟他们的典型开发环境之间存在距离。跟这些开发者建立联系有助于传达我们产品和工具的相关优势信息，如果能充分利用这些优势，反而能让他们的内容变得更高效、更具吸引力也更能吸引他们的用户。精彩的内容能让我们的产品对我们的客户和伙伴来说变得更有价值。

IoT 等新兴垂直领域仍然提供跟开发者建立直接关系的机会。只要有这种机会存在，直接的开发者外展方式就是有意义的。然而，用更通俗的话来讲，在支持伙伴和客户的同时，我们仍然希望能够触达技术栈更上层的开发者。我们该如何跟开发者建立联结、提供有价值的工具和资源，还能让他们定期回访呢？

很重要的一点在于，如何度量我们付出努力所取得的成就。有些指标是显而易见的，如情绪、下载量或关注者数量。用这些指标来度量某项具体举措或营销活动的投资回报还是很有用的（有人在阅读我们的博客吗？谁来过我们活动现场的展台？）。更重要也更难量化的目标，是我们在让开发者代码在 ARM 产品上运行得更好这件事上到底产生了多大的影响。有些代理指标可以帮助我们了解影响度，但这估计得用一整本书才能讲清楚。

ARM 针对 IoT、移动、汽车等垂直细分市场优化了其在生态系统方面的投入。无论面对哪个细分市场，我们均采取了基于一些可以横向应用的关键原则构建而成的生态系统发展方式，总结下来就是四条简单规则，将在接下来的部分进行讨论。

找到你们的角度

好吧，别家公司拥有出色的开发者计划，可以触达你想触达的所有那些开发者。不管那家公司是否有能力跟他们的受众建立联系，都无关紧要，重要的是，你必须确定想要告诉开发者你们有什么是别人没有能力或没有动力顶替的。有能够提供独特见解的工具吗？或者对某种特殊配置或用例的覆盖情况特别好？无论是什么，都要确保你们可以申明对该特定空间的所有权，并准备好将此事告知受众。

我们总是问自己这样一个问题："生态系统中有没有其他任何人能够比 ARM 更好地完成这项工作？"如果答案是否定的，那么我们最好开始动手干活。

该建议暗含的意思是，我们应该非常了解我们的开发者受众，以便可以找到一个独特的机会为他们服务，并基于此提升他们对我们的认知。在针对其他任何产品的其他任何营销领域中，这都是显而易见的道理，但对于开发者来说，"营销"这个词可以算得上是个禁忌词，因为正如那句老话说的，开发者不喜欢营销。

然而，开发者却很喜爱那些可以解决他们问题的好工具。按我个人的经验，那些为了确定开发者的需求并消除其痛点而投入的时间和资源是非常值得的。我们通过开发者调研和焦点小组等一些正儿八经的方式来确定要构建哪些工具，但通常跟开发者的一场简单对话也会产生很多有用的反馈意见。开发者非常喜欢讨论他们工作流中不受欢迎的地方，尤其是在他们相信你会对此采取措施的情况下。

案例一：ARM Mali 图形和游戏

尽管占有了移动 CPU 市场绝大部分的份额，但 ARM 发现，自己跟开发者之间的联系并不密切。移动领域可能是最成熟的开发者细分市场，平台供应商提供的服务远比产业内的其他任何行业都要好。开发者体验方面，除了已经被谷歌和苹果两大移动操作系统供应商或 Unity、Facebook 等移动平台方所覆盖的领域之外，看起来并没有多少空间留给 ARM 去为开发者做贡献了。

我们很清楚，我们不能也不想跟这些处于技术栈更高层的厂商竞争。比如说，试图提供一款 IDE 跟安卓 Studio 去竞争，那只会输得一败涂地，无法获得任何牵引力。我们怎么能构建出一款比谷歌更好的工具呢？更重要的是，这么做对我们维持跟谷歌之间的关系没有任何帮助。坦率地说，尝试构建那些已存在的东西并不是什么让人兴奋的挑战。相反，我们专注于我们发现的一个供给不足的领域：在 OpenGL ES 和 Vulkan 上调试图形开发的工具和库。市场上已经有了一些旨在调优图形应用的工具，但对于移动应用开发者来说，它们有几个缺点。有些工具限定了供应商，在其他供应商的移动硬件上无法工作，而另外一些工具则太过高阶无法用于详细分析；在某些情况下，它们则缺乏跟移动处理器的良好集成，而几乎所有这些情况下涉及的处理器都是基于 ARM 架构的。我们很乐观地认为可以构建一批更好的工具，帮助开发者聚焦于那些具有强大图形元素的应用，主要是游戏应用，不过虚拟现实（Virtual Reality，VR）、增强现实（Augmented Reality，AR）等其他应用也日益增多。这刚好发挥了 ARM 的优势，我们在移动图形领域占据着优势地位，同时能够跟谷歌为通用移动开发提供的优质解决方案形成互补。

即便如此，决定为图形开发者提供有竞争力的开发解决方案是一回事，而真正交付它又是另一回事儿。第一版的工具实在太复杂了。我们尝试把客户的所有要求全部实现，而不是先做一个最小可行产品。活动部件太多（驱动程序、操作系统、设备、工具本身），做好质量保证的挑战很大，我们频繁地收到用户无法安装或试用这些工具的报告。我们决定停止开发新特性，先专注于打磨用户体验。但用户体验是由用户定义的，而不是由开发者团队定义的。为了把工具做得有条有款，我们团队跟合作伙伴进行了多次面谈，还做了些调研，并全神贯注地解决所发现的问题（下文对此有深度讲解）。我们简化了产品，将那些开发者不需要的信息隐藏起来或直接删除。

更优质且保持更新的文档也很重要。然而，经由跟合作伙伴（尤其是非英语国家的伙伴）的访谈，我们发现，人们更倾向于关注短视频而不是长篇在线文档，尽管两者都需要提供所有的必要信息。我们还在开发者工作流中添加了跟其他工具的集成，以便能更轻松地启动该工具并消除障碍。我们跟合作伙伴一起努力，鼓励人们在发布新版本的工具或任何系统组件之前多做些测试。关键是要确保使用过程的前五分钟不要出问题，否则我们很可能会永远失去这个用户。性能调优的时间窗非常短缺，不能浪费在调试工具上。虽然我们还没有完全做到这一点，但取得的进步也已经带动了更多开发者更频繁地使用我们的图形调优工具，而这也将带来更优质也更适合移动设备的内容。

培养有才华、有公信力的布道师

一旦确认了自己有能力为生态系统做出贡献，那就必须找到已经做好准备为我们背书的那些开发者，很可能已经有了一些很了解我们也很喜爱我们产品的开发者。如果团队规模很小、预算也很有限，那就必须把所有能够争取到的助力用到极致。这一切都跟信誉和效率有关。

值得信赖的故事，出自那些相信我们产品并认为值得用自己的时间和声誉给它背书的开发者。相比相关企业社媒账号做出的评论，一名受人尊敬的开发者在社媒上发表的评论能够收获更多的转发或点赞，这种情况并不鲜见。

由于规模小且资源有限，效率对我们来说变得尤为重要。我们该如何最大限度地提升效率，以便能触达数十个不同的技术领域？答案很简单：人才。找到那些热衷于解决问题的最有才华、最有远见和最敬业的外部团队和个人。他们通常是较小型组织的技术创始人，往往会积极主动地向外走，向全世界传播他们的解决方案。

基于 ARM 的设备每年都能在市场上卖出数百亿台，我们意识到 ARM 不可能靠聘用全职专家去覆盖医疗、无人机、机器人和航空航天等那么多的不同领域。对我们来说，讲述我们的故事的最有效方式是找到我们目标开发者细分群体中最受信赖的那些人，帮助他们加速发展并讲述他们的故事，顺道也讲讲 ARM 的故事。

IoT：ARM 创新者计划

ARM 创新者计划是一个稳步增长的团队，由外部技术专家和布道师组成，他们拥有的专业知识涵盖了对 ARM 来说很重要的各种细分市场领域。从一开始，加入我们计划的创新者数量（现在约 40 位）就达到了我们认为起步阶段可以管理的极限。每一位 ARM 创新者都是他们使用 ARM 技术所构建产品的富有魅力的布道师。我们以多种方式支持这些创新者，包括联合营销、概念验证（Proofs-of-Concept，PoC）的生产、工作坊、直播、博客文章、现场采访、黑客马拉松等。

如果执行得当，随着时间推移，创新者计划可以带来爆发式增长的机会。我们发现它是一款很强大的工具，不仅可以用于发展我们的开发者生态系统，还能极大地加速推动基于 ARM 技术的创新。下面是一些示例，展示了创新者在提升我们技术的采纳率方面所产生的重大影响。

这听起来不错，但你可能会有些问题想问，例如，该如何定位和识别创新者？创新者能够从跟 ARM 的合作中得到什么？

如何识别创新者

我们将创新者视为在其他开发者体验之上构建开发者体验的个体。就 ARM 的微处理器而言，创新者可能是将 ARM 处理器安装在特殊定制的印刷电路板上，通过云服务将其转变为联网摄像头并出售给工业排水市场的那些人。创新者的关键特征就是他们对自己市场有着深入的了解，能够以我们所无法做到的方式重新利用我们的技术。

每一位创新者都为我们提供了触达新的细分市场的开发者的机会。此外，这些创新者往往都有很强的直接市场知识，可以提供有意义的反馈，有助于我们改进自己的产品。

案例二：Makerologist 和 DIY Robocars

在深度学习这个新领域，ARM 所面临的挑战之一是如何向市场解释清楚，有很多深度学习和 AI 任务都是可以在低成本的 ARM 硬件上执行的，无须在后端算力上花费大量资金。考虑到 ARM 的 CPU、微控制器、GPU 和其他 IP 的数量众多，如果我们能教会更多开发者知晓 ARM 处理器可以用于 AI 这一事实，那将会对市场产生极大的影响。

无须阅读白皮书或花费大量时间调试重型深度学习框架就可以进行原型设计、测试 AI 功能，很多开发者对这种方式感到不安。而这就是 Makerologist 和 DIY Robocars 的用武之地。

当你们试图将产品推向开发者群体时，先找到那些已经围绕单款利基产品或应用联合起来的社区是很有好处的。旨在使用 ARM 技术创建低成本的自动驾驶汽车的 DIY Robocars 运动，拥有 10000 多名成员和 40 多个全球 Meetup 群组，这看起来非常适配我们以一对多方式高效开展开发者营销工作的需要。我们跟 Makerologist 公司的 Clarissa San Diego、DIY Robocars 公司的联合创始人 Will Roscoe 和 Adam Conway 合作，发起了首届西雅图 DIY Robocars 活动。

经过精心计划，我们召集到 77 名开发者来打造 10 辆自制机器人汽车（DIY Robocar）进行竞赛，并成功吸引了整个西雅图地区的关键 AI 技术人才来参加活动，花费三个多小时打造机器人汽车并展开竞赛，以及学习 ARM 上面的 AI 能力。通过与 ARM 创新者一起举办有趣的社区活动，我们得以实现了跟目标开发者表征群体的高质量的面对面联系。

对创新者有什么好处?

创新者有一个重要的特征，即他们是尚未成气候的小型企业。这很重要，因为创新者跟我们合作最主要的动机就是提升他们产品的知名度，这样他们才能不断地发展壮大。创新者通常拥有大量的人才、领域知识和动力。他们缺乏的是曝光率。

运作良好的创新者计划的目标是让聚光灯直接照在每一位创新者身上，给他们更多机会去讲述自己的故事。这些创新者行动得越快，他们成长得也就越快，对公司也就越有利。

我们为创新者提供了范围广泛的各种福利，包括赞助他们的工作坊、直播、会议旅行、邀请他们参加特殊 ARM 内部会议、协助发掘资金概念验证的创意等。帮助创新者扩大市场份额，不管是对他们还是对我们都有很直接的好处。

案例三：OpenMV

在 ARM 推出可用于在低成本微控制器上做深度学习的 CMSIS-NN 软件后，市场很快就忘记了这一公告。名字很晦涩、白皮书内容技术性很强，这导致我们的开发者有很多都未能理解 CMSIS-NN 库的真正价值，也没有利用起来。我们把 OpenMV 开发板发给了一个只有两个人（他们都有自己的日常工作）的小团队，电子邮件里就一句话，随意地提了一下 CMSIS-NN 并询问他们是否可以使用它。两个星期后，OpenMV 就发布了他们 IoT 相机支持 CMSIS-NN 的版本，并用一段 4 分钟的视频演示了开发者使用该项目创建直接商业价值的过程。

等视频在 ARM 内部传播开来后，我们就开始被各种获取 OpenMV 的请求和客户希望在他们项目中立即使用该功能的介绍信淹没了。所有这一切都始于一个二人团队和一封单行文字的电子邮件。这就是 ARM 创新者对他们自身及对 ARM 生态系统的价值。

利用合作伙伴的渠道

正如我们在本章开篇所述的那样，我们充分地利用了其他公司跟开发者有更密切关系的局势。ARM 的目标是帮助这些开发者通过使用架构特性、工具和最佳实践构建更好的应用，以及跟合作伙伴一起提供一个优秀渠道来宣传我们的价值。只要内容是相关的且能够真正地带给开发者价值，那么触达尽可能广泛的受众就是符合 ARM 和合作伙伴利益的。

这建立起了品牌认知度。如果可以的话，参加你们合作伙伴在活动中开设的展位，或是邀请他们参加直播。这样一来，你们受众听到你们伙伴的名字时也会顺带想起你们的名字，如果你们公司还不太知名，这一点就很重要了。令人惊奇的是，这些联想的力量如此之大，你们的品牌也会因此而得到加强。

合作伙伴博客

ARM 在我们论坛和协作站点上有一个名为 ARM 社区的博客频道。在传统硬件领域，该社区是人们获取 ARM 生态系统新闻和主题专家的地方。在其他领域，如在多媒体软件和图形工具领域，它的影响范围就要小得多了。当我们有跟这些领域受众特别相关的内容时，如为最终用户提供物质利益的 VR/AR 新算法，我们会在 ARM 社区之外另寻他处发布。购买技术刊物赞助内容版面在某些情况下是可行的，但对于技术内容来说，它会显得有些不真实，而且你可能也没有那么多预算。

任何时候，只要内容有涉及某些合作伙伴的技术，那么更好的方法就是尝试将它发布到他们的博客频道上。这种做法对我们来说，效果很好。曾有一次，有篇介绍 VR 的文章的观看量和互动量 10 倍于我们在 ARM 社区里可能取得的成果水平。对于合作伙伴来说，获得了一篇有相关度、引人入胜的原创作品，他们也从中受益。

当然，只有合作伙伴也认为内容对他们用户群有利、消息也跟他们自己的口径一致的时候，这种方式才能有效。在另一个例子里，另一个伙伴拒绝了发布类似的文章，因为我们要"破解"平台以构建一个特性，而这并不是平台的初衷，也永远不会得到官方支持。重要的是要理解你们合作伙伴的战略和目标，甚至是使之内化，确保你们跟他们保持一致。你们的内容要能扩大伙伴的开发者外展范围，而不是取而代之。

全心投入

老实说吧，开发者没空理我们。他们正在忙活，或是为了搞定产品交货出仓，或是为了响应某位高要求客户。他们可不会成为我们的免费 beta 测试员，也不会愿意接受那种差不多可以解决问题、剩下的得靠自己再查漏补缺的东西。如果你明确了自己的位置（也就是对于开发者，你在哪方面比其他人更具优势），那么无论问题是大是小，范围是广是窄，请确保你们可以完全解决该特定问题，并且比市面上其他东西都做得更好。想一想，你们那些充满热情的开发者布道师会不会为之大声疾呼，你们的合作伙伴会不会很乐意推广到他们的渠道。如果你认为你们无法取悦你们的用户，那就别在这上面浪费时间了，它是不会在其他次理想解决方案中脱颖而出的。

案例四：使用 ARM NEON 做移动计算

并非所有移动应用程序都是一样的。在声音（视觉）处理或机器学习等计算密集型任务中，开发者需要充分利用他们可以用到的硬件。2010 年，ARM 开始在 CPU 中纳入名为 NEON 的矢量化引擎。几年后，几乎每一个移动应用处理器都是由 NEON 加速的。

现代编译器在为可用 NEON 硬件优化代码方面做得不错，但它们无法针对某个指定例程实现其最佳性能。在编译器输出不够的情况下，需要手动优化代码，或者让别人替你做。

Ne10 是 ARM 为响应开发者优化 NEON 代码的需求而做出的首次尝试，以原始函数库的形式提供，适用于计算机视觉等应用。2011 年，一些工程师着手构建了一个开源项目，该项目整合了计算密集型应用中最常用的原语，通过一个托管页面跟业内的联系人进行分享。尽管有了一个良好的开端，合作伙伴对此也颇感兴奋，Ne10 最终还是未能遵循全心投入的原则：这个库是不完整的，仅提供了用户希望用于补充他们自己库的一些功能。此外，它的文档做得也不是很好，某些情况下还不如其他已有的开源功能。虽然这个库在某些计算机视觉社区和研究实验室取得了一些成绩，但最终还是失去了官方维护，如今它还能够在 GitHub 幸存，完全是出于少数几个行业倡导者个人贡献的结果。

基于 Ne10 得到的经验教训，ARM 于 2012 年发布了新的计算库。这一次，我们认为它将会成为我们在移动计算领域取得成功的核心要素。有位产品负责人花费了一年多的时间在世界各地奔波，跟数十个开发者和合作伙伴见面，了解他们的需求并基于此确定工作的优先级。我们成立了一个团队负责该项目，他们全职投入，支持不断出现的诉求和问题、制定周密的外展计划，以确保将收益和仓库更新等信息清楚地传达给开发者受众。这个库不但受到了 ARM 移动业务单元的欢迎，也受到了很多其他业务单元的欢迎，如嵌入式及汽车业务单元。自推出以来，计算库已经成为 GtiHub 上 60 多个 ARM 开源仓库中最受关注的项目。时至今日，仍然有一个团队全职负责这个库，以及将计算机视觉之外的其他关键用例（如深度学习）添加到经过该库优化过的功能清单上去。得益于这些工作，该团队能够接触到大量的新开发者，跟他们建立信任并获得新的增长机会。

总结

尽管每家公司都希望能拥有可以吸引百万级热情拥护者的开发者计划，但除非你们有源源不断的金钱支持，否则不太可能会处在那个位置。然而，这也并不意味着你们需要放弃开发者计划，或者满足于人们知道你们和你们产品的那种模糊认知。

通过系统性地理解你们的价值主张、你们的受众和开发者版图，有可能找到一个你们的开发者和伙伴都乐意为之证言和推广的独特视角，相比你们自己单打独斗，这样做能够事半功倍。关键是要全身心地投入，找到你们的视角，然后为之不懈努力。

第15章　围绕芯片构建硬件开发者社区

Ana Schafer：高通产品营销总监
Christine Jorgensen：高通产品营销总监

假如你是某个专注于软件开发者计划的开发者关系负责人。现在，你的任务是为一个解决方案构建社区，而该解决方案需要在结合了硬件和软件的物理世界里编程和构建。那么，面向软件开发者的营销与面向硬件开发者的营销到底有什么区别呢？在活动、支持、内容和后勤等方面有什么不同？你们如何获取、教育、吸引和留住硬件开发者？你们如何驱动你们自己、你们的开发者和生态系统所有人持续地推进商业化？

无论你们的目标是从头开始构建开发者社区，还是鼓励现有开发者社区跟随你们进入新的领域和机缘，或兼而有之，本章都很适用。

引言

在高通，我们为无线通信创造了很多基础发明，而在将技术交到不同领域更多开发者受众的过程中，我们一直面对着上面那些问题。公司的业务战略带领我们超越了智能手机的范畴，我们专注于鼓励开发者使用我们的新硬件，这导出了两个主要的开发者营销目标：鼓励那些熟悉我们的移动应用开发者所构成的庞大社区，以及吸引不熟悉我们的硬件开发者所构成的更庞大社区。

本章介绍了我们引入新款硬件开发工具 DragonBoard™ 410c 的过程，这是一款几乎所有软硬件开发者都可以使用的小型单板计算机，符合开源硬件规范。它旨在简化开发者跟我们技术的互动，包括让开发者可以在各种五花八门的方向上进行原型设计和发明，支持我们在 IoT 领域的发展并打开通往全新用例的大门。对 DragonBoard™ 410c 来说，关键是要专注于让硬件成为新的软件：易于访问、价格合理、可扩展且易于编程。

高通开发者网络（Qualcomm Developer Network，QDN）营销团队的任务，是建立一个追随者社区，其中既有我们的长期跨国客户，也有新加入的初创公司、创客和教育工作者。经此过程，我们学到了一些围绕硬件进行开发者营销的经验教训，随后介绍旅程时我们会分享这些经验教训。

新商机在召唤

早在"IoT"一词进入我们的词汇表且成为主要词汇之前，我们的产品管理团队就一直在打造基于移动处理器构建的开发板，其中还填充了一些连接器和物理接口，以满足组件供应商将他们的硬件集成到使用我们的芯片的智能手机时的需要。随着各家公司开始了在新应用中将计算和无线连接结合应用的探索，各行各业的制造商也见证了我们的处理器在智能手机之外的潜力。高通开始处理将开发板用于评估我们的移动处理器在各领域表现的请求，例如，机器人、无人机、家居自动化、家电、玩具和媒体服务器等领域。机会已经摆在面前了，但公司还需要在推动业务多元化的过程中建立一种新的商业化手段。

跟智能手机和平台电脑等移动通信设备相比，IoT 领域的大多数嵌入式系统对我们产品的要求并不高，而高通®骁龙™处理器满足了其中那些最重要的要求，如高性能、低功耗和无线连接。

然而，我们不得不为 IoT 制定一个新的商业化战略，以满足一系列嵌入式设备的要求，比如说，相比大多数智能手机只有一到两年的寿命，这些设备的寿命要长得多。其他要求还包括一个可以提供现成产品或定制模块及系统集成服务的硬件供应商生态系统，以及一个规模可以从数十个扩展到数千个客户的成熟分销渠道。客户还需要一个评估板，我们的方法是提供一款开源的、低成本（低于 100 美元）的社区开发板，供潜在用户用于评估我们的处理器。

高通专注于用骁龙 410E 和 DragonBoard 410c 满足这些需求，前者是一款针对 IoT 领域的量产型移动处理器，附带一个易于使用的原型平台，后者是一款符合既定开放硬件规范的开发板，连同产品信息和支持资源。我们的业务目标，是让开发者使用 DragonBoard 410c 构建原型设计并打造商用产品，既可以使用现成模块基于骁龙 410E 处理器打造，也可以购买板上芯片封装

（Chip-on-Board，COB）设计的处理器来打造。

在产品团队为了推出 DragonBoard 410c 而努力奋斗的时候，我们开发者营销团队也开始了自己手头的工作。不久，我们就遇到了第一个减速带。

在高通开发者网络，我们之前一直都是在关注移动开发者。然而，现在我们需要以 DragonBoard 410c 为中心建立一个涵盖硬件和软件开发者的高参与度的强大社区。我们有着多年的跟智能手机工程师打交道的经验，但现在需要以更广泛的 IoT 新兴领域的开发者为目标。

智能手机业务的情况是客户数量极少、规模极大，每家客户都有一个由经验丰富的工程师组成的研发组织。而另一方面，新兴 IoT 业务的情况则是客户数量巨大、规模相对很小，大多数客户即便有自己的研发队伍，人员数量也很少，他们经常会凭感觉行事，发明一些尚不可知何人需要其功能的新设备。

定义目标受众

我们为骁龙 410E 处理器制定了一个百花齐放的产品计划：把它做得尽可能简单易用，建立广泛的社区和渠道，然后看看最大线索是从哪里来的，并在此过程中调整业务方式。开发者营销在这种情况下很难发挥作用。

我们问道：“我们的目标受众是谁？”

产品团队告诉我们：“很多人”。

“他们会用这个板做些什么？”

“很多事情。你知道的，用来做 IoT。”

“你能明确几个关键的垂直细分市场以便我们可以聚焦初期的营销投入吗？”

“为什么我们要那样做？我们需要把产品定位做到尽可能广泛。”

并不完全是我们所希望的那种目标受众明确、方向明确的情况，不是吗？

但这正是骁龙 410W 在高通 IoT 产品组合中所处的地位，一款可以广泛应用于现有及新兴用例的产品。在这种情况下要着手构建一个开发者营销计划，产品团队指引给我们的期待如此之高、撒网如此之广，实在太具挑战性了。刚开始，我们不仅研究了自己的社区，还研究了全球开发者趋势。阅读本章剩余部分，你将发现，倾听开发者的声音不仅是一个不错的起点，回过头看还会发现，经验证在产品推出早期阶段最有价值的策略就是那些带来最直接开发者反馈的策略。

启动开发者营销计划

我们已经有了一个由探索 IoT 的移动应用开发者组成的强大社区，但我们希望能超越这个基底，吸引经验丰富的硬件开发者加入高通开发者网络。为此，我们也研究了软件开发者社区和硬件开发者社区之间的差异，正如每个面临这种转变的营销团队都会做的那样。

首先，我们评估了其他公司给他们硬件社区所提供资源（文档、示例代码、项目、内容、支持）的类型和质量。接着，我们还审视了 SlashData 等不同来源的市场研究报告，并将它们跟我们在自己开发者社区中进行的年度调研结果进行比较。比较突出的是如下几个要素。

- 开发者越来越多地注意到了硬件性能在提升、价格在下降的情况。较低的进入门槛滋生了一个蓬勃发展的社区，其由硬件初创公司和创客构成，他们已经做好了跟供应商合作的准备。

- 传统开发者圈子之外，创客、学者和企业家在编程方面的兴趣程度和专业知识水平正在不断上升。

- 或许是为了保持自身技能与时俱进，也或许是为了探索新的收入来源，开发者正在关注继已成熟领域和技术之后兴起的下一波领域和技术，如 IoT。

- 开发者更加重视开发者计划所提供的专业技能培养和持续教育的价值。

- 对于分析师来说，IoT 看起来就像一个巨大的、完全开放的前沿领域。对于试图弄清楚该从何处下铲的开发者来说，它更像一个由很多相对较小的垂直市场构成的混乱局面。他们看到的是，一大波软件和硬件解决方案在争夺他们的注意力，高度分化，鲜有可以用作指南针的统一标准。

综合权衡所有这些因素，我们决定调整早期阶段的工作安排，优先考虑教育内容创作而非营销支出。开发者营销团队早就从他们推广缺乏文档的 SDK 或开发者工具的经历中汲取了经验教训。你或许能把访客带到落地页，但下载量和后续使用量会很低。我们知道，如果要让开发者迈出进入 IoT 领域的第一步并快速地制作新设计的原型，就必须让使用我们的硬件进行构建跟软件编程一样容易。让此块新空间变得易于进入，教育内容会是关键。

强化产品并鼓励社区反馈

通过对开发者社区和商业化需求的研究，我们知道自己还没有做到发布所需的一切，但我们也不想因为过度追求完美，而成为优秀的敌人。此外，我们的经验表明，一旦发布了 DragonBoard 410c，社区自然会让我们知道还缺少些什么，以及如何改进它。

我们制作了推出板子所必需的教育内容，并且心里很清楚，随着时间的推移清单上的内容必然会增多和改变。用创业公司的话来说，我们发布所需的最小可行产品内容包括：

- 内含硬件用户手册、数据表和应用说明等内容的文档；
- 含有构建步骤说明的上手型项目；
- 可以快速编程实现不同功能的示例代码；
- 针对特定应用的教程短视频。

有了满足基线要求的产品内容为我们奠定基础，就可以创建营销内容用于宣传产品并驱动人们使用教育资源了。

- 运用三阶段手法为既定主题编写博客文章，从初学者级别开始，以包含技术应用、垂直用例等内容的专家博文收尾。
- 聚焦当月最佳特性项目的月度通信电子邮件，精选博文进行专题报道以突显新资源。
- 由生态系统中主要的软件和硬件供应商主持的网络直播。
- 基于商业应用的用例。

社区对我们的教育内容给予了很优质的反馈：它不够充分；有时候太空洞，有时候又太深奥。我们开始监控论坛中的问题讨论以收集反馈，开始参加黑客马拉松后，我们发现这些活动其实是更优质的开发者反馈来源。在黑客马拉松活动中，开发者面临着极其紧迫的时间约束，我们立即就能看到哪些内容易于遵照使用、哪里还缺少或空缺内容。

早些时候，我们只能求助公司内部资源和供应商生态系统以获取文档。大多数情况下，这些文档都是由高手工程师编写，也是给高手工程师看的，他们假定读者所应掌握的基础知识量已经远远超过了我们所触达的广大受众的水平。过了一段时间后，就在我们以为已经解决了大部分反馈问题并且我们的资源也非常可靠的时候，我们从面向最专业开发者群体举办黑客马拉松转向了举办大联盟黑客活动（Major League Hacking），这让我们走到了成千上万名大学生面前，也让我们的内容经历了它迄今为止的最大挑战。发现人们需要多次知识跃迁才能理解我们的内容时，我们才幡然醒悟，也是直到我们开始提供恰当级别的资源和示例代码之后，我们才得以见到来自黑客马拉松的大量已完成项目。我们想跟你分享这段经历为我们带来的收获。我们应该始终保持以开放态度对待社区反馈，因为我们接触到的每个新受众都会有不同的见解。

从自家做起

在把 DragonBoard 410c 带去参加它的首次黑客马拉松之前，我们联系了公司内部的工程社区。虽然公司拥有大量工程人才，但我们开发者营销团队却跟大多数开发者计划一样，都在努力争取得到公司技术人员的支持。他们总会有重要客户压下来的优先事项和不容错过的产品计划。我们没有得到任何的资源可供分配，无力帮助开发者营销人员为 DragonBoard 410c 创建示例代码和教育内容，因此我们邀请了内部工程师来试用这些代码和内容。

我们产品团队在全公司范围内面向工程师大力推广 DragonBoard 410c，通过内部邮件列表散播了数百块板子。由工程师组成的 DragonBoard 俱乐部应运而生，在他们的业余时间里，他们要么是业余爱好者，要么正在通过校友计划和学校志愿者计划（如高中机器人俱乐部）参与推广 STEM 教育。这群士气高昂的工程师散布全球，包括加州的圣迭戈和圣何塞、北卡罗来纳州的三角研究园、加拿大多伦多、英国剑桥和印度海得拉巴。

这对他们有什么好处呢？我们会给予那些创建项目、编写文档或在黑客马拉松中提供支持的员工正式奖励，以表彰他们在日常工作之外取得的成就，并允许他们免费保留他们的板子。但 DragonBoard 俱乐部成员最主要的动力来源，还是他们对四处捣鼓的热爱。

对我们有什么好处呢？DragonBoard 俱乐部在以下几个重要方面做出了广泛的贡献。

- 测试板子和初始教育资源的质量；
- 创建那些开发者最终会使用的演示、工作坊和视频教程；
- 通过跟校友群和高校俱乐部分享来宣传这些板子；
- 找出最能启发开发者的那些特性和功能（计算机视觉得到的评分很高）；
- 记录我们最早的项目。

他们在创建和记录项目方面的贡献是无价的。跟案例研究和客户推荐强化企业可信度的方式一样，树莓派和 Arduino 等硬件平台采取的方式也是利用已发布项目向他们社区展示其可信度，鼓励其他开发者不只是从前人工作那里汲取灵感，也要去复制并改进它。

通过从自家做起，我们开发者营销部门很早就可以在高通开发者网络站点宣传 DragonBoard 410c 的成功项目了。项目包括描述、源代码、物料清单、装配说明，通常还包括项目实操视频，并按硬件、操作系统、焦点领域，以及最重要的——技能水平进行了分类。我们意识到，社区在经验水平和专长领域方面的范围很广、差异很大，而我们也在不断地调整资源，以便能同时满足经验丰富的开发者和初学者的需要。

经过长时间大力扶持后，我们已经发展到了社区成员主动贡献自己项目的地步，这正是评估产品参与度的一大关键指标。

提高认知度

借由传统的营销传播技术，我们得以保持稳定的节奏输出认知和教育，吸引新开发者加入我们的渠道。我们会发邮件提醒给注册了高通开发者网络的开发者介绍兴趣领域的新资源，通过社媒营销活动为网站引流，还有月度时讯，早已被证明是提高博客读者数量的最有效手段。

我们还会参加创客节（Maker Faire）等活动开摊设展。我们很清楚，仍有很多创客没听过高通的名头，还有更多创客仍然不知道 DragonBoard 410c 是一款被设计成跟智能手机一样强大的开放式开发套件。像创客节这样的展览会吸引典型的工程师人群（他们通常身着 T 恤加运动外套和牛仔裤），有大把机会可以去提升认知和教育水平，因为我们可以接触到那些有兴趣深入了解演示背后技术的人群，并在展台跟这些工程师直接互动。

在早期，我们提升全球认知度方面的最大成果来自 DragonBoard 410c 创客月竞赛。我们揭晓了这项竞赛，并向全球开发者发出挑战，号召他们提交如果拥有 DragonBoard 410c 会构建些什么的创意。我们收集了来自全球各地近 800 个创意，从食源性病原体的测试设备到用于绘制坑洼情况的车底设备，以及介于两者之间的创意。随后，重要的是，我们要求整个开发者网络来评判这些创意并进行投票。超过 17000 名开发者给这些创意投了票，首轮有 31 个创意通过。我们给首轮获胜者每人赠送了一个 DragonBoard 410c，给他们一个月时间来构建他们所提议的发明，拍下可展示其工况的视频并发给我们。随后，由我们的工程师、渠道和分销成员组成的小型评委组选出一名最终获胜者，并颁发特等奖 5000 美元。

我们认为，让开发者社区投票选出首轮获胜者是这场竞赛取得成功的一大重要因素。它在全球开发者中引发的对话扩大了 DragonBoard 410c 的知名度，并让潜在创客了解了它作为一款处理能力可媲美智能手机的开放规格开发套件的独特之处。比赛引流还让我们项目页面的流量暴增，因为我们发布了很多首轮获胜者的说明书，试图激发模仿和创新。

从认知到参与：硬件黑客马拉松

多年以来，我们一直将黑客马拉松作为吸引开发者使用软件产品的工具，而且也渴望能继续利用这些活动的创造力。但没过多久我们就发现，要想成功举办一场硬件黑客马拉松，我们还需要迈出一大步才行。

对于软件黑客马拉松，我们通常会提供文档、代码示例和 SDK。这些都是世界各地均可获取的在线资源，极少有需要运送的物理资源。相比之下，跟硬件马拉松相关的几乎所有事项都涉及物理装备，我们为每个团队准备的黑客工具包也需要投入更多精力去准备、运输、物流、支持，有时候还需要负责进出口事宜。

我们的第一场黑客马拉松让我们大开眼界，也让我们知道了怎么做才能让硬件跟软件一样易于编程。我们参加了 TechCrunch Disrupt，发现参会者更偏向于以软件为主，那些有硬件经验的人知道 Arduino，但对完整计算平台一无所知，而 DragonBoard 410c 那时候还没有得到插入式夹层板的强力补充。那些还想要连接传感器的人需要承受额外的负担，应对实验电路板、电平转换器和烙铁，对很多软件开发者来说，他们可不愿意花时间做这些事。随后，他们最终所提交的项目大多数都不过是运行在 DragonBoard 410c 上的安卓应用而已。我们了解到，除了提供黑客工具包之外，我们还需要让 IoT 的所有硬件组件（如传感器和摄像头）变得更易于访问，以及提供大量的示例代码和项目帮助开发者充分发挥板子的性能。

开发者还需要实时的、现场的硬件专业知识。没有任何人可以代替一名了解板子且可以在午夜十二点半的时候面对面回答任何问题的工程师。显然，这需要付出点努力才能把我们的工程师从日常工作中（及周末）拽过来支持黑客马拉松，我们则再次受益于内部 DragonBoard 俱乐部的力量，但这些付出也收获了更好的项目和更满意的开发者。

黑客马拉松的一大重要目标是展现威力，DragonBoard 410c 能够轻松连接和使用的东西越多，它对开发者的价值也就越大。随着我们得到了越来越多的关注，以及不断扩展的硬件生态系统，我们得以将专用夹层板和即插即用传感器也纳入黑客工具包。这些组件让黑客们可以专注于程序逻辑和用例，而不必操心连接电线和引脚之类的烦心事。

我们还理解了瞄准更多硬件专题黑客马拉松为产品吸引合适受众这一目标的重要性。限制了参与活动数量之后（因为很多黑客马拉松都是软件专题），我们投入的时间和资源得到了更好的回报。在此过程中，我们还学到了很多为成功举办活动奠定基础的宝贵经验，尤其是从赞助 AT&T 开发者大会的经历中收获了很多经验。

- 用例——不管是想强调 DragonBoard 410c 在多媒体、计算机视觉、边缘计算还是任何其他用途方面的作用，我们都会尝试调整黑客马拉松挑战和黑客工具包，做到跟活动焦点保持一致。

- 联合赞助商——通过提前了解活动联合赞助商计划在活动上强调哪些设备、SDK 或云服务商，我们就能协同传感器、摄像头及类似 AT&T M2X 的服务一起交叉推广 DragonBoard 410c 了。

- 会前直播——我们希望在黑客马拉松活动开始几周前，事先通过直播活动跟参会者建立联系，我们的工程师会在直播上介绍 DragonBoard 410c 的能力，以及黑客工具包的相关内容。

- 资源——黑客马拉松几乎没有留出任何时间用于梳理文档，因此我们对齐活动的主要议题，预先准备好了易于参照的代码、快捷方式、示例项目和视频教程，会前直播时我们也会专门提及这些内容。为了方便所有人使用，我们还在网站上制作了黑客专属资源页面，集中展示这些内容。

● 黑客马拉松团队——经验丰富的黑客们是以团队形式出现的，他们知道自己想要构建什么，也知道自己想要竞争什么类别。除了试图通过会前直播引发这些团队的兴趣以外，我们还派出员工在整个注册时间段内持续推广我们的挑战议题，彰显我们黑客工具包里的所有好东西，以求让更多高价值黑客们愿意使用它。

在我们跟硬件社区的互动中，黑客马拉松和类似的现场活动发挥了重要作用。开发者喜欢这些活动，以及充斥其中的创新氛围。尽管他们提交的黑客项目更像是科学实验，而不是有用的商业化应用程序，但通过运用本节所提到的方法，我们也从中发掘了一些"宝石"。最重要的是，我们发现这些都是可以提升开发者对新技术的认识和兴趣的好方法，也是能够不断提升 DragonBoard 410c 易用性的宝贵试验场。随后的展销会上，我们在自己展位上接待了获奖团队和他们的 DragonBoard 410c 项目，其中包括荣获大奖的家庭健康自动化系统原型，这让我们双方的曝光率都有所提升。

聪明的公司从小处着手，如在当地举办聚会群研讨会或是跟自家公司暑期实习生一起举办迷你黑客马拉松，然后收集他们的反馈，了解举办数百人规模大型会议还需要些什么。黑客马拉松揭示了开发者可以使用这些技术和设备做些什么，但它们并不是实现可靠业务目标的最短或最简单路径。此外，自己主办黑客马拉松活动可能需要耗费非常多的时间和金钱，因此通常最好是先仔细研究一下当前知名的、参会人数很多的黑客马拉松，从中找出那些跟你们业务目标相吻合的往期活动，包括参会人群特征、已公布的参会者和获胜技巧等各方面。

通过商业成功构建留存

在我们不断推进用更多更好的文档、示例代码、项目等内容打造坚实基础和持续构建硬件开发者社区的过程中，我们明白了，我们需要让增长跟我们商业成功的目标保持一致。我们所用方式能否真正在目标用例中产生业务成果，现在检验正当时，而且经此一役我们也明白了，必须得承认，在 IoT 的世界里，我们的硬件只不过是潜在客户所考量的一整套端到端商业解决方案的一部分而已。对于大多数开发者计划来说，大概率也是如此，无论推销的是什么产品，都只不过是客户做出最终商业化产品所需的诸多要素之一而已。对我们来说，在开发者营销和使能方面跟我们的生态系统展开合作，是可以促进特定商业化应用程序使用率的机会之所在。

跟生态系统联合营销：良性循环

从一开始，我们就把 DragonBoard 410c 设计成了可以兼容 96Boards 消费者版本规范，这是一个开放标准，发明家们可以放心地开发原型，而不必局限于任何单一供应商的架构。这个标准还意味着，硬件供应商使用他们组件（传感器、电机、显示器、摄像头、蜂窝调制解调器等）制作的加装板（96Boards 称之为夹层板），适用于所有 96Boards 单板计算机，包括 DragonBoard。结果这么一来，就在产品团队所开发的模块生态系统之外，造就了一个迅速扩张的组件硬件生态系统。

随着版图向机器学习、网络边缘和云计算等领域不断扩展，我们也扩展了我们的生态系统以纳入软件和云服务提供商，他们可以帮助我们在这些领域站住脚跟、找到更好的立足点。例如，对于大多数的目标机会点来说，设备内置计算跟无线和云连接的结合已经成为一大重要因素，因此，我们也发布了很多面向主要云服务的 DragonBoard 410c 项目，包括 AWS IoT、AWS Greengrass、IBM Bluemix、IBM Watson IoT、AT&T M2X，以及微软 Azure IoT。

为了把这个硬件和软件供应商的生态系统转化为商业实施，我们拉着社区一起拓展可以双赢的开发者联合营销机会，以此激发人们为目标用例领域做设计。我们求助于生态系统解决如何获得技术内容和资源以激发设计导入的问题，作为交换，我们会提供宝贵的推销机会，让他们可以触达跟高通开发者网络持续互动成长的社区。例如，我们跟 IT 服务公司 Solstice 合作，后者用 AWS Greengrass 在 DragonBoard 410c 上开发了一款设施管理演示程序，作为交换，我们在 AWS re:invent 自家展位上突出展示了这个项目，在博客上对该用例进行了专题报道，还在我们的月度开发者栏目中介绍了该项目的首席开发者。还有一个例子是我们跟 Timesys（一家专门从事 Linux 开发者服务的公司）的合作，该公司创建了一个四部曲风格的直播系列，我们主持了其中一期节目，介绍如何在 Linux 操作系统上进行工业 IoT 开发以实现工业网关的用例。结果很好，我们都得到了非常多的线索，而最重要的是，收获了一批满意的技术受众。

在跟生态系统新成员合作进行联合营销时，我们会根据双方共同的目标来调整所采取的方式，不过我们通常都会先从下面这些互动方式开始。

- 客座博客；
- "月度开发者"专题；
- 发布生态系统项目信息；
- 邀请生态系统公司的讲师参加直播；
- 月度新闻通讯的专题报道；
- 将黑客工具包出借用于生态系统举办的活动；
- 将样品摆放在行业活动的高通展台上。

通过可触达我们高参与度开发者群体的连续营销计划，我们持续地投入以培育我们的开发者社区和生态系统，作为交换，跟我们合作的那些硬件和软件公司提供了我们开发者所需的专业能力，这一切教会了我们有关互利互惠和生态系统的宝贵经验教训。

总结

如下是我们在围绕硬件构建开发者社区过程中所收获的有关开发者营销方面的一些经验总结。

- 从我们知道的开始，要自己去研究硬件开发者需要什么和想要什么，也即高质量文档、示例代码和支持。保持以开放态度对待得到的反馈。
- 在强化产品和开发资源的时候，要从小处着手，从我们熟知的社区开始，这样才能得到非常开放和直接的反馈，为我们的成功添砖加瓦。在我们的案例中，为我们提供初始动力的正是公司内部的

DragonBoard 俱乐部，那些喜欢四处捣鼓的工程师为我们开发了初期的大量资源。

- 估计还需要一段时间才能做到"硬件像软件一样易于编程"，但无论如何，它已经成为指引我们开展 DragonBoard 410c 工作的一个极其有效的主题。我们所做的几乎所有事情都是在支持与帮助人们尽快完成原型设计并实现商业可行性的目标。

- 刚起步时，我们并没有明确定义的目标受众群体，也没有期望中的用例，我们只是想着，把 DragonBoard 410c 交到社区手中应该就能够成为催化剂，帮助我们收获反馈和关注。通过将注意力转向外部并寻求开发者正在制作什么和需要什么方面的模式，就能够调整所用方法以促成早期成功。

- 然而，随着时间不断流逝、初始项目逐渐增多，我们也学到了重要的一课：用户制作了什么内容并没有他们在制作中使用了哪些 DragonBoard 410c 特性那么重要。我们发现他们所创建的那些 IoT 项目发挥了板子的智能手机级技术的优势，包括摄像头、多媒体、手势识别，尤其是计算机视觉。还有些用户甚至将 DragonBoard 410c 用于路由器和网关应用程序。这种对功能的兴趣直接满足了我们对参考应用、示例代码和文档的需求。

- 由于教育内容对开发者非常重要，我们将继续寻找、改编、翻译或创建满足开发者快速建立设计原型所需的说明级别和上下文的文档。

- 生态系统不只是一群客户和供应商，更是一堆潜在的解决方案。不管是要依赖我们开发者社区以推广和评判那些参赛作品，还是要转向我们的分销商、硬件和软件供应商生态系统以获取在内部无法得到的技术能力，我们都很享受我们关系所带来的巨大投资回报。

我们持续地审视和调整工作安排，将整个开发者旅程铭记在心，从认知、教育、互动和留存到检查哪些有效、哪些无效。我们将每一次外展活动都视为一次 360°整合的营销活动，通过博客、新闻时讯、项目和社交媒体进行推广和推送，以便能充分地发挥每一场活动、黑客马拉松、直播的作用。

第16章　开发者关系和 API

Mehdi Medjaoui：apidays Global 及 GDPR.dev 创始人

应用编程接口（Application Programming Interface，API）是实现可编程经济的接口，但要做到这一点，必须要把 API 设计成是可发现的、可扩展的，并且能够提供它们所声称的解决开发者问题的能力。为此，公司需要采取正确的方式管理其开发者社区的期望和愿望。这正是开发者关系可以发挥作用的地方。 虽然 API 提供了内容，但也需要技术人员（也即开发者）把它们集成到应用上，开发者关系可以将两者联结起来。接下来，我们将探讨 API 如何通过提供更大的覆盖范围、可扩展能力和普遍性来改变可编程经济的游戏规则，我们还将研究开发者关系在 API 管理、宣传和布道等方面所扮演的角色。

开发者关系和 API：社区、代码、内容

在讨论 API 时，我们应该围绕如下三根支柱来塑造开发者关系的角色，SendGrid 开发者关系团队称之为 3C：社区（Community）、代码（Code）和内容（Content）。

开发者关系首先是关于社区的。只要人类还在集成 API，至少直到机器完全取代人类之前，社区这个概念就仍是开发者关系的一大重要组成部分。出现在开发者所在之处，跟他们互动、倾听他们的反馈和想法、启发他们，再修饰一下 API，这些都是社区在开发者关系中的使命。

作为可以促进更多口碑传播的一种软实力，社区非常重要。SendGrid 的蒂姆·佛斯（Tim Falls）曾经说过，"个人联系远比一次点击更有价值"，他发现有时候开发者即便自己没有用过也会推荐使用 SendGrid，就因为他们知道 SendGrid 团队很关心此事。

社区还包括参加开发者活动或者 API 会议跟社区保持联系，以及参与跟你们 API 功能没有直接关联的演讲活动。有时候，主题有可能是某人用你们 API 完成了一次很酷的黑客创作，或者是为社区而发布的一个开源包，有时候甚至会是更偏社交化的议题。

第二根支柱是代码。集成 API 就是代码的工作，而开发者的工作就是产出可以交付价值的代码。如果能借助现成的代码，他们就可以专注于实现业务逻辑，从而更快完工。随后，开发者关系团队开始发挥作用，将此代码作为示例代码、SDK、示例应用或者 API 定义提供给开发者，以便他们可以直接使用。对于开发者关系团队的成员来说，意味着他们自己也要编写代码来维护开发者平台和 API，以保障其具有良好的开发者体验，我们将在本章后续部分继续详细介绍。

第三个支柱是内容。开发者喜欢透明和诚实的沟通，以及有用的内容。内容是吸引开发者，以及把他们发展成你们博客和生态系统忠实受众的最佳方式之一。

内容有很多种不同的存在形式。它可以是有关近期变更的技术更新报道，可以是介绍你们团队近期黑客创作成果的一篇博文或一封电子邮件，也可以是介绍以某种特定方式构建某些特性的一篇工程帖子，或者对某个最佳实践的详细介绍。它也可以更加宽泛些，例如，近期发布的介绍如何让公司和应用程序实现碳中和的 Stripe 小册子和博客文章系列。内容是你们跟开发者相互间关系的一个重要组成部分，它让人们可以通过 SEO 或社媒分享的方式发现你们公司和你们的 API。

总之，社区、代码和内容就是你应该努力去实现的开发者关系三大支柱。

API 即产品和产品 API 的开发者关系

在讨论开发者关系和 API 的时候，我们需要先做出一个明确的界定。你需要考虑，你们的 API 就是产品本身，还是用于供给和支持某款产品的。例如，Stripe、Twillio、Mailjet 和 Avalara 都是 API 即产品的类型。它们提供的是实现某个特定目的的独立功能，如支付、短信、发票验证、电子邮件等。

另一方面，Salesforce 的 API、Facebook 的 API、eBay 的 API、YouTube

的 API 及 Twitter 的 API，这些都是产品 API，或者换言之，是用于某款产品的 API。它们的存在是为了支持和定制某个既有平台。它们通常代表了超过 50% 的平台和产品总流量，这是相对可观的。尽管它们对所交付业务来说至关重要，但往往可以免费使用，因为它们的使用能够提升基础业务的价值。

面对 API 即产品和面对产品 API，开发者关系的角色是不同的。前者专注于创造收入，而后者则专注于价值。

对于 API 即产品的情况，开发者关系的最终目标是通过布道、倡导或者建立（能直接增强顶线业务的那种）关系等方式，增加公司的收入。由于 API 就是被集成和被售卖的产品，因此目标将会是根据业务模型最大化那些高价值集成的数量。对于这种开发者并非决策者而只是开处方者的情况，开发者关系的目标是让开发者接受培训并了解 API 的好处。开发者可以在他们组织内部从企业层面提出使用这些 API 的建议，这么一来，企业集成和高收入也就随之而来了。

对于产品 API 来说，开发者关系主要是为了激发开发者构建那些可直接增强平台价值的应用程序，但并不一定会增加收入。当 Facebook 开放平台 API 的时候，是免费提供给开发者用于构建应用程序或游戏的，由此产生出了繁荣的应用程序组合，这也昭示着 Facebook 平台将继续存在。

最终，用户留了下来，不仅仅是因为社交网络，更是因为那完整的应用生态系统。这跟 Salesforce AppExchange 情况相似，它拥有 4000 多个商业应用程序。在这种情况下，Salesforce 不仅是一款 CRM 软件，更是以 CRM 为动力、跨多个行业适用于诸多用例的一个商业应用程序生态系统。对于产品 API，开发者关系的作用在于培育生态系统，扩大产品销售及其对用户的价值。

开发者关系的 API 开发者体验八大支柱

开发者关系有一大关键作用，就是致力于做好开发者体验（Developer eXperience，DX），尤其是涉及 API 的时候。DX 是一种设计实践，旨在简化开发者集成 API 时的工作，从发现到最终生产实施。

DX 的目标，是最大限度地将希望使用你们 API 的人转化为集成它们的人。在开发者独坐电脑前使用你们 API 的世界里，你们的 DX 需要处于最佳状态，要让他们感到应对自如，并指导他们一直走到调用消耗环节。

你需要理解，DX 可以改变游戏规则，使用一个简单公式就可以度量。如图 16-1 所示，如果集成 API 的工作开销超过了 API 所提供的感知价值，那就没人会去集成它。如果集成工作的开销低于 API 的感知价值，那开发者就会去集成它。这就是进入可编程商业模式所需的那个 DX 引爆点。

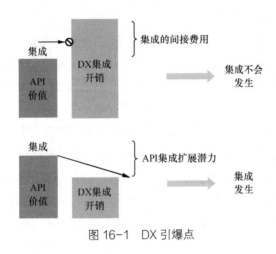

图 16-1　DX 引爆点

API 感知价值可以通过开发者体验八大支柱度量：发现、设计、首案引导（onboarding）、文档、工具、管理、透明度和沟通，以及"没有意外"政策。

API 发现

开发者发现你们 API 及其所提供价值的方式，是你们开始跟开发者建立关系的关键。开发者如何找到你们？由于目前还没有专门针对 API 的搜索引擎，因此，API 的发现机制正如 HithHQ 联合创始人布鲁诺·佩德罗（Bruno Pedro）所说的那样，通常会被描述为是"口碑+一点运气"。

当然，你们的沟通，包括开发者大会上的展示、线上内容营销、线上广告及公司活动，都对 SEO 有很大帮助。然而，这仍然处于很初级的状态，无法真正按照"最好的总能胜出"的方式去做规划。你们需要发展自己的影响力网络，而这正是口碑真正能发挥作用的地方。当某位 CTO 或某位开发者通过论坛、邮件列表或社交网络询问"做某事的最佳 API 是哪个？"的时候，你们的 API 需要出现在别人所给出的答案里。接下来，当开发者找到你们的时候，他们仍然需要了解你们 API 所提供的价值。你们需要搭建一个开发者门户，把你们 API 的价值讲清楚。例如，Twillio 在推销他们短信 API 的时候，曾经使用过"我们能让你的应用开口说话"的口号。又如 Stripe，他们在首版网站上打出标语"支付处理。正确完成"。

API 设计

API 是你们所提供的数据或服务的代表，并不是你们所提供的实际数据或服务。这意味着它们提供了一个从客户价值视角进行表达的独特机会。你们可以设计 API 用于代表开发者想要使用的动作和资源，而不只是用于暴露你们所拥有的资源。在此情境下，你们的 API 就像是餐馆里的菜单一样，必须被设计用于提供最佳的消费体验以取悦消费者。菜单并不是你们所储存的所有食材，也不是厨房的平面图，而是展示你们根据客户兴趣想要提供的东西，对 API 来说也是如此。这就是 API 设计如此重要的原因，让自己设身处地为开发者着想，并根据开发者想要什么来表达你们的内在能力。如果你们能够做到这一点，你们的 API 就会受到开发者的喜爱。不要忘记，DX 就是通过激发开发者构建出你们 API 可实现的最佳用户体验，从而实现良好用户体验的。

API 首案引导

就跟打开盒装产品的过程一样，首案引导就是开发者第一次发现和激活你们 API 的过程。正如苹果公司设置了专职团队负责看护其盒装产品的开箱体验一样，你们也需要理解开发者为了成功地完成首次集成而需要经历的所有步骤。我们通常将此指标称为 TTFHW（Hello World 首次完工时长）。

注册、填写表格、签署服务条款、设置环境、获取应用程序凭据、下载辅助函数库、被重定向到正确的"入门"章节、阅读文档，等等，所有这些步骤都应该尽可能简单明了。即便公司出于法律或合规的目的需要大量时间进行验证，你们也可以在用户等待验证完成期间提供一个复制了真实 API 环境的沙箱给他们使用，以优化首案引导体验。还有一个诀窍，在上家公司 OAuth.io 工作时，我们会询问这些开发者使用的是什么技术栈，然后直接把他们优选语言版本的正确 SDK 发给他们。更宽泛点，你们应该尝试去实施你们所知道的所有诀窍和技巧，以尽可能让开工过程变得愉快。

API 文档

文档是所有开发者关系策略的关键，正如 LaunchAny 公司 CEO 詹姆斯·希金博特姆（James Higginbotham）曾宣称的那样，"你们的 API 再好也好不过它的文档"。关注开发者体验 API 文档是你们 API 成功的关键。例如，Twillio 和 Stripe 这两家公司就是以拥有所处主题领域最佳文档而闻名于业界的。

文档应该分成两部分进行处理。第一部分采取"只说不教"（tell-don't-teach）的方式，提供有关其运作机制的完整解释，包括 API 及其工作机制概述、它能启用什么功能、身份鉴证机制、API 参考等。这部分有点像是 API 的词典。如果开发者找不到方向又不懂 API 的"方言"，这些元素可以帮助他们找到通往成功集成的康庄大道。也有其他人将这部分比喻成没有说明书的乐高积木，我们只给出了可供开发者按自己想法进行构建（如果他们知道要构建些什么的话）的一大堆积木。

另外，我们将在"只教不说"部分提供一份更高阶版本的文档。在这一部分，主要聚焦于通过教程、分步操作指南、代码示例等内容帮助他们取得成功。这部分有点像配有说明书的乐高玩具，帮助并激发开发者最大限度地构建出价值。

API 工具

开发者门户提供的工具是开发者体验的一大重要组成部分。这些工具包括 API 浏览器、身份鉴证操练场、API 调试控制台、API 沙箱、交互式文档、API 描述文件（如一份可下载的 OpenAPI 规格说明书）、用户画像等。开发者关系团队会负责这部分体验，并将所有这些工具都纳入 DX。在 API 市场竞争激烈时，工具是能让 DX 产生差别的一大重要支柱。

API 管理

DX 的另一大支柱是开发者仪表盘和面向开发者的 API 管理。我们需要提供能力给开发者，而且他们也会消耗这些能力，但开发者需要知道自己的消耗水平、性能及错误率，才能有效地监控其消耗。这就是 DX 规划的一大关键部分必须专注于为开发者提供监控 API 使用情况所需的最大信息量的原因。常见的指标包括每个端点的 API 调用次数、平均响应时间、首字节时间、末字节时间及错误率。你可以决定提供所有必要指标，满足你们开发者社区以正确粒度最好地管理他们应用的需要。此外也别忘了，好的 DX 还包括美观的 UI 和易于跟踪应用和 API 集成动态的仪表盘。开发者也喜欢设计！

透明度和沟通

透明度支柱说的是通过清晰和直接的沟通最大限度向开发者提供真相。首先，我们得记住，透明度需要先跟我们内部文化保持一致，然后才能应用于组织外部。在 API 和开发者关系的情境下，透明度就是传达路线图、平台健康度、公司战略及其对 API 的意图等信息。这需要在所有可用渠道上频繁地进行沟通，包括开发者门户博客、电子邮件、Twitter 账号，以及其他的开发者相关社交网络。例如，假定你们出现了较长时间的 API 故障停工，只要做到对情况保持透明、进行持续且清晰的沟通、实时且无禁忌地回应投诉、能够坦言你们正在调查但尚不清楚问题所在，并在问题解决时及时宣告，开发者也是可以谅解的。此外，事故处理完之后，你们还需要写一份事后分析报告解释到底发生了什么，即便有时会有些难堪，也不要说谎、掩饰，更重要的是，说明采取了哪种措施以避免未来再出现这种问题。这种做法不仅会受到开发者的高度赞赏，而且可以提高信任度。

"没有意外"政策

开发者让事情可行。从这层意义上看，他们需要提前了解事情，这样他们的工作才是可预测的。如果我们打破了这种可预测性，那就破坏了我们跟开发者之间的信任。有很多种方法可以破坏开发者对我们开发者关系和 API 的信任。

第一种是技术性的，涉及重大变更和版本控制。API 在不断演进，开发者心知肚明，但他们希望这种演进是以最不费力和最小化他们工作量的方式进行的。久而久之，多次破坏其 API 的公司必将引发开发者的不满，以 Facebook 为例，它就曾经经常性地破坏他们的 API。为了避免出现这种情况，请给开发者留出时间来适应这些变更，在废弃某个版本时预留出一个较长的通知期（至少三个月），以尊重开发者的可预测性、注意力和时间。解决此问题的方法之一，是承担管理多个 API 版本的负担并采取"一经写就、永久运行"的策略，这意味着只要还有开发者在使用旧版本的 API，就必须维持它的实时运行。像亚马逊、Salesforce 和 Stripe 等成功的 API 驱动型公司都已经采取了这种策略，这已成为提升他们在开发者社区中信誉度的一个重要组成部分。正如亚马逊云科技 CTO 沃纳·威格尔（Werner Vogels）所说的，"代码可能会改变，但 API 是永恒的"。

破坏开发者信任的另一种方式就是改变公司政策和 API 服务条款。过去，很多公司在没有事先通知的情况下，单方面违反了跟开发者之间的法律和道德契约。Twitter 就是这种情况，它多次破坏了自家的 API 政策，久而久之就扼杀了其长尾应用生态。还有谷歌，它改变了自家谷歌地图的定价策略，叫停了曾大获成功的免费套餐，并因此而破坏了在兴趣项目中使用谷歌地图的数百万应用。

这些支柱是没有商量余地的。如果我们能运用好这些支柱的原则，就能够掌握为开发者制作 API 的艺术，并在开发者生态中占据重要位置。

开发者关系 ROI：API 和开发者关系管理的 KPI

评估开发者社区的质量和潜力，是开发者关系策略的一大关键要素。

很多公司都试图开发一个内部工具，以便更好地了解他们的开发者社区。很多 API 管理供应商都已经构建了他们称为内部版的开发者关系管理软件，类似一款面向开发者的 CRM。它能提供一种方法，可以基于我们的 API 策略（包括覆盖面、应用生态系统或收入）更好地沟通、追踪并区分那些具有最大潜力 ROI 的开发者。此外，找出并吸引我们平台上的开发者也是重新激活他们并重新激发他们使用我们 API 进行构建的一种方式。

为此，我们需要用到 Major League Hacking 创始人麦克·斯威夫特（Mike Swift）所说的开发者关系的"基本要点"。它是一种混合体，包括开发者关系的实践，以及用于有效投资和跟踪的指标。它分为两部分：API 使用率跟踪和开发者跟踪。

API 使用率跟踪器：开发者关系的 AAARRR

海军上将纳尔逊勋爵曾经说过，"如果你不能度量它，你就无法改进它"。另一方面，正如古德哈特法则所言，"当度量变成了目标，它就不再是一个好的度量了"。该如何在开发者关系策略的度量指标和目标之间找到合适的平衡点呢？只需要让 KPI 匹配 API 即可。

API 有各种各样的 KPI，我们在这里提供了一些 KPI 供读者参考。为了收获最大价值，读者应该将这些 KPI 跟海盗漏斗结合使用，其灵感出自著名创业加速器 "500 startups" 的创始人戴夫·麦克·卢尔（Dave Mc Lure），它更广为人知的名称是 AAARRR 模型：认知（Awareness）、获取（Acquisition）、激活（Activation）、留存（Retention）、收入（Revence）和推荐（Referrals）。

API 认知

开发者门户的首页和文档的访问次数：包括付费的和自然的在内，有很多种方式可以吸引开发者访问我们的主页。要吸引开发者使用我们的 API，首先得让开发者发现我们的价值主张和我们所提供的能力。吸引最大数量的开发者是最主要的认知度指标。

博客文章的浏览量和阅读量：在开发者关系策略中，内容是关键，所以必须跟踪我们发布的所有内容，并确保始终放入了一个指向我们开发者门户页面的链接，以追踪这些文章的推荐情况。

注册我们新闻时讯的开发者数量：要求读者注册我们的新闻时讯，以便能收到有关新文章和 API 更新的通知。该数字是一个关键元素，可用于跟踪有多少社区成员想继续接收我们的新闻消息，并将这个数字跟当前已注册 API 的开发者数量进行比较。

演讲次数/演讲触达人数：认知度来自线下讨论和现实生活中（In Real Life，IRL）的活动。对于激活"口碑"这种不可度量但运作良好的机制来说，大型会议、见面会和所有可以提升我们 API 认知度的公开及非公开活动都非常重要。这也是启动病毒传播阶段的基础，稍后我们再来讨论这一点。为此，我们可以跟踪演讲数量、平均受众人数等数据，用以计算触达度。此外，如果我们在活动上有开设展位，还可以计入跟我们有互动的人员数量。

开源 Star 数量和工具贡献：基于开源许可提供有用的工具或是发布有价值的软件，可以给我们公司和 API 带来很多认知度。近来，这种做法就为 Strapi 和 Hugging Face API 带来了开发者的成功，前者发布了一款可以使用 GraphQL 构建 API 驱动型 CMS 的工具，后者以开源方式发布了他们的自然语言处理技术。这两家公司通过开源吸引了开发者、扩张了业务并从投资者那里筹集到了大量资金，分别是 1000 万美元和 1500 万美元，这些均建立在开发者关系围绕公司开源项目管理开发者社区所取得的成就基础之上。

API 获取

注册开发者数量：注册开发者数量是一个重要的获取指标。但它只在开始阶段有用！切勿依赖它把它当作一个重要的长期指标，因为当开发者关系计划发展成熟之后，它就失去了针对性。这个指标让我们得以了解开发者社区跟我们提供的 API 及其相关能力感知价值是否匹配。

应用数量和每个开发者应用数：大多数时候，一个开发者账户会连接到一个应用，但当我们变得流行时，或者更具体地，当我们的 API 拥有可以被轻松复用至其他应用的内在价值时（也即，它是事务型或业务流程即服务型的 API），我们会看到平均每个开发者账户下有两个或更多个应用的情况。跟踪这个数据很重要，因为这些开发者或许是我们最好的口碑传播大使，毕竟他们已经重复使用多次，早就充分理解了我们产品的价值。在获取阶段，应用总数和拥有至少两个应用的开发者中位数是不错的指标。

API 调用次数：在开始阶段，API 调用总数是一个很好的指标，可以让我们的开发者关系团队专注于提升 API 的使用并在营销策略方面做到推陈出新。开发者关系团队将专注于根据不同的常见用例激发开发者采取不同使用方法。这是一个应该跟踪的度量指标，因为它会飞速地变得不再是一个好指标，除非我们的策略与或商业模式跟 API 调用数量有关，如联营、按需付费或者第三方页面广告等间接模式。

其他平台上第三方集成的数量：另一种扩大开发者关系触达和获取的方法是，跟已经拥有开发者社区的现有公司合作，在他们的市场上构建插件、扩展或集成，从而进行扩张。例如，Typeform 是一个使用 API 制作调查问卷的平台，它就曾采取过将某个用例集成到第三方市场并利用其现有开发者社区的方式扩张。现如今 Typeform 已经发展到可以把应用吸引到他们自己的平台上，并将"我花时间和金钱与你集成"的 API 集成方案逆转成"你花时间和金钱跟我集成"。

API 激活

Hello World 首次完工时长（TTFHW）：有一个非常重要的转化指标是，如何将一个有兴趣的开发者转变成一个活跃的开发者。为此，我们需要跟踪 TTFHW，这代表了开发者从注册我们平台到成功调用我们 API 所花费的时间。API 记者兼分析师马克·博伊德（Mark Boyd）曾经说过，7 分钟是让开发者成功使用你们 API 的最佳 DX 时长。当然了，考虑到所有那些内部验证和流程，并非每个组织都有可能达到这种时长，但努力将该时长减小到最低限度也会对开发者激活率产生直接的影响。

活跃应用/开发者数量：正如之前所看到的那样，我们已经跟踪了应用的数量和开发者的数量，然而，区分那些只是将我们的 API 用于小项目的开发者和将它们集成到商业项目中的进阶开发者的做法，能够帮助我们明确向哪里投入更多资源或是何时应该更积极地处理支持工单。两者之间的界限需要由 API 产品经理来定义，但重要的是要通过跟踪来理解其差异。这些差异还有助于确定我们的定价计划，把免费计划限额设置在开发者和应用"被激活"的边界。

API 留存

价值应用数量：跟已获取和已激活之间的区别一样，已激活和有价值之间的区别同样需要由 API 产品经理根据 API 策略来定义。价值应用可以是为应用生态系统提供了大量可见性的应用、吸引了大量用户的应用，或是收入可观且还在增长的应用。

活跃最终用户令牌数量：留存阶段有一个更具体的指标，跟踪 API 消费者应用用户所代表的最终用户令牌的留存情况。意图扩大其用户基数的那些应用，为了聚焦客户，并不怎么倾向于更改技术栈、切换 API 供应商。这就是为什么像 Stripe 那样的公司仍然可以对其 API 收取高额费用，支付能力或许是发展中的企业最不想改变的东西了。如果我们也像 Facebook 和 Twitter 的 API 那样，采取将应用生态系统作为目标的策略，那么这个指标将非常有用。

API 收入

API 产生的直接收入：如果商业模式跟支付直接相关，那么可以直截了当地选用这种指标。跟踪收入还有助于影响组织内部决策者和 C 层级高管，让他们可以了解是否需要继续投入开发者关系以通过 API 获利。

API 产生的间接收入：该指标更难定义，因为它需要用到一种主观方法，但将间接 API 指标跟商业 KPI 连接起来的做法有助于加固开发者关系所需的内部支持。开发者关系带来的是中长期回报，因此有些经理或许会希望更快地看到收益以便能在内部向高管展示。通过将 API 指标转译为商业 KPI 的方式，即便是间接的，也能够让他们得以了解开发者关系所创造的价值，进而帮助开发者关系继续获得支持。例如，如果 API 让你们的应用生态系统发展壮大了，而这个生态系统让投资者和市场对公司的估值提升了 100%，那就需要把开发者关系的价值跟开发者关系推动 API 采纳所带动的那部分公司市值联系起来。

API 推荐

在推荐部分，思路是要利用我们现有的那些放心的 API 用户，通过他们传播以他们的方式使用我们 API 的价值和乐趣。如下是可用于分析其效果的一组指标。

对话活动：监控对话活动很重要，因为有很多开发者和产品经理已经在讨论或在争论"什么是做此事的最佳 API？"或是在探讨哪里可以找到已经用 API 封装好的能力和业务流程，开发者关系团队可以去吸引这些人。这些讨论可能发生在开发者所在的任何地方，如 Discourse、Twitter、Medium、Hacker News、Reddit/programming、Facebook 群组，等等。

他人的提及：可以找到那些曾在他们演讲或文章中提到过我们 API 及其价值的讲师和开发者，并把他们转化为大使。为此，我们必须跟踪在会议或开发者博客中出现这些提及（mention）的情况，再着手去拉拢他们。这正是 Auth0 等公司通过大使计划所做的，也是 Docker 通过 Docker 队长计划针对他们社区里的最佳倡导者所做的。

API 在酷炫黑客创作和黑客马拉松中的出现和使用情况：虽然我们只能通过监控社交网络或提及和搜索引擎提醒以手动方式来跟踪这个指标，但知道有人在推荐我们的 API、推荐发生的时间及推荐人是谁，同样是我们开发者关系策略的重要组成部分，用以确保他们下一次开工前还会跟我们联系。

Twitter API 跟 Slack API 的故事

让 KPI 跟 API 保持一致非常重要，这能彻底地改变你们所构建平台的未来。正如纪源资本杰森·科斯塔（Jason Costa）在他的文章《两个 API 平台的故事》（A Tale of 2 API Platforms）中所说的，因为 Twitter 和 Slack 都拥有重要的用户基底，对构建酷炫的"玩意儿"和价值应用也均持开放态度，它们对开发者有着很强的吸引力。Twitter 最终决定其商业模式的基础不会是一个货币化的应用生态系统，而是成为一个通过广告创收的媒体平台。过去所发布的所有 API，现如今已经完全处在了平台思路导向对立面的位置，这就是 Twitter 要关闭他们的 API、伤害他们开发者生态系统的原因。尽管他们也非常努力地想挽回开发者，杰克·多西（Jack Dorsey）亲自发表宣言，并聘请了很多像罗曼·休特（Romain Huet，目前是 Strip 的开发者关系负责人）一样优秀的开发者布道师，但他们跟开发者之间的那种道德联结却怎么也回不到从前了。

Slack 的模式是立足于打造应用生态以丰富 Slack 产品的价值。增长的商业应用增加了 Slack 沟通平台的价值，因此其业务 KPI 跟 API 是一致对齐的，这正是 Slack API 从未受到过跟开发者社区关系紧张的影响的原因，或许这也是开发者喜欢在 Slack 上构建机器人的原因。如何让我们的 KPI 跟 API 保持一致，以及如何让 API 跟 KPI 保持一致，这两个故事完美地展现了这些不同做法长期上对我们管理开发者关系策略和 API 方式所产生的巨大影响。

资助 API 消费者

最后，我们想分享一下最初用于为 API 消费者和开发者创建投资基金的策略。生态系统中的主要企业都使用过这个策略，如 Mailchimp、Twilio、SendGrid、Slack 及 Stripe，都在某个时间点为专门使用它们 API 的开发者企业设立了投资基金。这么做有很多好处，但最主要的，是它为开发者提供了通过在我们平台上进行构建以获利的机会。即使平摊到每一年的投资数额不是很多，但能够展现这么一条通往货币化与融资的途径，也有助于开发者继续忠于我们平台而不是转向竞争对手。

Salesforce 采取的是另一种资本友好型策略，得以吸引比 iOS 更多的开发者在 Salesforce AppExchange 上面进行构建，因为当时 AppExchange 应用的平均收入是 45 万美元，而 iOS 应用的平均收入却只有 3000 美元[①]。就连法国一家名为 Credit Agricole 的银行也曾提议，要根据 API 使用情况及其应用的吸引力向开发者支付费用，并按照使用其 API 的应用的活跃用户数量收取月费。

总结

即便 API 可编程交付模型可以达成惊人的规模并实现价值积累，但它仍然需要由人类来分享、由开发者来集成。在这种情况下，你需要有一个能够将商业模式的规模跟整个实践者与开发者社区的底层心理和热情匹配起来的团队。为此，需要关注那些可以借由 API 的力量进行扩张的事物：社区、内容和代码。

你还需要讲清楚你们 API 跟直接竞争对手 API 之间的区别，甚至还得反对那种自己动手的方式。为此，你必须在你们开发者关系团队的指导和持续反馈下，去实现 API DX 的八大支柱。

为了赢得你们组织管理人员对开发者关系工作的支持，你需要让 API 指标跟商业 KPI 对齐。这是赢得高管持续支持的关键，他们还不了解良好开发者关系的威力。请牢记，API 的开发者关系策略需要跟公司和组织的商业模式及开发者社区保持一致。

API 和开发者关系，跟你们组织在可编程经济中能否取得成功有着极其密切的关系，它们将你们的产品转变为平台、将平台转变为生态系统。从 API 到 IPO！

---

① 出自 2015 年跟一名 Salesforce 开发者营销经理的线下交流。

第 17 章　如何赢得开发者的心

Brian McManus：Visa 产品管理高级总监

当你与使用你们 API 的外部开发者接触时，他们往往处在产品生命周期的早期，正在发现、评估并集成你们的服务。如果你愿意的话，这会是一段美好的时光。就像生活中的许多其他方面一样，开发者会根据你在整个关系的生命周期过程中跟他们互动的情况，对你们公司及产品做出更长远、更可持续的判断。这段时期往往也包括一些不太美好的时光，如当你需要传达有关你们系统状态的坏消息的时候、当你们 API 即将发布变更的时候，以及最终要废弃你们 API 的时候。在这一章中，我将谈及确保依赖你们服务的开发者能得到最新消息并感到满意，坚持与你们一起度过那些好时光和坏时光的最佳方法。

对于开发者关系和开发者营销这两门独立学科，我们在本书的介绍章节中就已经明确定义并将它们区分开来了，虽然本书明显侧重于开发者营销，但本章主题与开发者关系的重叠程度可能比其他任何章节都要高。我们在 Visa 学到的是，没有比在开发者需要帮助时出现在他们身边更好的建立可信度的方法了。不仅要在文档、专业领域及服务评估等方面提供帮助，而且也要在他们处于危机之中时提供帮助，这个危机可能是由你们软件造成的，也可能不是。如果在他们需要你的时候，你能像自己需要电子邮件、博客文章、beta 测试项目一样，主动提供回应、解释、工具，那么你将拥有所有平台、所有企业都渴望的东西：终身客户。

引言

在本书中，我们已经谈到了开发者如何看待营销的基本问题，以及它往往是一个单向对话的事实。本章描述的场景可能代表了你们公司的尴尬或关键任务场面，但它们也提供了与你们开发者社区进行实质性且有意义的双向对话的机会。

我将强化在构建和管理任何商业化 API 时需要记住的关键点：客户依靠这些 API 来运行起业务。作为全球支付平台提供商，Visa 必须比 API 供应商更清楚地意识到这个事实。在本章中，我希望能把 Visa 的经验和教训传授给大家，以确保你们与开发者的沟通无论在顺境还是困境时都是愉悦的。

我将服务或 API 完整生命周期的叙事进行了分解，识别了一些只要我们能站在开发者角度来考虑问题就可以做得更好的领域。我涵盖了开发者营销团队在整个服务生命周期中可以提供帮助的关键接触点：刚刚引入时、在生产中普遍可用时、退役时。共同的主题是，所有这些接触点都必须是双向的对话，否则开发者营销方面的其他付出可能会变得徒劳无功。如果你在这些方面做得好，将有助于构建真实性和亲和力，这是世界上任何营销预算都买不到的。

Visa 的开发者生态

Visa 是全球数字化支付领域的领导者。我们的使命是通过最创新、最可靠和最安全的支付网络连接全世界——使能个人、商业和经济蓬勃发展。Visa 的开发者生态系统是一个广博而多样化的开发者社区，他们为发卡银行、收单机构、商户和技术合作伙伴开发应用程序和解决方案。Visa 的开发者平台和品牌使能的各种案例，从通过 CyberSource API 为信用卡充值的简单案例，到通过 Visa Direct API 建立全球点对点支付应用的复杂案例都有。

我在 Visa 工作了 8 年，其中约半数时间是在为 Authorize.Net 和 CyberSource 平台做 Java 和.NET 开发工作。支付场景和定位发生了急剧变化，从主要是零售电子商务特性变成几乎所有应用和服务的核心部件，很明显，我们需要将 API 和开发者体验当作一流的产品组合进行管理。我转到了产品管理部门协助领导 Authorize.Net 和 CyberSource 的这项工作。我们团队在 Visa 内部尝试了很多开创性的做法，它们在今天被大多数开发者项目视为理所当然的做法，如 GitHub 上的开源 SDK、API 状态页、社区论坛复盘等。

为了帮助开发者打造出更简单、更快速、更安全的业务发展方法，Visa 的开发者团队提供了可以直接访问持续增多的 API、工具和支持资源的能力，而这些以前只针对特定金融机构开放。通过这些努力，以及对 CyberSource

和 Cardinal Commerce 等公司的并购，Visa 的开发者涵盖了小商户、全球性的电子商务公司、发卡行或颠覆性的金融科技创业公司。

本书介绍的其他开发者营销工作或许是经过划分并针对不同细分市场和角色的，但本章大部分内容比较独特，它们普遍适用于所有的 Visa 开发者，事实上，对大多数开发者也是如此。引入新 API、淘汰旧 API、处理可用性或性能问题，这些是所有平台都会面临的基本挑战，无论其业务领域是什么。

沟通未来的变化

引入、推出和推广新服务和新特性是令人兴奋的。然而，开发者产品不同于最终用户产品，客户方面如果没有开发投入，它们便无法被采纳。对于最终用户产品，人们可以理解这些变化，靠直觉适应这些新行为，甚至可以有选择性地决定是否采纳新特性。尽管软件正在占领世界，但计算机仍然无法办到这些简单的事情。当引入开发者或编程式的新特性时，你要负责记录每一处细节的变化，提供步骤和指南，以适应版本的变化。最根本的是，你需要说服开发者这些变化是值得整合的。

新特性

与许多营销人员的理解相反，开发者并不总是倾心于尝试新功能。引入新 API 或新功能时，开发者希望厂商能够讲清楚，为什么这个新的 API 或功能更容易集成、性能更好，以及为什么值得他们花费时间和精力去做适配。某些开发者社区是拥抱快速变化的，因为这已经是他们技术栈的一部分，如 JavaScript。相比之下，关键行业企业开发者所使用的技术栈，不管适配任何新事物，速度都会慢很多。测试项目、早期使用机会和有限的功能发布应该清楚地传达对协议双方的期望，如支持什么、哪些变化是可预期的、升级路径是什么，等等。

除了向后兼容，与遗留 API 保持平等性也不容忽视。也就是说，新的 API 中没有什么。不管你有什么理由删除某个现有功能，在某个地方，这个功能可能是某人的业务基石。

在 Visa 的全球商户服务平台 CyberSource，我们同时引入了新的 REST

风格的 API 和全新的开发者中心，该中心明确地定义了可用的 API。除此之外，开发者中心还有个特别设计，它通过单一的升级指南来解决所有遗留问题、功能相关问题，以及与旧版本的比较，该指南重申了集成技术的发展路径，然后将开发者链接到遗留文档。通过这种方式，开发者可以了解未来的路线图计划，而不是早早就被迫走上了这些道路。我们将在后面讨论这个指南。

关于旧版本

API 厂商所犯的最大错误之一，就是期望或相信人们会仅仅因为你们发布了超棒的新版本就会放弃旧技术。但世界并不是这样的，毕竟有许多人还在使用台式计算机、听 CD 和使用 IE 浏览器！

新功能应该是按照开发者的条款使用，而不是你们的条款。即使没有强制升级等烦琐的迁移，但只要开发者和客户不得不花费时间和金钱进行升级，你们就应该确保这么做有充分的理由。你们有责任证明任何新 API 或集成方法的商业价值。开发者可能会因为 JSON 消息格式更有效或工具支持更广泛而转向 REST 风格的 API，但在引入新的 REST 风格的 API 时，你们仍然应该突出其附加的商业价值，例如，提供了新的 API 方法或增强了数据访问能力。

有时候确实无法避免要强制升级。开发者能够理解出现这种情况的原因，他们会根据他们软件及业务相关的流程来判断你们的服务。我们最近就有注意到这种情况，支付行业决定禁用不安全的旧版通信协议，并强制客户升级到最新版本的 TLS。这样做的价值是清楚明确且没有争议的，但是商家仍然不得不花费大量的资源以确保他们自家软件和所有的依赖系统之间能够保持兼容。

有效沟通不应止步于电子邮件和营销活动，还应该包括工具和平台：沙箱系统、版本检查器、样例代码和实用建议，甚至会超出自身服务范围（例如，针对.NET 和 Java 等基准平台的兼容性）。清晰的时间线至关重要，同时，时间线上的延期通常也很有必要，它们或许不受欢迎，但如果会影响到大客户，这往往就不可避免了。管理良好的下电演练是让开发者参与测试工作并在其他沟通无效的情况下提醒客户的一种有效方法。通过精密计划、良好沟通和最终停用前的短时停机删除一些旧的 IP 地址，让我们对开发者的影响降到了最低。

显然，任何形式的强制迁移都是最后的手段，如前面提到的 TLS 升级。然而，即便新版 API 的好处显而易见，而且你们也提供了可以简化迁移的工具，开发者仍需要除旧布新。尽管删除文档或彻底停止支持绝对不是什么好主意，但简单的低影响的方法却往往被忽视。例如，任何形式的营销和支持材料，都不应该再强调使用旧的集成方法，并提前声明新用户无法使用这些方法，新特性也不应该被添加到旧的 API 中，等等。如果整个业务逻辑都围绕这一目标进行协调并遵循一致的策略，那么要关闭某个开发者功能就会更有效得多。

业务变更

短期的、较小型的、未来的活动也可以成为你们跟开发者互动的关键接触点，并为你们提供一个可以建立或失去信任的机会。考虑到当今 PaaS 的大环境，计划内停机应该算是一个悖论，然而，或许总有些情况是不可避免的。除了基于分析的合理安排外，开发者应该始终被纳入这些事件的通信或警报中。例如，除了通过客户和业务渠道（如客户经理、应用程序告警或通知）发布公告之外，还应该通过开发者仪表盘、论坛和群发电子邮件等方式提前告知。

即便停机不是计划内的维护，任何可能导致行为变化的计划或已知活动，都应该通过开发者渠道进行沟通。就算是简单到发一条推文（tweet）："作为加强我们沙箱能力所做工作的一部分，测试交易现在将对未能通过 AVS 检查的交易返回错误代码 234"，也有助于建立信任和信誉。

关于沙箱系统的补充说明。对于开发者来说，没有提前在预生产（**沙箱**）系统上实施变更，就直接发布到生产系统（甚至只是宣布要发布到生产系统），是一个常见但令人恐惧的问题。始终值得重申的是，对你们开发者营销团队来说，沙箱环境相关交流应该和生产环境相关交流一样重要。经验法则告诉我们，贯穿整个"合理的预先警告"期间都要先在预生产环境上进行变更，否则预先通知对开发者来说基本上是无用的，因为他们无法根据行动号召采取行动。最近，我们不得不推迟了某项变更发布上生产的日期，因为我们一直拖延着没有先在预生产环境中验证变更。一方面，我们为了确保如期发布而承受着业务压力，希望压缩预生产环节的时间，另一方面要确保开发者有时间进行充分的测试，两者必须保持平衡。

实验性质的功能

在 CyberSource，我们发现，未来沟通领域在快速创新的过程中变得更重要了，也更聚焦于开发者体验了。验证阶段是我们引入到产品生命周期的一个关键步骤，在构思阶段之后不久，一直到我们加紧构建产品的研发阶段之前。对我们的开发者产品来说，验证阶段可能会涉及 API 规范审查、可用性研究，有时还包括 alpha 或受限发布的沙箱构建。

协助验证未来产品的候选人可以是"MVP"开发者、合作伙伴公司的开发者，以及通过可用性测试机构招募到的"盲测"开发者。这些开发者通常都是他们技术社区里的关键影响者，有可能成为你们平台的明确拥护者。透明度至关重要，必须囊括最大范围内的所有干系人来共同制定目标，以确保这些关系能够发展壮大。更常见的情况是，企业忽视了反馈意见，期望技术审查人员能提供质量保证，还错误地传达了其软件的生产准备情况。

未来应该是双向对话

在 Authorize.Net，我们发现，确保让开发者成为产品改进流程的组成部分，是让开发者感觉自己参与其中的好办法。当我们在开发者社区推出创意论坛时，我们承诺在每个季度的产品周期中纳入至少两三个开发者在论坛中提出的功能。我们让社区知道，功能何时进入最后考虑阶段，并在功能开发过程中直接与创意支持者（那些投赞同票的人）合作，以确保我们提供的功能和他们的理解是一致的。通过展现这些已提交创意正处于被考虑、开发中及最终发布的状态，我们鼓励开发者参与进来、提交创意并让项目（以及最终产品）取得成功。

沟通当前事件

其他章节已经谈到了开发者活动、开发者计划及在当前背景下与开发者沟通。开发者营销的聚焦点几乎都是在讲好消息：优秀 API、交互式文档、详尽的示例代码。这就是主动的、有计划、可预测版本的现行做法。

本节将介绍如何处理开发者每天都有可能遇到的紧急问题，属于常规开发者支持范畴的那些问题在此不做介绍。如何处理及何时处理这些被动事件是影响整体开发者体验的关键因素。

API 状态

有效地沟通状态。包括你们 API 的状态、他们问题的状态、任何功能请求的状态。这可能是最难分配资源、进行管理并取得成功的那些对话了。在 Authorize.Net，我们制作了一个状态页面，客户可以检查我们服务的状态并及时了解未解决问题的进展。下面是我们早期得到的一些教训。

- 收到问题警告后，尽快更新状态页面。我们发现，过度沟通比让开发者发现问题并赶在你们站点更新前在社交媒体上发表危言耸听的帖子要好得多。

- 尽可能用自动告警来通知 API 的响应异常和宕机。市场营销和企业关系部门不愿意在未经人工干预的情况下就发出报警，这可以理解。然而，通过仔细斟酌事件类型、报警阈值和状态消息，自动告警让开发者可以省下数小时的时间，不必用于故障排查和分析。

- 定期更新能让客户和开发者感到放心，因为这表明你们在按优先级处理问题。我们发现，如果开发者在大半夜被叫起来管理和处理问题，结果发现问题出在你们的服务，却又看不到你们在解决问题，可别期待他们有什么好脾气。

通过 API 获取 API 状态

提供"ping"请求或提供可以返回 API 状态的状态 API 方法，是大规模 API 消费者的常见诉求。这个功能看似简单合理，却有可能很困难，特别是在有多个下游方的情况下。因此，即便你们很容易就可以判断并返回你们系统正在运行且可以接收请求，但你们客户或许会发现 API 实际上是掉线的，因为第三方后台返回了系统错误。因此我的建议是，要判断什么是实际可行的，然后清楚地传递这些限制。记住，虽然开发者受众或许能理解其中的细微差别，但他们工作的企业可能不理解。总有那么些时候，只有一种办法能判断 API 是否工作正常，那就是调用 API 本身。

沙箱状态

最初在考虑改善服务状态和透明度时，我们运维团队提出了一个计划，要对生产环境提供 24×7 小时的支持，以及针对沙箱环境提供工作日和美国上班时间的支持。大家都觉得这个计划特别棒，直到我们从开发者那里得到了响亮和清晰的反馈，对于他们来说，针对沙箱环境的 24×7 小时全面监控和报警往往比生产环境更重要。考虑到开发者大部分时间都是跟预生产环境而不是生产环境在打交道，这就完全能说得通了。开发者经常在发布前夜和周末工作，即使在正常开发期间，工程师的工作时间也可能有很大差异，更不用说软件开发者的工作地点遍布全球。你们的沙箱环境应该是完全可用且提供 24×7 小时监控和支持的。

API 性能

借由实时性能指标推动透明度边界的公司越来越多。这样做的好处包括提升客户信任、赢得潜在客户，如果客户能够自行诊断问题，还可以减少潜在支持请求。简单绘制一份 API 响应时间的图表，就可以让开发者和客户一目了然地看到任何峰值，并将他们自家的监控和报警系统与之相关联。

API 问题

与实时 API 响应时间和性能指标类似，开发者也会通过观察问题被征集、被汇总、被跟踪和被解决的方式来评估你们对他们的承诺。这在过去可能是通过专有工单系统来实现的，但是由于现在很多公司直接在 GithHub 上提供源代码、SDK 和示例，问题处理也变成对所有人可见了。虽然在你们的流程中额外添加问题跟踪系统可能会增加管理成本，但关键是要为你们托管的每个仓库专门分配资源。维护良好的项目是你们开发者计划和社区的一笔宝贵财富，可以用于培养有利于招聘、布道和构建行业认可度的关系。

API 变更

可以把 API 变更日志理解为就是 API 的发布说明。在将 API 变更部署到生产环境时应该更新这个日志，而且，跟本节其他内容一样，在沙箱变更发布时，也应该更新。就过去事件来说，有了这份简单的按照日期和 API 版本组织的变更日志，就意味着开发者可以将功能或响应的任何变化与他们在自己系统上观察到的影响或副作用进行对应。

值得注意的是，变更日志不是用于首次公布重大变更的地方（请参阅"沟通未来的变化"小节，并注意本章的标题！）。对于重大变更，应该提供指向新文档、博客文章或教程的链接。如果能正确地维护和组织，这种针对当前事件的沟通机制就会演变为一份有关交流历史变更的可信记录，这也是我接下来要讨论的主题。

沟通过去的问题

在支持类似于支付那样的业务关键型服务时，我们学到了有关开发者的一个重要认知，他们能理解也能接受问题会出现、潜在错误会冒头、电缆会被切断、人为错误会发生。毕竟，这些开发者也要负责他们自家系统，而这个系统对他们客户来说可能比我们支付组件更重要。开发者不能接受的是，在这些事情发生时缺乏透明度或全是借口。他们想要的是客观事实、根因分析、缓解措施等，而且他们还希望能及时收到。此外，当技术被取代、被废弃或被退役时，开发者还想知道他们还能不能得到针对该技术的支持、在哪里获取支持，以及还将支持多长时间。

历史事故和性能日志

当服务出现中断或延迟时，关于其持续时间及影响的详细信息应该做到清晰、简洁且易于在你们开发者中心或状态页面上找到。与变更日志类似，如果开发者能够确信事件已被监控、被记录和被处理，那这个功能就可以节省开发者数小时的时间，而无须排查自家系统的故障。例如，StatusPage 这样的服务可以提供行业经验和最佳实践，已然成为事故通信的事实标准。性能降级持续一小时的日志记录，通常包括用于确认出现问题的初始条目、用于描述进展和预估持续时间的进一步更新，以及确认解决问题的最后更新。对于重大的资源故障，如硬件故障情景，仅有标准事故日志或许还不够，可能还需要做更详细的事后分析。

事后分析

处理服务中断时所展现的完整性和透明度的水平，往往决定了你们的开发者是选择离开你们平台还是继续留下来。虽然不同组织对完全透明的诉求可能有很大不同，但通常都有正当理由，开发者营销和开发者体验小组应该主张在根因分析和未来的应对计划中提供尽可能详细的信息。全面的事后分析应该有问题摘要、影响面的详细描述、根因分析和补救计划。虽然合同义务（服务水平协议）和酌情补偿（如服务/支持积分）在不同业务部门有所不同，但真诚的道歉既必不可少也总能得到开发者的赞许。无论披露程度如何，承认事件的存在及其对客户造成的影响都是不容商量的。

遗留文档和相关支持

API 就像宠物狗，它终身伴随而不只出现在圣诞节。一旦 API 进入了公共领域，哪怕只有一个客户以该 API 为基础进行了构建，你都有义务写好文档做好支持，直到它寿终正寝。我们通常会将备用或陈旧的 API、不再强调的 API、废弃的 API 和日落的（特定条件下自动失效的）API 区分开。对于上述任一分组，任何开发者都可以合理地期望有不同水平的支持和文档。虽然我们无法声明说一直都能做到这个水平，但我们一般是这样划分的。

备用或陈旧的 API

这种分类往往可以像消息格式或传输机制那样微妙。如果你们确实有备用 API，那么它们应该跟较新版本具有同等地位，且功能应该同时通过这两个版本提供。这些"风格"应该始终拥有相同水平的支持和文档。唯一的例外是，某些特定风格的文档可能是无法使用或者对某个特定风格来说是没有意义的。

不再强调的 API

这种分组往往看似不必要，但我们已经见识过打通新 API 之路带给可用性方面的好处，这意味着较少使用或更传统性质的 API 不可避免会被弱化。相比第一组，相关支持和文档的水平不应过低，但如果你们的最终目标就是要弃用和日落这些 API 的话，在此阶段让它们变得更难于访问，可以有效地减少新客户采纳，进而降低支持成本。当然，正如我此前已提到的，你需要得到全公司的支持以便能从营销和销售材料中排除掉你们认为不再强调的一切。

废弃的 API

这通常是首次公开宣布该 API 即将退出舞台的时间点。此时，可能要做出改变支持水平、移动文档、标记遗留页面等决策。关键的是，在此阶段没有公开的、明确的时间表或日落计划，因为必须让客户放心，知道 API 还不会消失（通常在未来三年内都不会消失）。

此处有个重要事项需要指出，"废弃"这个术语几乎都能被开发者理解，但却近乎从未被其他人理解过。该术语经由早期版本 Java 广泛传播并被软件开发者知晓，还被用作了软件版本命名规则的一部分。但不能仅依靠有这个名词就认为足够了。支持团队必须做好准备，接听电话并回答有关其含义、日落时间表、开发者客户如何计划迁移到替代用 API 等各种问题。

还有个问题也常常被忽略，非开发者的营销材料仍然还在引用已废弃 API，好像它们还是最新的一样。废弃任何 API 或服务的工作必须是归属于一个更广泛的、经过深思熟虑的、有计划的活动的一部分。

日落的 API

API 日落之时，它就正式进入了终止其生命周期的道路，这意味着在未来的某个时间节点，使用该 API 的软件将无法正常运行。这对于一家公司来说是一个重大而实质性的决定，通常需要获得高管批准并得到企业关系和法务部门的建议。

虽然这个声明注定会产生很大影响，但这并不意味着在需要推动客户离开旧 API 的那一刻，产品管理或营销部门可以推卸责任。同样地，产品管理也永远不应该仅仅因为工程或运营团队厌倦了支持这些 API 而被迫将其日落。还记得那只可爱的宠物狗吗？每个人都曾说过，要喂它、遛它、处理它的粪便，对吧？

建立指导方针，当到了必须告别该 API 的时候，最重要的是要确定时间表，尤其是要沟通并遵守它。时间表必须注明来源于所有干系人的明确目标和目的，以及关于使用量下降的常规指标、旨在转移客户的营销活动的成果、与所有大型客户用户的直接联系等。

将产品带入生命周期的终点是产品管理应该掌握的一门学问。然而，开发者营销和开发者关系在其中也扮演着关键角色。就像本章中的所有内容一样，使淘汰 API 成为一个可以让你们的开发者用户体验与众不同并为你们所做其他一切事情增添真实性和合法性的机会。

进化/升级指南

升级指南或称进化指南（我们在 CyberSource 开始这么称呼它），已成为内部和外部团队了解如何发挥这些超酷的新款开发者特性的一大关键资源，并基于当前的集成方案规划出一条清晰和深思熟虑的道路。我们发现，与其将常见问题解答、建议或迁移提示散布在你们的开发文档中，不如将开发者引导到某个单一信源，在那里他们可以感觉自己正在了解关于什么和为什么（同时也得到关于如何做的专业建议）。当然应该提供多种选择，但更重要的是，你们若是给出了合理的升级路径、时间表及截停日期，就要坚定地守住它们。你可以将这些资源视为对本章开头所讲的如何沟通未来变化的闭环，此页面将为开发者了解你们如何、何时及为何交付这些未来变化奠定基础。

总结

我们在跟 Visa 开发者社区相伴的这段旅程中获得的最主要经验教训包括以下几点。

- 首先考虑迁移而不是最后才考虑：人们很容易陷入测试版发布、MVP 及试点计划，结果不知不觉中这些东西就走到了全面推出的正式发布阶段，而现有开发者已经没有了简单的升级途径。从第一天起，就把你们开发者营销的关键绩效指标写下来，并把第一个指标确定为"停留在遗留系统的用户数量=0"。这样一来，你可以从一开始就在构思、架构和设计中考虑到迁移的便利性。

- 透明度胜过一切：在本书中，我们多次强调开发者对营销的天然厌恶感。这种厌恶感根植于开发者期望理解事物、探究根因、深入了解一切的本能。开发者营销的有效性，跟你们与开发者和合作伙伴社区进行诚实、真实和透明的双向交流的能力直接成正比关系。

- 工具，工具，还是工具：虽然这很明显跟开发者产品工程学科有所重叠，但我还要在这里专门指出，因为本章中的信息传递和营销场景，只要简单地使用基于网络的工具来帮助和告知开发者，几乎都能做到更有效、更真实和更可接受。这包括注入响应码查询、兼容性检查工具、迁移向导等各种工具。

最重要的是，记住头号规则：

别破坏他们的软件，永远别。

下一步工作

尽管有了这些教训和 50 多万开发者的集体经验，我们仍在努力改进本章所述的所有领域。比如，我们的一个品牌可能在实时响应问题方面做得很出色，但仍然需要在事后总结方面进行改进；另一个平台可能在管理测试项目方面表现出色，但在终止生命周期方面的能力还不够成熟。我们未来几年最大的目标之一是推动横跨所有平台在开发者营销和开发者体验方面保持一致性，让 Visa 开发者计划成为我们开发者使用任何平台时都能获得一致体验的计划。

第18章　与创意机构合作的基础

Mike Pegg：谷歌开发者营销主管（2010~2018 年）、谷歌地图平台开发者关系主管（2018 年至今）

过去的 12 年间，我在谷歌带领团队与外部机构密切合作，为开发者受众生产作品。我学到了很多有关寻找和信任合作伙伴公司的知识，对于达成目标来说，这些知识至关重要。我将分享跟机构团队合作以深入理解开发者受众的基础知识。

引言

有时候，你需要扩大开发者营销的广度，以触达更多开发者。你希望开发者能够采纳你们的某款产品、使用某项服务或参加某个活动，但用于制作或改编内容、宣传活动或推广品牌以触达更多开发者的预算却很有限。

或许你的营销团队已经过度扩张了，或者他们根本就不是最适合面向开发者做直销的人。或许他们来自传统的消费者或 B2B 营销背景，并没有太多操持开发者营销计划的经验。

相反，你们自家的那些开发者和工程师，他们倒是可以甚至已经跟开发者建立了联系，但你就别惦记着把他们"薅"过来做开发者营销了，让他们协助加大开发者视角就行。如果情况就是这样，而且你们也有营销预算，那就是时候选择一家外部机构来帮助你们实现成为开发者产品或服务提供商的目标了。同时，对于这种工作来说，重要的是要选对伙伴。创意、媒体和品牌方面的专家固然好，但涉及开发者受众，候选人最好各方面都懂。候选人要能理解你们试图触达的那些开发者的画像。

寻找持有开发者相关项目经验的代理机构，这事还是挺难的。鉴于这块市场规模的现状，专门从事这块业务的机构很少，这类工作大多介于消费者营销和 B2B 营销之间，具体取决于项目情况。

三步启动法

跟代理机构合作的创作过程涉及如下三个关键步骤。

1. 编写创意摘要。
2. 选择机构伙伴。
3. 接收创作内容。

编写创意摘要

优质摘要可以让代理机构得知你对项目所需达成目标的评估，并确保他们拥有赢得你们业务所需的一切。"摘要"指的是这些东西要简短。文档要简单，别啰嗦，避免使用公司外部人士无法理解的"黑话"。确保摘要内容是你们团队有机会进行合作的事情，也要确保它代表了你们团队的意见，而不只是你这个牵头人的意见。如下是一个简版检查清单，介绍了应该包含什么内容（以及不应该包含什么内容）。

如下是一组问题集，包含了你应该在创意摘要中进行解答的 10 个问题。理想情况下，你为每个问题编写的内容不应该超过一段，以确保行文简洁。

- 项目的课题是什么？
- 项目的目的是什么？（解释你们为什么要做这个项目以及你们业务的原理。）
- 这对你们品牌有何好处？
- 你们的目标用户或受众是谁，你们对他们的一大关键见解是什么？
- 该产品（计划）对你们用户的好处是什么？（记住，这块内容要能鼓舞人心！）
- 你们希望目标用户或受众采取怎样的不同做法？
- 创意的交付物是什么？
- 你们的目标是要在什么日期、什么地方发布？
- 你们有多少预算？（这条是可选项，摘要里写不写都可以。我建议采取电话沟通方式。）

- 项目负责人是谁？（你们的名字，负责跟代理机构对接的共同牵头人的名字及联系方式。）

选择机构伙伴

凡是涉及代理机构的事务，最重要的就是要挑对合作伙伴。我敢说，在你们试图向任何开发者生态系统延伸的时候，选择如何及跟谁一起扩展你们营销团队就变得更加重要了。

如下是在选择阶段挑选出色合作伙伴的一些关键要素。

他们也是开发者和设计师吗

对于那些将为交付成果做出贡献的开发者和设计师，你要试着去加深对他们的了解。代理机构使用了自己家的雇员，还是把项目的技术模块分包给了公司外部的承包商？

在为 2011 年谷歌 I/O 大会官方网站选择代理合作伙伴时，对我们来说，重要的是要选出能够做出足以打动开发者社区大多数人的东西的伙伴。我们想要让开发者兴奋起来，会去查看源代码，还会把代码拉取下来用于创建新东西。我们想要找的人，要能够全面理解我们所使用的技术，而且一想到要用它做构建就兴奋起来，就像我们为生态系统的可能性而感到兴奋一样。同一家数字营销机构（Instrument 公司）在 2011 年到 2019 年间为谷歌 I/O 大会持续生产了不计其数的数字化物件。

你们自家开发者和设计师极大可能也要跟他们密切合作，因此也让他们参与到审查工作样本和设计组合的过程吧！你们内部团队可能很擅长调研该机构所负责的项目，甚至还会去深度调研存放他们工作成果的 GitHub 和其他公共仓库。确实，你真正想要确认的是，他们集合群体智慧能够理解开发者全局分布和不同类型开发者之间的细微差别。例如，使用云技术的后端开发者跟构建安卓应用的前端移动开发者是不同的。这个团队能够理解这些差异，并将这些理解付诸工作吗？

如若审查不力，就会导致你们技艺娴熟且宝贵的工程资源额外耗费更多时间和工作。这种情况曾经发生过一次，我们直接把一家新代理机构带进了项目，而没有先让工程或开发者关系团队仔细审查他们的能力。在工作说明书中，我们没有明确说明该机构所担当的角色（在此案例中指评审高技术含量的 API 混搭集成），结果最后还是我们自己内部的技术团队承担了这部分工作。

在机构方面，除了内部开发者群体之外，该机构项目还会带领哪些人去征求特定方向上的意见或者去探索适合项目某些部分的新途径？根据我们的经验，得知这些内部开发者在他们公司或机构之外也有着一个网络，我们感到很振奋，因为他们所拥有的这个诚实且直率的焦点组可以把情况反弹回来。

他们有哪些技术知识和技能集

现在你已经知道，跟你们合作的团队也有一支内部团队，那就让我们更深入地去了解一下他们具体掌握了哪些技术技能。例如，会不会你期望得到的是一个原生应用，而你们所选择代理机构的开发者更熟悉的却是Web 开发技术？

在深入了解他们所掌握的具体技能时，你是否感受到了他们因为能够参与助力营销你们平台或产品而产生的那股兴奋劲儿？他们是否在任何专业或个人开发项目中使用过这些技能？他们算是你们技术的迷弟迷妹吗？最好的状况是，比如说，他们看起来已经在使用你们的 API（和竞争平台）了，或者已经实施了你们的 SDK 且已经有了很多建议，甚至可能已经列出了一个新特性的愿望清单（这种情况罕见！千万别抱太大希望！）

在我们构建 2014 年谷歌 I/O 大会网站时，我们的代理伙伴收到了很多有关 AppEngine（谷歌提供的一款用于开发和托管 Web 应用的服务）的反馈，我们需要在 AppEngine 上构建站点，因为这是谷歌当时唯一可用的此类服务。跟我们合作的机构方技术负责人提供了很多反馈，包括为什么它很棒，以及怎么可以让它变得更好。我们知道这个机构有能力针对我们是否可以做到想做的一切并把它部署到 AppEngine 上给出好的观点。这让我们感觉很棒，觉得选对了伙伴。即便是在早期框定范围的阶段，它也创造了那种我们都是团队一分子的感觉。

有些机构会试图伪造这一点并散发出一种信心满满的感觉以掩盖他们知识水平方面的漏洞，我个人很厌烦他们。我曾经见识过这样的情况。他们并不会问你问题，而是试图宣传他们曾做过但却跟本次项目毫无关联的某些事情。

继续深挖，了解他们作为开发者团队的纪律情况，他们怎么做测试和给缺陷分类？他们熟悉交接代码吗？他们以前有没有在 GitHub 上提交过项目？这些东西将证明他们是活生生的开发者，而他们指尖所掌握的则是你们项目的命脉。

他们的内容和文案写作能力如何

使用开发者语言进行交流的能力，是你们选择跟哪家开发者机构密切合作时需要考虑的一大要素。他们的声音和语气需要跟你们产品的开发者受众群体相匹配。在谷歌，这取决于所探讨的是哪款产品或平台。如果你的目标是前端移动开发者，那么你们就需要制作出有别于针对企业开发者的广告或云产品的内容才行。

梦幻般的场景是，帮助交付你们内容的团队就是写作技艺超群的活跃开发者。过去就出现过几次类似情况，我们家的营销团队找来了伙伴机构的个体开发者评审文案并做修改，甚至让他们帮助我们淡化文案里的营销调性！但是，情况并非总是如此，因此理想状态是，你们的代理机构有一批技艺娴熟的写手，还有一群开发者，他们一起协作创作评审文案及营销通讯。

付诸纸面

这个部分显然需要谨遵贵公司关于接触外部供应商的法规程序，但为项目制作一份简单的声明文件或工作范围文档的做法也是非常值得推荐的。这种做法可以确保双方完全清楚彼此的期望，包括你们计划采购该代理机构的哪些服务和创意产物、交期是什么时候，以及你们将为这些服务支付多少费用。本章无意深入探讨你们项目的法律细节，但你应该仔细地考量并将其纳入流程，因为即便是最友好的合作伙伴关系也是可能会恶化的。

接收创作内容

建立关系

跟任何群体或个人之间的关系一样，新建立的代理关系要取得成功同样需要做好三个关键方面。

信任

我已经强调到不能再强调了，信任的的确确就是跟代理机构建立良好关系的真正基础。你可能已经知道了这一点，而且它或许也是显而易见的，但请真的要将这个观点牢记于心。从信任开始，持续地无私付出、永不回头。同样地，也要现实点，别把伙伴赢得信任的标准设得太高。你选择了他们来承接你们的项目，并创造了一个让他们可以交付出最佳作品的环境，这将为他们提供最好的机会来证明你做出了正确的决定。这也是我们多年以来跟机构伙伴 Instrument 在谷歌 I/O 大会上合作的基石。信任感始终存在于我们双方团队之间，没有了它，你会试图预测一切、浪费时间并最终质疑一切。它也不会带给你们发挥最佳状态所需的氧气。"信任"我，就有效。

你们团队的延伸

如下引用了我的朋友 Instrument 公司的阿美·帕斯卡（Amie Pascal）的话："尤其是这种关系已经发展成为最好的职业关系模型，它是有礼貌的、适宜的，是人性化的、真实的和持久的。"你选择的代理机构已经即刻成为你们自己团队的延伸，无论做什么事情，你都应该这么去看待他们。

沟通

频繁的沟通和开放的沟通渠道，是我们跟代理机构伙伴围绕谷歌 I/O 大会数字化工作开展合作的基石。重要的是直接、开放、诚实。在某些情况下，如果距离还行、差旅预算还够，选择跟机构伙伴们面对面沟通就变得很重要了，不管是他们来拜访你们还是你们去到他们办公室都行。在某些情况下，这也意味着在你们代理机构处理其交付成果时，要选择降低沟通渠道的音量。

确保高品质

在面向开发者做营销时，重要的是要秉承一种态度：你们最终的实时项目交付成果（你们的 Web 和移动应用，以及任何由代码驱动的创意产物）必须是高质量的、开发者会尊重的东西。这是你可以建立信誉、尊重开发者受众并反向赢得他们尊重的关键。

最初在 2011 年（以及随后的每一年），我们着手构建谷歌 I/O 站点试验时，我们的目标是逼近 Web 技术的极限。我们知道，我们上线到开发者社区的任何东西，都一定会遭到公众的严格审查。它不仅要在代码整洁和执行方面做到完美无缺，同时其视觉效果和文案也都需要做到有吸引力。

I/O 大会结束后，我们会鼓励机构伙伴将代码发布到他们自己的 GitHub 仓库、在他们博客上探讨这些开发，以及利用其工作成果吸引我们合作范围之外的业务。这显示了两件事。一是我们非常关心最终的交付成果，二是我们投资于伙伴的成功和信誉，就像他们都投资于我们的成功一样。

审查工作

对任何项目来说，细致周到的审查和共识都是必不可少的组成部分。

它要求你能够理解领导力对于审查（或不审查）工作的必要性。尤为重要的是，要跟合作代理机构沟通并帮助他们理解这些时间表。你需要把时间表讲得非常清楚，还要留给机构伙伴足以按计划完工的时间。对于你的领导力生效方式过程中的一些细微之处，要保持开放态度对待。是什么让他们开心？他们（不）喜欢什么？这可能很简单，能够用他们喜欢的格式查看作品即可，包括特定语言、颜色和品牌。在你向他们展示作品时，可以期待些什么？要帮助你们机构伙伴对此形成良好的认知，以便你们可以共同开展领导力评审流程。

举个例子，有一次我们需要将谷歌 I/O 大会从旧金山的莫斯克尼中心搬到山景城的海岸线原型剧场，这涉及方向上的重大调整，跟我们在之前场地的情况有所不同。这意味着我们需要跟机构保持密切同步，以便能应对更紧迫的时间表、处理更大量级的审批。这意味着我们必须跟伙伴们一起召开每日站立会议，作为一个整体以处理审查量的增长并保持项目进展顺利。

再举一个在我们引入质感设计作为视觉设计语言时候的例子。活动网站的设计也采纳了这些指导建议，由于这些设计指南非常新颖，我们也是经历了多轮评审才做到了让所有人都满意该设计方向。

从开工演说到多轮交付，经历所有这些阶段时，都要让自己沉浸到呈现给你的工作里去。仔细查看提案、做好笔记，简明扼要地说明该机构采取哪些不同措施可以让作品带给观众更真实的效果。

但我会劝你打消过度指定做事方法细节的念头。你之所以跟该机构签约，正是因为你信任他们的创意原则，让他们自行处理吧，就别再指手画脚要求他们事无巨细地做出响应了。给出你的反馈，讲讲你看完产品之后的情绪和感受即可。一家优秀的机构伙伴将接受这一点，并着手修订新版本。

给出反馈要及时。根据我的经验，最好能去参加该机构的评审并做些笔记，内容写满几张便利贴就足够了。可以在房间里四处走走，让人们分享一下他们的反馈。如果能够在会议现场就你和你们团队的反馈达成一致，那就太棒了！机构可以就此直接进入下一阶段。如果无法当场做到，那就务必要在当天跟你们团队对齐并给出反馈，这对于保持项目正常进行至关重要。如果知道该机构将在哪一天举行评审，那么我强烈建议你提前安排好时间，并标注在你们的内部评审员日历上。这样能避免等到出事那天才去给自己没有深入思考已共享工作的行为找借口。

可以肯定的是，你所选的创意机构不会万事如意、一帆风顺。随着时间越来越紧迫，或者出现了错误或事故，即便是最好的工作关系也会出现裂痕。到了这些时候，最好对机构联系人保持透明和开放，将现状信息如实相告。你要专门留出时间来检查事项进展、与之巧妙周旋、获得所需支持以完成任务。

周旋谈判时，请谨记，等到成果发布之后有的是时间可以用于总结项目过程中的起起落落，以及其中可圈可点与有待改进之处。完成发布后，一切都会更平静和更理性些，这时候做总结有助于确保你们的关键学习能够取得最佳成果，而如果你们打算延续跟该公司的合作关系，那么它还将有助于加强你们双方团队互信以开展二期项目。

分享庆祝

你努力地寻找合适的创意伙伴，并通过在项目过程中展现出的信任、清晰与诚实的沟通，成功地建立起了伙伴关系。我估摸着到现在，你们的开发者社群应该已经急不可耐地想要参与活动了。跟你们的机构伙伴一起分享该计划成功的消息，让他们感受到自己也是你们团队的一员，因为他们确实是！每个人都希望沉浸在进展顺利的荣耀中，所以务必叫上他们一起庆祝！表达感谢并不是非得付之以金钱！我依稀还记得，曾经有一次，我们在旧金山，而跟我们合作的机构团队在纽约，大家通过视频会议举办了香槟祝酒和庆祝活动。

……干杯！

第 19 章　以正确理念创造卓越内容

Matthew Pruitt：Unity Technologies 全球社区和社交媒体主管

本章将带你了解真实案例和最佳实践，帮助你创作出尽可能好的内容。经由此过程，你将了解流程的重要性，以及将流程清楚明确地传达给每一位工作同仁的重要程度。打造出色内容需要得到整个团队的支持，无论团队大小均是如此，纵览本章之后，你将能收获一些可以实现这一目标的实用技巧和数据。

引言

为了吸引人们对你们项目的关注，你需要提供特别吸睛的内容。如果没有相应的视觉图像，在线阅读的那些内容，人们只能记得住其中的 20%。互联网上无论何时都有非常多的内容，你们的内容必须做到能够从中脱颖而出才行。

你可能以为这意味着未来你得做很多艰苦的工作，但事实并非如此。你不需要做得非常复杂、奢华或昂贵，也能够创作出吸睛的内容。记住你还是孩童时就学到的道理：保持简单、明了。

回想一下你在浏览 Facebook 站点时看到的那些内容。有些视频的分享和点赞量极大，拍摄的很可能是一些猫咪的搞笑动作。我不是说让你们也在内容里放些猫咪（也或许我就是？），你懂我意思的。特别吸睛的内容可以快速且有效地吸引浏览者的眼球并让他们沉浸其中。

我是 Unity Technologies 公司的全球社区和社交媒体主管。我和我们团队负责看护整个公司范围内的所有社交媒体营销和社区活动。在加入 Unity Technologies 公司之前，我曾就职于 IGN Entertainment、Machinima、艺电和 Quicken Loans 等公司的多个不同的营销和产品岗位。在过去这些岗位上，我接手过多个不同业务领域的工作，包括产品管理、产品营销和在线营销。有了产品和营销这两大体系的一手实操经验，我已经有能力提出有助于消除组织沟通隔阂的有价值的洞见了。

两年前，我刚开始在 Unity 工作时，内容就像是黄金：它很稀缺，但只要你能找得到，那就是无价之宝。我们至少可以这么说，在没有诱人内容的情况下，想要创作出对我们的受众来说既吸睛又有趣的精彩社媒发帖是很困难的。我和我们团队有两个选择：接受现状并继续艰难前行，抑或动手改变它。我们选择了后者。如果遇到类似情况，你也应该这么做。

卓越内容是靠行动挣来的

Unity 可不是一家小公司，它的员工数量超过 1500 人。这 1500 多人致力于制作精彩的示范、编辑改进、教程、教育文章等很多东西。此外，他们还输出了大量内容，这也是他们日常工作的一部分。内容是优秀的，吸睛内容是卓越的。二者有很大的区别，理解其间差异可谓至关重要。不管你是参与了团队协作还是孤军奋战，都应该努力为自己或团队创造卓越的内容。你怎么会想要降低标准呢？只有最好的东西才有资格代表你们的项目或产品。

于是乎，我和我们团队进行了一次"公路旅行"。我们开始跟 Unity 内部涉及内容的团队逐一会面，学习那些最优秀的卓越且吸睛内容的样例。但我们并不只是把卓越内容拿出来展示一番，再提出要求说"就做这个"，我们还跟他们建立起了深厚情谊并教育他们理解这一切的缘由。解释过程远比解释结果更加关键。总的来说，我觉得我可以很有把握地说，员工及普通人都不想被人呼来喝去。相反，他们希望可以得到有价值的信息，以便能做出明智的决定。

比如说，我们会见了布道师团队，他们为开发者社区创作了精彩的 Unity 视频教程。他们每个星期都往我们的 Youtube 频道上传教程视频，尽管他们表现已经很不错，但我们团队知道，他们只需要在时长方面做出一次调整就可以实现从优质内容到卓越内容的转变。

数据显示，用户是以碎片形式消费内容的，尤其是视频内容。60 分钟时长的那种视频教程，是不会被视为"短视频"的。我们建议布道师团队将 60

分钟的教程视频拆解开，拆成时长 3~5 分钟的更简短、更易于"下口"的小块。布道师团队很抵触调整成这种工作方式，因为切割这些视频会占用他们更多时间，但他们并没有被说服认可这么做是有价值的。

只要你试图创造变化，就会遇到阻力，但请记住，这是好事！它为你打开了一扇大门，一扇通过数据进行教育并建立起更牢固关系的大门。不管是大公司还是小公司，发生这种事情都是很自然的，所以保持冷静、继续前行就可以了。

作为回应，我们告诉布道师团队，我们完全能理解他们为什么会犹豫，但大家先试试看再说。他们同意了，他们接下来即将发布的几个教程视频被拆成更短的视频，而我们则会度量这些短视频的效果，并跟长视频的效果进行比较。这就是我们想要的那种结果。他们加入了我们的旅程，我们将一起寻找答案。

结果不言自明。我们发现，在测试期间，总的观看次数增长了 49%、平均观看百分比增长了 239%，这意味着人们看得更多了。更小、更适合"下口"的片段让用户可以更快速地找到他们正在寻找的东西，也让他们可以更容易回到断点继续观看。

当然，如果他们一开始就听从我们的话，会节省些时间也会更容易些，但更有可能会导致整个过程当中出现更多拉扯、消耗更多时间。因为人们如果没有亲身体验过学习过程，往往就会退回到自己熟悉的方式。这就是我强调过程比结果更重要的原因。他们现在已经掌握了创建吸睛内容的知识，而且也知道了为什么要这么做！

到此，一个如何将优质内容转化为卓越内容的示例介绍完毕。接下来，我打算继续深入介绍内容本身、最佳实践，以及发布地点和发布方式。

心态造就卓越内容

我们已经探讨了建立关系并传授思考过程以交付卓越内容的重要性。但创造卓越内容所需的不仅仅是沟通和教育的心态，如果你是独立工作，也需要这种心态。你不需要是在大型组织里工作或者是拥有多个团队支持，我见识过独立开发者单枪匹马制作出卓越且成功内容的情况，那正是他们将自己置于正确的心态之中的结果。

让我们通过培育正确心态来探索我所想表达的意思。在你开始创建内容之前，你应该问自己两个非常重要的问题："我希望别人在查看我内容后得到的一大收获是什么？"以及"他们为什么要关注？"

回想一下我在本章开头说过的"保持简单、明了"，只是自问自答这两个问题，你就已经可以把你们竞争对手远远甩开了。

你们所做的一切都应该从最终用户的视角进行审视。有时候，我们只缘身在项目中，已然不知最终用户为什么要关心这些东西的真面目。自问自答上述两个问题，可以迫使你自己向后退一步，客观地看待你们的项目，并让内容反映出这一点。这并不是说，我们不想让用户接触到材料，我们毫无疑问是期待用户接触到材料的，但会希望他们能够通过清晰传达的信息形成自己的观点。

为了在社交媒体上发帖而发帖，就是一个绝佳的例子。有时候，我们团队会收到要求发帖宣布 Unity 某人将在某场活动上发言的请求。别误会我，这件事确实很重要也很令人兴奋，但我们的最终用户凭啥要关注它呢？除非他们也要去参加那场活动，否则这条消息跟这个更广大的群体没有任何关系。这并不是说我们完全不能发这种帖子，这只不过意味着我们需要更加努力，通过提出问题的形式让它变得更加吸引人，如"它正在直播吗？""他们在讨论什么事情？""有什么新的公告吗？"之类的问题。这些问题让我们有机会打造出一些令人兴奋的吸睛的内容。

如果你只能带走一份收获，请记住这样的事实：我们不知道我们不知道什么。你并不希望让潜在用户凭着想当然去理解你们的项目。他们不知道你知道的东西，他们没有参加这个项目。跟任何美好的故事一样，你也想要带着他们踏上一段可以展现你们项目全貌的旅程，离开时流连忘返，满心期待续集。在这种情况下，续集就是玩你们的游戏、看你们的电影、使用你们的产品或者任何可能发生的事情。

视频是你们可以为项目创作的最吸引人的内容。Facebook 的算法给予视频的权重值远超静态图像或文本，这绝非巧合。他们知道视频能产出更多浏览、更多互动并带来更高的转化率，无论是转化为购买行为还是（打开网站以了解更多信息的）点击行为都如此。你知道吗，Youtube 是仅次于谷歌的第二大搜索引擎。视频是关键，而视频也是创作起来最复杂的资产

（就时间和精力来说）。我认为不管怎么强调视频的重要性都不为过，它就是推销你们项目的最重要方式。相比身处孤胆团队，身处一家大型组织更有可能拥有高质量视频可供使用。但即便要孤军奋战也没关系，因为现如今你已经有了开发卓越内容所需的正确心态，你的潜力是无限的。

有时候你只需要处理静态图像就够了。静态图像是最不理想的资产，因为它们不够突出。这并不是说静态图像没有价值，而是说它们更像是赠品。一旦你们让用户进入了消费者旅程漏斗，静态资产就是向他们提供更多信息的好办法。但正如我已经说过的，优质内容和卓越内容是有区别的。

这是有解决方案的。假设你正身处一个有着 15 座雕像的房间里，你正在盯着这些雕像看，突然其中一个雕像动了，你的眼睛立刻就会注意到它，而其他一切都变得模糊了。这就是人类的本能。静态资产生效的方式与之一模一样。我超爱一款名为"Lumyer"的应用，它非常出色。它支持为定格图像添加运动元素。所有元素都已经预先制作好了，因此你只需要投入最少的时间和精力即可。具有这种功能的应用和程序有很多，我只是想用这个简单的例子来说明如何将静态图像从优秀提升到卓越，并确保它能够脱颖而出。

我最近参加了一个社交媒体会议，有家机构介绍了他们使用 Lumyer 将客户的静态图片变成动态图形的故事。其客户是一家生产蜡烛的公司，在他们 Facebook 页面上发布的一直都是静态的图片。这家机构参与进来后，给蜡烛的火焰部分添加了一个闪烁动效，然后它们的购买转化率就提升了 250%。五分钟的付出，换来的是巨大的增长。

要让内容发挥出更大的作用。多年以来，我参与过很多谈话，经常听到人们说"哎，可惜我们啥内容也没有啊"。但其实，95% 的时候，情况都并非如此。有时候我们需要在所持有素材的基础上再进行一些创新。让我们打起精神，一起来挖掘你们拥有的所有原始资产，我保证肯定能找到一些可供你们转化为诱人内容的东西。

只要你在此过程中形成正确的心态，内容就会来得更容易。正如此前谈论过的教育过程，你需要更多关注的是这段旅程，而不是最终结果。如果你能够从一开始就摆正心态，那么最终结果通常也就是顺其自然的事情了。

就资产重要性而言，请记住，视频的重要性是最高的，其次是动态图像和静态图像。它们在营销食物链中有自己的一席之地，可以用于传达不同的信息。至此，我们就已经明确了卓越内容的样子，接下来的一节，我们将深入探讨在哪里、为什么，以及如何部署这些资产，以便能最大限度发挥它们的价值。

在社交媒体中部署内容的最佳实践

互联网是一个大地方，满满当当的，有很多人也有很多空间。现在呢，你们已经创作了一些了不起的资产，接下来还需要能够在正确的地方引起正确的人们的注意。跟任何优秀的销售人员一样，人们在哪里活动，你就得到哪里去，而不是反过来。幸运的是，那个称作社交媒体的东西让这项任务变得轻松了很多。

在本节中，我们将专注于三个最主要的社交媒体渠道：Facebook、Twitter和 Youtube。如果你必须选出三个社媒渠道用于推销你们项目的话，那就应该是它们仨。Facebook 是一款很棒的分享工具，Twitter 支持通过标签（hashtag）和标记（tagging）同时参与到多个对话中去，而 Youtube 则是仅次于谷歌的第二大搜索引擎。

本节不会非常深入探讨上述每一种社交媒体工具，我们只会轻轻地触碰到每种工具的最佳实践，再为你指出正确的方向，仅此而已。讲解社交媒体的图书，市面上有很多，我强烈建议你挑几本读读。就跟你所创造的资产一样，你也需要确保让这些工具发挥其最大功用。

Facebook

正如我们在 Unity 所发现的那样，你或许也会发现，Facebook 往往并不是你们核心受众经常活动的地方，这没关系！Facebook 更主要的是有一群更广泛的普通受众，他们虽然喜欢卓越的内容，但可能并不会转化为你们的最终用户。这并不意味着它的价值降低了，事实上，这让它在品牌认知度方面变得更有价值了，而这正是 Facebook 的优势。把不同社交媒体工具的优势发挥出来，你们的事儿就稳了。

一定要把你们的 Facebook 公共主页创建为企业页面。虽然 Facebook 上的帖子并不会在搜索引擎中出现，但它却是分享你们内容的最佳途径之一。

能用得上的相关信息和资产全都用上，先把你们页面内容填满，然后再发布上线。上线之后，就需要转身扮演营销人员的角色了。

如果你是独自一个人或者你们是一个小团队，那就一定要让你们所有朋友都给你们页面点赞并分享你们的内容。在 Facebook 上分享是让你们内容得到关注的最快方式。朋友是能够让你们加速启动该过程的一个支点，所以务必要请求他们的帮助。如果你是某个更大规模组织的成员，那就要利用好你们公司的员工！这一点非常重要，不管怎么强调都不为过。有些员工比较谨慎，不愿意将他们的个人社交媒体账号用于工作，如果你有遇到这种阻碍，一定要强调以往在社媒发帖得到了社区积极回应的例子，并解释分享和传播的重要性。这可能会需要花点时间，但他们会想明白的。

对于你们的项目或产品，员工是最好的布道师。在 Unity 的时候，我每个星期都会发一封"社交可分享"的电子邮件，发给整个公司包括 CXO 层级人员在内的所有人。我会从已发布的社交媒体内容中挑选出效果最好的几条，在邮件里加以强调，并附上一键分享按钮，他们只需简单操作一下就可以分享到自己的个人 Facebook 页面。这不仅能让整个公司都对我们在社交媒体上的表现有很好的了解，同时也让他们得以参与其中成为整个过程的一分子。

这是发展正确心态的下一个阶段。你已经使用这个过程创建出了卓越的内容，那么现在你就需要继续演进，发动你们的团队或组织代表你去布道。包容是做到这一点的最优方法之一。一定要跟他们解释清楚，为什么他们的协助支持对你们的社交媒体倡议很重要。再说一遍，关键是旅程，而不是结果。

正如我们之前已经讨论过的，Facebook 的算法更有利于视频资产。因此，如果你们有视频，那这里就是使用它们的地方。一定要将视频直接上传到 Facebook 本站，而不是需要跳转到 Youtube 或其他地方的链接。Facebook 给本站视频的优先级权重是最高的，所以你一定要确保利用好所有可以优化的空间。

如果你们归属于某个更大的组织或是还有点余钱，那就可以推广你们的部分帖子。Facebook 有一个博大精深的细分库可以供人们从中选择。你可以选定跟你们内容最相关的地点、受众及兴趣，以确保你们花出去的钱能够发挥出最大的功用。这也是帮助你们发展 Facebook 受众群的一个好办法。只要提交相关内容给到他们，就可以触达一组全新的人群，那是你们通过有机社交媒体所无法触达的群体。

Twitter

Facebook 影响品牌知名度和覆盖面，Twitter 则更多是与用户进行一对一的联系。在 Unity，我们发现，我们最倚重的核心用户大多活跃在 Twitter 上。这为我们提供了一个绝佳的机会，确保我们 Twitter 上发布的内容和信息对这些用户来说最相关。

用户能够直接向你发推文并进行一对一对话的能力是无价的。它允许你在微观层面上建立兴趣和参与度，同时也覆盖了宏观层面。使用 Twitter 作为内容推送工具，可确保你最大限度地利用其与用户联系的能力。例如，虽然我们的 UnityTwitter 不是客户支持类型的账户，但我们确实收到了来自可能遇到账单或账户问题的用户的直接消息。我们总是迅速通过电子邮件将他们与客户支持代表联系起来，而不是让他们的消息一直得不到回复。

在 Unity，我们表现最佳的推文（通过参与度——分享、点赞、转发、回复来衡量）通常都是技术性质的，如新编辑器功能发布。这些帖子总是享有最多的参与度，但这并不意味着我们不需要用吸引人的资产来支持它们。GIF 在 Twitter 上非常流行，并被广泛分享。有时候，如果我们的视频中有一个非常酷、吸引人的片段，我们会把它提取出来，制作成一个 GIF，然后单独在 Twitter 上分享。这是一种快速简便的方法，可以扩展资产的寿命，并创建更可能被广泛分享的格式。

有许多工具可以让你做到这一点，包括 YouTube 自己的集成工具。这是另一个简单的技巧，可以让你把好的内容变得更适合它所在的载体。你可能听过这句话："在正确的时间、正确的地点传递正确的信息。"这就是一个认识你的用户是谁、他们生活在哪里、他们喜欢如何消费内容的例子。

Twitter 另一个奇妙的功能是使用标签。你可能会看到一些人创建了一条推文，并在后面加了大约 30 个标签——不要成为这种人。标签实际上非常重要，它支持进入更广泛的对话而无须事先建立观众群体。例如，在 Unity，我们最受欢迎的标签是#unity3d、#gamedev 和#indiedev。

这些标签汇集了整个 Twitter 上使用它们的所有对话。所以，显然，你要确保你用的是相关的标签。找到与你的项目相关的标签并将它们包含在你的推文中。确保每条推文限制在两到三个标签，否则看起来就像垃圾邮件。没有比人们认为你的内容是垃圾邮件更快的扼杀它的方法了。在你所有的社交媒体发布中都要简洁明了——少即是多。记住，在大多数情况下，你社交媒体帖子的目标是促使某人做某事（点击、观看、了解更多等）。

所以，现在你已经准备好创建你的推文了，我最后再留下一些想法。就像任何事情一样，确保你有一个伟大的、吸引人的资产。确保你使用了标签。最重要的是，确保你正在创建一个"下一步"。也就是说，要确保你把他们引向某个地方，无论是你的网站、博客还是其他页面。你要把你的用户留在消费者旅程的漏斗中，以便他们能够了解更多。Twitter是漏斗的顶端，要确保你能帮助他们停留并到达底部。

YouTube

我要提到的最后一个社交媒体平台是YouTube。我有没有告诉过你它是仅次于Google的第二大搜索引擎？这是一个反问句，但我再说一遍，因为它太重要了。即使你目前只有一两个视频，也要为你的项目创建一个YouTube页面并上传它们！

如果你正在为你的项目运行一个网站或博客，并且你想在这些页面上放置视频，一定要使用YouTube视频嵌入功能。与其他网站相比，使用YouTube嵌入视频可以让你利用它们的搜索引擎优化（Search Engine Optimization，SEO）优势，也可以让你的用户留在一个生态系统内。

正如之前提到的关于Unity培训教程视频，视频长度非常重要。尽量把你的视频控制在2~3分钟内，并且确保尽快进入"内容"。大多数人只会看3~5的视频，然后决定是留下还是离开。如果你想让你的内容成功，你必须在这个时间段内引起他们的兴趣。

视频标题几乎和视频内容本身一样重要。在发布之前，一定要认真考虑你的标题。尽量在标题中包含你们公司名称、项目名称，以及视频的简要描述。如果你的视频是一个预告片，一定要在标题中写明"预告片"。预告片非常受欢迎，也是YouTube上常见的搜索词，所以你要确保如果有人搜索它，它能成为那个搜索条件的一部分。

视频描述也非常重要。这是一个基于文本的字段，让你可以写一个简短的描述，说明视频是什么，以及人们为什么应该关注。它也让你有机会插入链接到你们其他社交媒体平台和网站的链接。尽可能利用这个空间，因为如果有人真的喜欢你的内容，他们会想要了解更多。如果你不把这些信息方便地提供给他们，他们不会去费力寻找。

我要提到的 YouTube 的最后一个方面是结束画面的使用。结束画面是 YouTube 的一个原生功能，让你可以在视频结尾添加交互元素，如链接到另一个视频，链接到你的网站，或者一个订阅按钮。这些都是为了把观众留住，所以要好好利用它们！

下一步工作

我们在这一章中涵盖了很多内容，我想借此机会进行反思。这一章从为团队和自己培养心态的想法开始。如果每个人的想法都能保持一致，那么凡事就简单多了。如果你真的认真对待这一点，并将其作为一个目标，你会取得成功。

如果读完本章后，你有一件事需要马上去做，那就是去和你的团队交流并建立关系。如果你有一个小团队，请看看你已经拥有的资产，并考虑如何让他们更努力地为你工作。优秀的内容，就像一个伟大的计划一样，是随着时间的推移而建立起来的，不要急于求成。有机地建立它，并确保每个人都不会掉队。

记得要玩得开心。你的内容和资产应该反映出你投入项目的快乐，要确保用户能看到这一点。停下来想一想你要传达的信息，并牢记这一点，客观地看待你可用的资产，以及如何将它们从优秀转化为卓越。

我还强烈建议阅读关于整体营销、内容和社交媒体的文献。外面有一大堆书，我就不列举了，但是要继续教育自己。正如我谈到的教育他人的过程一样，你也应该为自己做同样的事。永远不要停止学习！

另外，当你在浏览互联网时，有一段精彩的内容吸引了你的眼球，请停下来，记下是什么让它吸引了你。你为什么停止滚动页面？你有没有点击获取更多信息？为什么？问问自己这些问题，并将你的答案应用到你自己的项目策略中。

如果你一开始就为自己的成功做好了准备，创造有吸引力的内容并不难。祝你好运，开始创作吧！

作者介绍

本作者介绍按作者姓名进行排序,所介绍的内容以作者所负责章节在本书2018年9月第1版、2019年9月第2版或2020年9月第3版首次发布时的最新版本为准。

Adam FitzGerald

目前负责亚马逊云服务的开发者营销工作。主要负责督导全球技术布道、开发者参与计划、社区建设和创业营销工作。他的技术兴趣包括容错的可组合服务、架构、自动化基础设施和数据科学。在加入亚马逊之前,Adam曾在 Pivotal、VMware、SpringSource 和 BEA Systems 公司就职,负责开发者关系工作。他是一位正在恢复功力的数学家,一位正在老去的游戏玩家,一位偶尔现身的泳者,同时也是一位自豪的极客父亲。

Ana Schafer

高通公司产品营销总监。她负责督导用以支持公司智能手机、计算、连接性和物联网(IoT)业务的渠道项目。在她的领导下,公司推出了高通高端网络项目,旨在支持高通和以高通技术为基础实现销售、推荐和解决方案的公司间的商业合作。她还负责高通的长期开发者网络,该网络随着时间推移已经逐渐从仅支持以高通骁龙™为基础的智能手机应用开发者,扩展到了支持来自 XR、AI、机器人和物联网等领域的软硬件工程师的蓬勃发展的生态系统。Ana 为高通的渠道营销引入了成熟经验,十多年来一直倡导以开发者为中心的思想,同时也是世界上首个推出应用商店 BREW 项目的开创者之一。她同时领导着高通科技公司为智能手机准备的基准设计的营销计划工作,该计划旨在创造一个有利于所有参与高通基准计划的设备制造商、软件提供者和硬件组件提供商的生态环境。

Andreas Constantinou

SlashData 公司的创始人和 CEO。自 2000 年以来,Andreas 一直在移动和软件的交叉行业工作,帮助将第一批智能手机推向市场。从那时起,他就与软件行业的顶级品牌有过合作，包括微软、苹果、谷歌、Facebook 和亚马逊。在过去的 12 年里，Andreas 已经将 SlashData 发展成为开发者经济领域的领先分析公司，其客户群和声誉已经领先数倍于其他友商。在学术生涯中，他是瑞典隆德大学的兼职教授，负责教授数字化商业模式。同时他还创建了 EO 加速器雅典分部，这是全球最大的创始人加速器项目。Andreas 拥有英国布里斯托大学的博士学位。他热衷于读书，训练铁人三项，并有一个在未来 9 年内访问 48 个国家的雄伟计划！

Arabella David

Salesforce 全球开发者营销高级总监。她在谷歌、微软和诺基亚等公司有超过 15 年的战略制定和执行经验。除了开发者营销相关工作之外，她还通过 YearUp 等项目指导那些即将进入劳动力市场的人，以此来回馈社会，并积极参加当地社区的应急计划，专注于地震和火灾的预防工作。

Brian McManus

他在 Visa 工作了 8 年，先在 CyberSource 和 Authorize.Net 平台上担任开发者，然后转入产品管理，从事 API 和开发者体验工作。他曾领导 Authorize.Net Accept 套件的产品开发，目前负责 Authorize.Net 和 CyberSource 的海外开发者、数字化转型和商务服务。在加入 Visa 前，他在西雅图协助创建了一家金融科技公司，并热衷于将创业公司的价值观引入大型企业。在此之前他曾在英国的 HBOS 银行工作。Brian 是土生土长的翡翠岛人，他现在把翡翠城当作自己的故乡，并享受着太平洋西北地区的户外生活。

Christine Jorgensen

高通公司产品营销总监，帮助高通公司在物联网（IoT）、嵌入式计算、人工智能和 XR 等领域发展开发者社区。作为高通公司开发者网络团队的一员，她创建了引人注目的高通公司计算和连接技术的陈列室，以激发下一代物联网和嵌入式解决方案，并推动对高通技术的购买意向。她还创建了激励项目，开发者可以利用这些项目来加速他们从原型到生产设备的进程。Christine 自 1997 年以来一直在高通公司工作，担任过各种职务，包括管理一些最早的 CDMA 手机、卫星电话、运输和物流产品及个人位置跟踪产品，以及配套的 iOS 和 Android 应用程序的设计和开发。Christine 拥有加州大学圣巴巴拉分校的计算机科学学士学位，以及圣迭戈大学的 MBA 学位。

Cliff Simpkins

负责微软 Azure 的开发者营销，帮助微软将云带入世界各地开发者的生活。在过去的 12 年间，他一直在微软工作，担任各种旨在改善开发者工作条件的职务，包括开发者布道、产品规划、产品管理和开发者营销。他的方法是将对客户的痴迷与合理地讲故事结合起来，努力将这些故事落地，并尽可能地减少落地过程中的波动。在加入微软之前，Cliff 曾在政府咨询部门和创业公司担任程序员。

Desiree Motamedi

在建立和执行成功的市场战略方面拥有近 20 年的经验。作为 Facebook 的开发者营销主管，她负责管理对开发者生态系统的营销——通过卓越的入站、出站、战略和内容。她的工作重点是让开发者对 Facebook 的全球影响力和创新感到兴奋，并取得可度量的成果。她领导着一个不断壮大的团队，在全球范围内推动围绕新兴技术的对话，如增强现实、虚拟现实、人工智能、Building 8 和开源计划。加入 Facebook 之前，Desiree 曾在谷歌担任移动应用的产品营销主管，负责为移动应用开发者推出雷霆营销策略，并围绕移动应用广告平台建立了一个充满活力的开发者生态系统，其中包括 AdMob、AdWords 和谷歌分析。她组建了由接触移动应用的各干系人组成的跨职能团队，并为整个谷歌的移动应用创建了一个有连贯性的叙事。毕业于加州大学圣克鲁兹分校的 Desiree 在硅谷开始了她的职业生涯，在那里她担任了 7 年多的集团产品营销经理。她监督了几款产品的发布，包括 Adobe Flash Media Server 系列产品和 Creative Suite 的重新包装。Desiree 的优势在于她有能力协调多个小组的工作，并与从产品营销到公关到财务的各个团队的同行协作。她把她的技术知识、沟通技巧和无限的活力带到她所有的工作中。

Dirk Primbs

谷歌开发者关系主管，他在这个行业已经工作了 15 年，为谷歌和微软等公司的生态系统做出了贡献，同时也培养了对教学和社区工作的热情。他是一名 Web 技术专家、成功的创业导师、作家和演讲者，对互联系统、Web 和整个技术充满热情，并负责领导分布在全球的国际化专业人士团队。作为计算机科学、商业和心理学的学生，他的学术工作集中在作为战略功能的开发者关系和志愿者在创建社区生态系统中的作用，这与他近十年来创建了高度可扩展的全球项目的经验相得益彰。

Jacob Lehrbaum

Salesforce 开发者和管理员关系副总裁，他通过 developer.salesforce.com 和 admin.salesforce.com 上的工具、视频和内容帮助开发者和管理员发现新的职业道路和技能。在软件行业 20 余年的职业生涯中，Jacob 在工程、营销、产品营销和开发者关系方面担任过领导职务，他热衷于帮助客户和开发者转换业务并利用技术取得成功。他已经把许多产品从设想变为现实，并在 Sun Microsystems、甲骨文和 Engine Yard 等公司建立和推广了颠覆性的开源和基于云的开发者产品。

Joe Silvagi

VMware 公司人机交互组客户成功总监，是第 175 号通过 VCDX 认证的。他在 IT 行业工作了 20 多年，担任过行政、工程、设计和管理等各种职务。过去 5 年间，他在 VMware 从事售前工作和各种咨询工作。在 VMware 时期，他在 Hands-on Lab 工作，协助开发内容和使用技术的新方法，以便能让实验室在后续内容构建方面变得更轻松。目前他在客户成功部工作，领导一群顶级架构师，确保 VMware 的客户使用他们的产品能够达到商业成功。

Katherine Miller

目前负责谷歌云开发者关系团队的活动项目。她在谷歌工作了将近 13 年，任职期间她身兼数职，包括代理产品及项目的可扩展传播与营销、大型开发者活动的内容策略，以及近期负责创建和领导的全球开发者项目。她渴望通过将正确内容带给正确用户达到提供信息、教育、授权和推动成功的目的。加入谷歌之前，她曾负责管理 Tufts 大学牙科医学院的博士预科生招生流程，作为美国牙科教育协会立法研究员和 InsideTrack 成功教练，她专注于增进这个项目的多样性。她拥有斯坦福大学教育研究生院的硕士学位，方向为"政策、组织和领导力研究"，并以优异的成绩毕业于汉密尔顿学院，获得了历史学学士学位。工作之余，Katherine 还会代表全女子组 Impala 赛跑队参加比赛。

Larry McDonough

VMware 研发运营与中央服务部产品管理总监。他负责监督 VMware {code} Dev Portal 及相关开发者服务，以及 VMware Cloud Marketplace。Larry 曾参加过会议并发表演讲介绍他在开发者关系和开发者布道、DevOps、移动应用开发及家庭自动化和物联网等方面的工作。Larry 在加州大学河滨分校伯恩斯工程学院和一些硅谷初创公司顾问委员会任职，其中包括 Weavr，一家专注于以新的方式吸引开发者和发展开发者生态系统的创新技术公司。在此之前，Larry 在黑莓公司领导开发者布道活动，在 Sun Microsystems 领导 Java ME 产品管理和 JavaFX 工程，并在 Silicon Graphics 管理 OpenGL APIs。Larry 曾为 NASA JPL 编写代码，在华特迪士尼工作室编写代码，并在国家地理杂志上展示了早期全身动作捕捉技术的照片。Larry 拥有加州大学伯恩斯工程学院的 BSCS 学位和加州大学洛杉矶分校安德森管理研究生院的 MBA 学位。

Leandro Margulis

前 Tom Tom 开发者关系副总裁兼总经理，现 UnifyID 开发者关系副总裁。他是一位企业家领袖，拥有丰富的业务发展经验和强大的推出新产品及业务的高效销售与营销技能。Leandro 能基于业务和产品之间的交叉点，创造性地思考产品和伙伴关系，以满足客户的使用案例。Leandro 对内是客户的代言人，对外是公司的代言人。他是一名果敢且具有创造性的领导者。他拥有耶鲁大学的 MBA 学位，也是前 Big 4 管理顾问。在加入 Unify ID 之前，Leandro 在 TomTom 公司负责领导开发者关系工作。在此岗位上，Leandro 负责带领一个全球化的跨学科团队，团队囊括销售、营销、产品营销和开发者门户工程师，旨在围绕 TomTom 地图 API 建立开发者社区。

Lori Fraleigh

三星电子开发者关系高级总监。她是开发者关系、软件工具、开发环境和平台方面公认的行业思想领袖。Lori 热衷于提供极佳的开发者体验，并擅长打破常规。在加入三星前，Lori 在 Intuit、Amazon/Lab126、HP/Palm 和 Motorola Mobility 担任过类似职务。早些时候，她在 RTI 领导的开发者工具业务被 Wind River 成功收购。Lori 的职业生涯开始于 NASA/Loral 的任务控制软件，同时还是一名 Virgin Galactic Future Astronanut。Lori 拥有普渡大学计算机和电子工程学士学位，以及斯坦福大学电子工程硕士学位。

Luke Kilpatrick

Luke 1996 年开始担任网站开发者，2007 年开始管理技术社区。2010 年，Luke 转为营销项目管理，在 VMware 的社交媒体营销团队中担任全职工作。2012 年，Luke 在 Sencha 从事开发者关系项目同时专注于社交媒体的工作，在世界各地的活动中发言。2014 年，作为高级开发者项目经理，Luke 负责管理 Atlassian 的生态系统开发者活动和项目，为他们的市场带来数百个新的应用程序。最近，他加入了 Nutanix，担任开发者营销高级经理，为使用其新 PaaS 产品的开发者带来引人入胜的体验。

Matthew Pruitt

Unity Technologies 全球社区和社交媒体主管，该公司是世界领先的实时 3D 开发平台的创建者。从独立开发者到大型企业开发团队，从游戏到建筑，公司受众群体非常多元化，分发内容需要与他们所有人对话。他和他的团队负责监督整个公司的所有社交媒体营销和社区活动。在加入 Unity Technologies 之前，Matthew 曾在 IGN Entertainment、Machinima、Electronic Arts 和 Quicken Loans 担任过多个营销和产品职位。

Mehdi Medjaoui

2012 年起在巴黎开始举办的全球 apidays 系列会议的创始人。Mehdi 积极地参与 API 社区和 API 行业，是 API 工具领域的作者、讲师、顾问和投资者。他的行业调研包括出版和维护 API 行业景观和银行 API 年度状况。2019 年，Mehdi 成为 H2020 欧盟委员会专家，负责领导 APIS4Dgov 研究公共部门和政府 API。作为企业家，Mehdi 在 2014 年与人共同创立了 OAuth.io，其于 2017 年被收购。Mehdi 的新创企业 GDPR.dev 开发了一款个人数据的 API 框架和协议，旨在让大众用户的数据法规使用民主化、让应用程序开发者满足合规、让 GDPR 变得可编程。

Mike Pegg

谷歌地图平台开发者关系主管。他的团队通过指南、样本和推广计划帮助开发者将谷歌地图添加到他们的 Web 应用和移动应用中。他从一开始就参与了谷歌地图的工作。他在 2005 年（谷歌地图推出后几星期）作为业余爱好开始了 Maps Mania 博客，一年后的 2006 年，他在该公司有史以来第一个开发者活动"地理开发者日"上做了客座演讲后被谷歌聘用。他后来负责为谷歌的多款开发者产品孵化开发者营销工作，包括地图 API、安卓、Chrome、Firebase 和 Flutter，并在 2011 年至 2018 年期间负责谷歌 I/O 大会。他自称是"地图控"，喜欢和他在加州的家人一起打冰球、训练和看冰球。

Neil Mansilla

Atlassian 开发者体验（DevX）主管。他的团队为生态系统中的所有开发者提供支持，并代表他们进行宣传，从在 Atlassian Marketplace 上销售的供应商应用，到客户开发者自己使用的私人应用和集成。DevX 团队还支持 Atlassian 的开发者活动，从帮助组织跟进内容进展到提供现场开发者支持。Neil 的职业生涯主要致力于开发者生态系统和平台方面。在加入 Atlassian 之前，Neil 曾在 Poynt 担任应用生态系统和市场主管，在 Runscope 担任开发者关系副总裁，在英特尔服务（Mashery）担任开发者平台和合作伙伴关系总监，并在多个垂直领域创办过一些科技公司，包括搜索、电子商务和医疗保健。

Nicolas Sauvage

TDK-InvenSense 的生态系统和企业发展高级总监，负责所有战略生态系统关系，包括谷歌、高通及其他软硬件和系统公司。Nicolas 曾是恩智浦（NXP）软件管理团队的一员，负责全球销售，后来又负责 OEM 业务线的损益和产品管理。Nicolas 是高等电子与数字学院、伦敦商学院、欧洲工商管理学院和斯坦福大学的校友。Nicolas 相信生活中充满了特殊时刻，并对能够增强这些特殊时刻的产品充满了热情。在亚洲生活了 12 年后，他于 2017 年搬到（美国）湾区生活。

Pablo Fraile

ARM 公司客户业务线的开发者生态系统总监。在该岗位上，他与移动软件开发者社区合作以提高游戏等应用的质量和性能水平，并推动在机器学习和虚拟现实等新领域采纳 API 和标准。在加入 ARM 之前，Pablo 在剑桥的 Frontier Smart 工作。负责产品管理团队之前，他曾担任过一些技术和商业角色，指导解决方案战略，并与内容分发、网络和半导体行业的全球参与者建立了伙伴关系。在加入 Frontier 之前，他曾是 Imagination Technologies 的视频和图像团队的一员。

Siddhartha Agarwal

甲骨文公司的产品管理与战略部副总裁，负责全球所有产品线的甲骨文云平台（PaaS）和甲骨文融合中间件（Fusion Middleware）战略和收入增长（包括有机的和无机的），这是规模超 45 亿美元的业务。Siddhartha 还负责推动甲骨文的全球开发者计划，以确保开发者使用甲骨文云平台构建下一代云应用，并将其视为一个现代、开放、便捷和智能的平台。作为以"创业"心态开发和推动公司战略而闻名的实践型技术业务引领者，Siddhartha 为甲骨文的业务线带来了有效的领导力和市场开发能力。在此基础上，他还具备云原生应用开发、移动/聊天机器人及集成、区块链和安全方面的深厚技术背景和经验。他在企业管理、产品管理与战略及企业/云软件销售经验方面都有着良好的记录。在 2014 年重新加入甲骨文公司之前（他曾于 1994～1999 年在甲骨文公司工作），Siddhartha 曾担任 Zend 科技公司全球现场运营副总裁。他拥有斯坦福大学的计算机科学和经济学硕士学位，加州理工学院的工程学士学位，以及格林奈尔学院的计算机科学学士学位。

Thomas Grassl

SAP 全球开发者和社区关系副总裁。SAP 社区和开发者生态系统拥有超过 38.8 万名客户，是企业领域的领先项目。作为经验丰富的营销人员和实质上的开发者，他与世界各地的开发者、社区成员、公司和初创企业密切合作，帮助他们学习和应用新的技术创新来解决复杂的业务问题。

鸣谢

本书已出第 3 版，其所蕴含的能量是惊人的。在此对在本书创作过程中给予我们洞见和灵感的每个人表示感谢。

我们特别要感谢第 3 版的编辑 Caroline Lewoko 和 Dana Fujikawa，他们对每一章的巧妙处理使本书呈现了整体的一致性，而不只是将所有章节排列在一起那么简单。

我们很高兴能够与大家分享亚马逊 AWS 全球开发者营销主管 Adam FitzGerald 所写的前言。

如果没有所有为本书提供经验和见解的人们的慷慨奉献，本书是不可能完成的。在此对所有作者及其所在团队分享他们智慧的举动表示感谢。

Ana Schafer：高通产品营销总监。

Arabella David：Salesforce 全球开发者营销高级总监。

Brian McManus：Visa 产品管理高级总监。

Christne Jorgensen：高通产品营销总监。

Cliff Simpkins：微软 Azure 开发者营销总监。

Desiree Moamedi：Facebook 开发者营销主管。

Dirk Primbs：谷歌开发者关系主管。

Jacob Lehrbaum：Salesforce 开发者和管理员关系副总裁。

Joe Silvagi：VMware 人机交互组客户成功总监。

Katherine Miller：谷歌云开发者关系活动项目负责人。

Larry McDonough：VMware 研发运营与中央服务部产品管理总监。

Leandro Marguils：TomTom 开发者关系副总裁兼总经理。

Lori Fraleigh：三星电子开发者关系高级总监。

Luke Kilpatrick：Nutanix 开发者营销高级经理。

Matthew Pruitt：Unity Technologies 全球社区和社交媒体主管。

Mehdi Medjaoui：apidays Global 及 GDPR.dev 创始人。

Mike Pegg：2010 年至 2018 年担任谷歌开发者营销主管，2018 年至今担任谷歌地图平台开发者关系主管。

Neil Mansilla：Atlassian 开发者体验（DevX）主管。

Pablo Fraile：ARM 开发者生态总监，负责客户业务线。

Siddhartha Agarwal：甲骨文产品管理与战略部副总裁。

Thomas Grassl：SAP 全球开发者和社区关系副总裁。

我们也非常感谢 SlashData 的整个团队，特别是 Moschoula Kramvousanou、Sofia Aliferi 和 Stathis Georgakopoulos，这里仅列举参与排版、营销和网页展示工作的少数几个人。Steve Vranas 设计了本书封面，他对字体设计的痴迷程度不亚于当今以开发者为中心的设计。分析团队的 Christina Voskoglou 和 Richard Muir 为本书提供了支持，并提供了有关开发者影响指标的最新数据。最后是审校员 Joanne Rushton，她的敬业精神和对细节的关注保证了本书整体的一致性。

最后，我们要感谢参加我们每半年一次开发者经济学调研的成千上万的开发者。他们帮助我们把握软件趋势的脉搏：从移动端到机器学习，从边缘计算到云计算，这些在不断发展并塑造着计算创新未来的技术。在这个行业工作是一个不断学习的过程。

Andreas Constantinou 补充道：

"我不喜欢由多位作者撰写的致谢，因为他们无法显示本书背后的真实人物和思想。因此，我不愿意看到这份致谢中缺少最重要的条目：Nicolas Sauvage。没有他，这本书就不可能出版。Nicolas 提出本书的想法、制订总体计划并见证了它的完成，他亲自会见每一位作者，与他们分享激情、愿景，并找到了 20 多位承诺参与本书贡献的意见领袖。考虑到所有相关人员繁忙的日程，这是一项很了不起的成就。Nicolas 通过关心与支持、坚持不懈、独创性，也许还有一丝倔强，设计出了他应对作者退出或改变主意等各种挑战的方法。当我代表 SlashData 发起这个项目时，我丝毫没有想到这将是一个如此复杂的项目，包括让作者从承诺到交付，从获得作者所在顶级平台公司的合法授权到指导和引导每位作者如何帮助读者从每一章获得最大收益。感谢 Nicolas！在你身上，我找到了一位新朋友和合作者，你是灵感的源泉。"

Nicolas Sauvage 补充道：

"虽然我已经说过了很多次，写这本书特别棒的部分是在如此重要的学科中提高一个新兴产业的标准，但真正最棒的部分却是与我亲爱的朋友 Andreas 在一个我们都非常关心的项目上合作。我们过去曾共同撰写博客，但与本书的工作量相比那简直是小巫见大巫。在很多方面，战略都是少有人能讲好的一门语言，但 Andreas 不仅能流畅地讲述这门语言，还精通其语法和结构，有能力揭示出潜藏其后很少有人能够看到的逻辑和价值创造模型。本书提供了无数真知灼见，因为 Andreas 有意识地专注于确保他和他们团队所接触到的一切都能带来更高的价值和洞见。"

Andreas Constantinou，SlashData 创始人兼 CEO
Nicolas Sauvage，TDK Ventures 总裁兼董事总经理
Carline Lewko 和 Dana Fujikawa，WIP 公司，本书第 3 版责任编辑
2020 年 9 月